2　次　関　数

1　$y=a(x-p)^2+q$（$a \neq 0$）のグラフ

・$y=ax^2$ のグラフを
　　x 軸方向に p，y 軸方向に q だけ
　平行移動した放物線

・軸は直線 $x=p$，頂点の座標は $(p,\ q)$

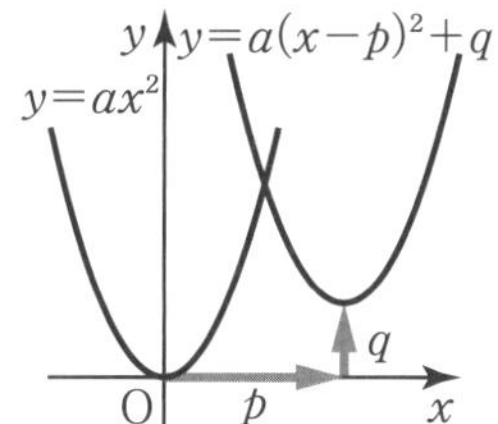

2　$y=ax^2+bx+c$（$a \neq 0$）のグラフ

$y=a\left(x+\dfrac{b}{2a}\right)^2-\dfrac{b^2-4ac}{4a}$　より

軸 $x=-\dfrac{b}{2a}$，頂点 $\left(-\dfrac{b}{2a},\ -\dfrac{b^2-4ac}{4a}\right)$

3　グラフの平行移動

関数 $y=f(x)$ のグラフを
　x 軸方向に p，y 軸方向に q だけ
平行移動すると
　$y-q=f(x-p)$

4　グラフの対称移動

関数 $y=f(x)$ のグラフを

・x 軸に関して対称移動すると
　　$y=-f(x)$

・y 軸に関して対称移動すると
　　$y=f(-x)$

・原点に関して対称移動すると
　　$y=-f(-x)$

5　2 次関数の最大・最小

$y=a(x-p)^2+q$ と変形すると

・$a>0 \Rightarrow x=p$ で最小値 q，最大値なし

・$a<0 \Rightarrow x=p$ で最大値 q，最小値なし

6　2 次関数の決定

・グラフの頂点が点 $(p,\ q)$，軸が直線 $x=p$ であるとき
　　$y=a(x-p)^2+q$

・グラフが通る 3 点が与えられたとき
　$y=ax^2+bx+c$ とおき，連立方程式を解く。

・グラフと x 軸との共有点が $(\alpha,\ 0)$，$(\beta,\ 0)$ であるとき
　　$y=a(x-\alpha)(x-\beta)$

7　2 次方程式の解

(1)　$(x-\alpha)(x-\beta)=0 \Longleftrightarrow x=\alpha,\ \beta$

(2)　解の公式

・2 次方程式 $ax^2+bx+c=0$ の解は
　$b^2-4ac \geqq 0$ のとき

$$x=\frac{-b\pm\sqrt{b^2-4ac}}{2a}$$

・2 次方程式 $ax^2+2b'x+c=0$ の解は
　$b'^2-ac \geqq 0$ のとき

$$x=\frac{-b'\pm\sqrt{b'^2-ac}}{a}$$

8　2 次方程式の解の判別

2 次方程式 $ax^2+bx+c=0$ において，判別式を $D=b^2-4ac$ とすると

・$D>0 \Longleftrightarrow$ 異なる 2 つの実数解をもつ

・$D=0 \Longleftrightarrow$ 重解をもつ

・$D<0 \Longleftrightarrow$ 実数解をもたない

（$D \geqq 0 \Longleftrightarrow$ 実数解をもつ）

9　2 次関数のグラフと 2 次方程式・2 次不等式の解

2 次関数 $y=ax^2+bx+c$ のグラフと x 軸の位置関係は，$D=b^2-4ac$ の符号によって次のように定まる。

$a>0$ の場合	$D>0$	$D=0$	$D<0$
グラフと x 軸の位置関係	α　β　x 異なる 2 点で交わる	接点 α　x 1 点で接する	x 共有点なし
$ax^2+bx+c=0$	$x=\alpha,\ \beta$	$x=\alpha$（重解）	実数解なし
$ax^2+bx+c>0$	$x<\alpha,\ \beta<x$	α 以外のすべての実数	すべての実数
$ax^2+bx+c \geqq 0$	$x \leqq \alpha,\ \beta \leqq x$	すべての実数	（すべての実数）
$ax^2+bx+c<0$	$\alpha<x<\beta$	解なし	解なし
$ax^2+bx+c \leqq 0$	$\alpha \leqq x \leqq \beta$	$x=\alpha$ のみ	（解なし）

本書は，数学 I の内容の理解と復習を目的に編修した問題集です。
各項目を見開き 2 ページで構成し，左側は**例題**と**類題**，右側は Exercise と JUMP としました。

本書の使い方

例題

各項目で必ずマスターしておきたい代表的な問題を解答とともに掲載しました。右にある基本事項と合わせて，解法を確認できます。

Exercise

類題と同レベルの問題に加え，少しだけ応用力が必要な問題を扱っています。易しい問題から順に配列してありますので，あきらめずに取り組んでみましょう。

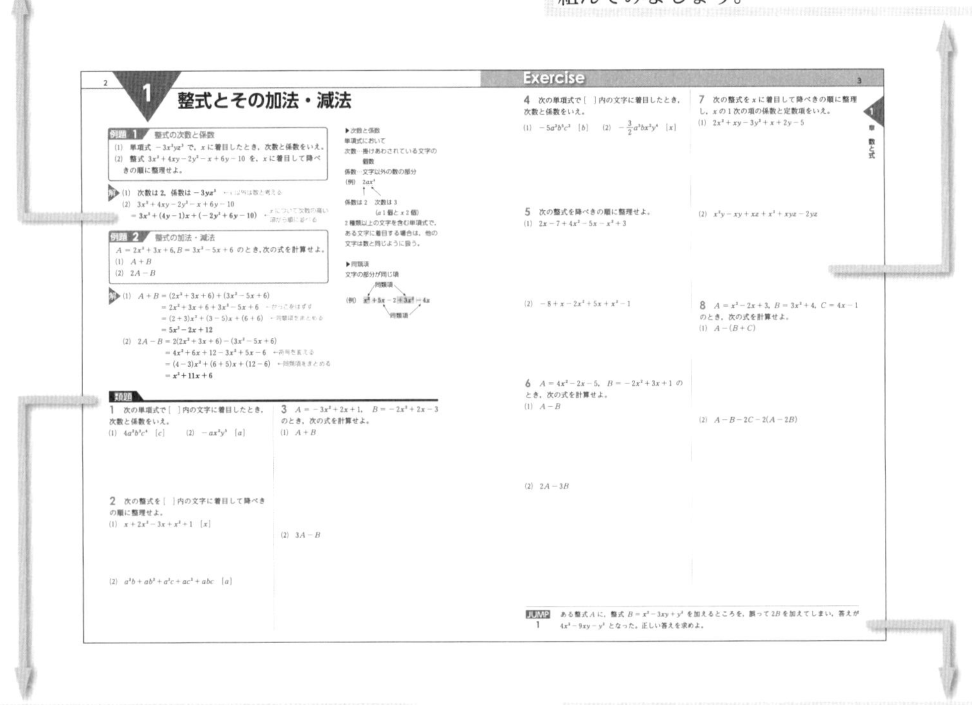

2

1 整式とその加法・減法

例題 1 整式の次数と係数

(1) 単項式 $-3x^2yz^3$ で，x に着目したとき，次数と係数をいえ。
(2) 整式 $3x^2+4xy-2y^2-x+6y-10$ を，x に着目して降べきの順に整理せよ。

解 (1) 次数は 2，係数は $-3yz^3$ ←x 以外は数と考える
(2) $3x^2+4xy-2y^2-x+6y-10$
$=3x^2+(4y-1)x+(-2y^2+6y-10)$ ←x について次数の高い項から順に並べる

例題 2 整式の加法・減法

$A=2x^2+3x+6$, $B=3x^2-5x+6$ のとき，次の式を計算せよ。
(1) $A+B$
(2) $2A-B$

解 (1) $A+B=(2x^2+3x+6)+(3x^2-5x+6)$
$=2x^2+3x+6+3x^2-5x+6$ ←かっこをはずす
$=(2+3)x^2+(3-5)x+(6+6)$ ←同類項をまとめる
$=5x^2-2x+12$
(2) $2A-B=2(2x^2+3x+6)-(3x^2-5x+6)$
$=4x^2+6x+12-3x^2+5x-6$ ←符号を変える
$=(4-3)x^2+(6+5)x+(12-6)$ ←同類項をまとめる
$=x^2+11x+6$

▶次数と係数
単項式において
次数…掛けあわされている文字の個数
係数…文字以外の数の部分
(例) $2ax^2$
係数は 2　次数は 3
(a 1 個と x 2 個)
2 種類以上の文字を含む単項式で，ある文字に着目する場合は，他の文字は数と同じように扱う。

▶同類項
文字の部分が同じ項
(例) $x^2+5x-2+3x^2-4x$
同類項

類題

1 次の単項式で [ ] 内の文字に着目したとき，次数と係数をいえ。
(1) $4a^2b^3c^4$ $[c]$　(2) $-ax^2y^5$ $[a]$

2 次の整式を [ ] 内の文字に着目して降べきの順に整理せよ。
(1) $x+2x^2-3x+x^2+1$ $[x]$
(2) $a^2b+ab^2+a^2c+ac^2+abc$ $[a]$

3 $A=-3x^2+2x+1$, $B=-2x^2+2x-3$ のとき，次の式を計算せよ。
(1) $A+B$
(2) $3A-B$

Exercise 3

4 次の単項式で [ ] 内の文字に着目したとき，次数と係数をいえ。
(1) $-5a^2b^5c^2$ $[b]$　(2) $-\frac{3}{2}a^3bx^2y^4$ $[x]$

5 次の整式を降べきの順に整理せよ。
(1) $2x-7+4x^2-5x-x^2+3$
(2) $-8+x-2x^2+5x+x^2-1$

6 $A=4x^2-2x-5$, $B=-2x^2+3x+1$ のとき，次の式を計算せよ。
(1) $A-B$
(2) $2A-3B$

7 次の整式を x に着目して降べきの順に整理し，x の 1 次の項の係数と定数項をいえ。
(1) $2x^2+xy-3y^2+x+2y-5$
(2) $x^2y-xy+xz+x^2+xyz-2yz$

8 $A=x^2-2x+3$, $B=3x^2+4$, $C=4x-1$ のとき，次の式を計算せよ。
(1) $A-(B+C)$
(2) $A-B-2C-2(A-2B)$

JUMP 1 ある整式 A に，整式 $B=x^2-3xy+y^2$ を加えるところを，誤って $2B$ を加えてしまい，答えが $4x^2-9xy-y^2$ となった。正しい答えを求めよ。

1 章 数と式

類題

例題と同レベルの問題です。解き方がわからないときは，例題を参考にしてみましょう。

JUMP

Exercise より応用力が必要な問題を扱っています。選択的に取り組んでみましょう。

まとめの問題

いくつかの項目を復習するために設けてあります。内容が身に付いたか確認するために取り組んでみましょう。

目次

問題数	第1章	第2章	第3章	第4章	第5章	合計
例題	25	5	22	23	8	83
類題	24	6	26	19	4	79
Exercise	43	10	47	49	19	168
JUMP	15	3	15	12	4	49
まとめの問題	14	6	13	15	5	53

1 整式とその加法・減法

例題 1 整式の次数と係数

(1) 単項式 $-3x^2yz^3$ で x に着目したとき，次数と係数をいえ。

(2) 整式 $3x^2+4xy-2y^2-x+6y-10$ を，x に着目して降べきの順に整理せよ。

解 (1) 次数は **2**，係数は $\boldsymbol{-3yz^3}$ ←x 以外は数と考える

(2) $3x^2+4xy-2y^2-x+6y-10$

$=\boldsymbol{3x^2+(4y-1)x+(-2y^2+6y-10)}$ ←x について次数の高い項から順に並べる

▶次数と係数

単項式において

次数…掛けあわされている文字の個数

係数…文字以外の数の部分

(例) $2ax^2$

係数は 2　次数は 3

(a 1 個と x 2 個)

2 種類以上の文字を含む単項式で，ある文字に着目する場合は，他の文字は数と同じように扱う。

例題 2 整式の加法・減法

$A=2x^2+3x+6$，$B=3x^2-5x+6$ のとき，次の式を計算せよ。

(1) $A+B$　　(2) $2A-B$

解 (1) $A+B=(2x^2+3x+6)+(3x^2-5x+6)$

$=2x^2+3x+6+3x^2-5x+6$ ←かっこをはずす

$=(2+3)x^2+(3-5)x+(6+6)$ ←同類項をまとめる

$=\boldsymbol{5x^2-2x+12}$

(2) $2A-B=2(2x^2+3x+6)-(3x^2-5x+6)$

$=4x^2+6x+12-3x^2+5x-6$ ←符号を変える

$=(4-3)x^2+(6+5)x+(12-6)$ ←同類項をまとめる

$=\boldsymbol{x^2+11x+6}$

▶同類項

文字の部分が同じ項

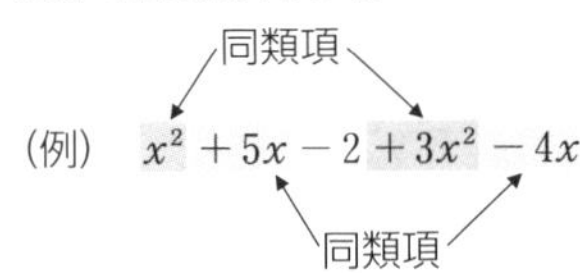

類題

1 次の単項式で [ ] 内の文字に着目したとき，次数と係数をいえ。

(1) $4a^2b^3c^4$ [c]　　(2) $-ax^2y^5$ [a]

2 次の整式を [ ] 内の文字に着目して降べきの順に整理せよ。

(1) $x+2x^2-3x+x^2+1$ [x]

(2) $a^2b+ab^2+a^2c+ac^2+abc$ [a]

3 $A=-3x^2+2x+1$，$B=-2x^2+2x-3$ のとき，次の式を計算せよ。

(1) $A+B$

(2) $3A-B$

4 次の単項式で[　]内の文字に着目したとき，次数と係数をいえ。

(1) $-5a^3b^5c^2$ [b]　　(2) $-\dfrac{3}{2}a^3bx^2y^4$ [x]

5 次の整式を降べきの順に整理せよ。

(1) $2x-7+4x^2-5x-x^2+3$

(2) $-8+x-2x^2+5x+x^2-1$

6 $A=4x^2-2x-5$，$B=-2x^2+3x+1$ のとき，次の式を計算せよ。

(1) $A-B$

(2) $2A-3B$

7 次の整式を x に着目して降べきの順に整理し，x の1次の項の係数と定数項をいえ。

(1) $2x^2+xy-3y^2+x+2y-5$

(2) $x^2y-xy+xz+x^2+xyz-2yz$

8 $A=x^2-2x+3$，$B=3x^2+4$，$C=4x-1$ のとき，次の式を計算せよ。

(1) $A-(B+C)$

(2) $A-B-2C-2(A-2B)$

JUMP 1 ある整式 A に，整式 $B=x^2-3xy+y^2$ を加えるところを，誤って $2B$ を加えてしまい，答えが $4x^2-9xy-y^2$ となった。正しい答えを求めよ。

2 整式の乗法

例題 3 指数法則

次の式の計算をせよ。

(1) $x^2y \times x^3y^5$　　(2) $(x^3)^2 \times (y^2)^4$　　(3) $(2xy^3)^2 \times (-x^2y)^3$

解 (1) $x^2y \times x^3y^5 = x^2 \times x^3 \times y \times y^5$

$= x^{2+3} \times y^{1+5}$　←指数法則[1]

$= \boldsymbol{x^5y^6}$

(2) $(x^3)^2 \times (y^2)^4 = x^{3\times2} \times y^{2\times4}$　←指数法則[2]

$= \boldsymbol{x^6y^8}$

(3) $(2xy^3)^2 \times (-x^2y)^3 = 2^2 \times x^2 \times (y^3)^2 \times (-1)^3 \times (x^2)^3 \times y^3$　←指数法則[3]

$= 2^2 \times (-1)^3 \times x^2 \times x^{2\times3} \times y^{3\times2} \times y^3$

$= 4 \times (-1) \times x^{2+6} \times y^{6+3}$

$= \boldsymbol{-4x^8y^9}$

▶指数法則

m，n が正の整数のとき

[1]　$\boldsymbol{a^m \times a^n = a^{m+n}}$

(例)　$x^2 \times x^3 = x^{2+3} = x^5$

[2]　$\boldsymbol{(a^m)^n = a^{mn}}$

(例)　$(x^3)^2 = x^{3\times2} = x^6$

[3]　$\boldsymbol{(ab)^n = a^nb^n}$

(例)　$(2x)^2 = 2^2x^2 = 4x^2$

例題 4 整式の乗法

次の式を展開せよ。

(1) $3x^2(x^2-2x+3)$　　(2) $(x+2)(x^2-x+3)$

解 (1) $3x^2(x^2-2x+3) = 3x^2 \times x^2 + 3x^2 \times (-2x) + 3x^2 \times 3$

$= \boldsymbol{3x^4 - 6x^3 + 9x^2}$

(2) $(x+2)(x^2-x+3) = x(x^2-x+3) + 2(x^2-x+3)$　←$x^2-x+3=A$ とおくと $(x+2)A = xA+2A$

$= x^3 - x^2 + 3x + 2x^2 - 2x + 6$

$= \boldsymbol{x^3 + x^2 + x + 6}$

▶分配法則

$A(B+C) = AB + AC$

$(A+B)C = AC + BC$

類題

9 次の式の計算をせよ。

(1) $a^2b^3 \times a^3b^4$

(2) $(-2x^2y^3)^3 \times (-xy^2)^2$

10 次の式を展開せよ。

(1) $2xy(x^2+2xy+3y^2)$

(2) $(2x+3)(2x^2-3x+4)$

11 次の式の計算をせよ。

(1) $3a^3 \times 5a^8$

(2) $(a^2)^4 \times (a^3)^3$

(3) $(2x^2)^3 \times (-3x)^2$

(4) $xy^2 \times (-2xy)^2 \times (-x)^3$

12 次の式を展開せよ。

(1) $4x^2(3x^2 + 2x - 1)$

(2) $(2x^2 + 3)(3x - 5)$

(3) $(x - 4)(4x^2 - x + 4)$

13 次の式の計算をせよ。

(1) $a^3b^4 \times ab^2$

(2) $(-a^2b)^3 \times (-2a^2b)^2$

(3) $(-3x^2y)^2 \times (2xy)^3 \times (-y)^3$

(4) $(-x^2y)^3 \times (2yz^2)^2 \times (-xy^2z)^3$

14 次の式を展開せよ。

(1) $(x^2 + 2xy - 3y^2)(-xy)$

(2) $(x^2 - 2x + 3)(3x + 4)$

(3) $(2x - y)(4x^2 + 2xy + y^2)$

JUMP 2 次の式を展開せよ。

(1) $(x^2 - 2xy + 3y^2)(2y^2 + 3xy + 4x^2)$

(2) $(a + b + c)(a^2 + b^2 + c^2 - ab - bc - ca)$

3 乗法公式

例題 5 乗法公式

次の式を展開せよ。

(1) $(x+3y)^2$ (2) $(x+4)(x-2)$ (3) $(3x+4y)(2x-7y)$

(1) $(x+3y)^2=x^2+2\times x\times 3y+(3y)^2$ ←乗法公式[1]

$=\boldsymbol{x^2+6xy+9y^2}$

(2) $(x+4)(x-2)=x^2+\{4+(-2)\}x+4\times(-2)$ ←乗法公式[3]

$=\boldsymbol{x^2+2x-8}$

(3) $(3x+4y)(2x-7y)$

$=(3\times 2)x^2+\{3\times(-7y)+4y\times 2\}x+4y\times(-7y)$ ←乗法公式[4]

$=\boldsymbol{6x^2-13xy-28y^2}$

▶乗法公式

[1] $(a+b)^2=a^2+2ab+b^2$

$(a-b)^2=a^2-2ab+b^2$

[2] $(a+b)(a-b)=a^2-b^2$

[3] $(x+a)(x+b)$

$=x^2+(a+b)x+ab$

[4] $(ax+b)(cx+d)$

$=acx^2+(ad+bc)x+bd$

類題

15 次の式を展開せよ。

(1) $(2x+1)^2$

(2) $(2x+7y)^2$

(3) $(3x-2)^2$

(4) $(9x-4y)^2$

(5) $(x+5)(x-5)$

(6) $(3x+7y)(3x-7y)$

(7) $(x+6)(x-2)$

(8) $(x-6y)(x+3y)$

(9) $(2x+1)(3x+2)$

(10) $(4x-3y)(2x+3y)$

16 次の式を展開せよ。

(1) $(4x+1)^2$

(2) $(a-2b)^2$

(3) $(x+4)(x-4)$

(4) $(2a+b)(2a-b)$

(5) $(x+4)(x-7)$

(6) $(a-4b)(a+5b)$

(7) $(2x-1)(4x-5)$

17 次の式を展開せよ。

(1) $(xy+2)^2$

(2) $(3ab-7)^2$

(3) $(3xy-2)(3xy+2)$

(4) $(4a-bc)(4a+bc)$

(5) $(x-3y)(x-8y)$

(6) $(xy+5)(xy-8)$

(7) $(4a+5b)(3a-4b)$

JUMP 3 次の式を展開せよ。

(1) $(x+2y)(x-6y)-(3x-2y)(5x+6y)$　(2) $(x+2)(x-2)(x+3)(x-3)$

4 展開の工夫

例題 6 置きかえによる展開

次の式を展開せよ。

(1) $(a+2b-3c)^2$　　(2) $(x+y+1)(x+y-3)$

 (1) $a+2b=A$ とおくと

$$(a+2b-3c)^2=(A-3c)^2$$
$$=A^2-6Ac+9c^2$$
$$=(a+2b)^2-6(a+2b)c+9c^2$$
$$=a^2+4ab+4b^2-6ac-12bc+9c^2$$
$$=\boldsymbol{a^2+4b^2+9c^2+4ab-12bc-6ca}$$

←A を $a+2b$ にもどす

←ab, bc, ca の順に項を整理

別解 (1) $(a+2b-3c)^2$

$$=a^2+(2b)^2+(-3c)^2+2\times a\times 2b+2\times 2b\times(-3c)+2\times(-3c)\times a$$
$$=\boldsymbol{a^2+4b^2+9c^2+4ab-12bc-6ca}$$

(2) $x+y=A$ とおくと

$$(x+y+1)(x+y-3)=(A+1)(A-3)$$
$$=A^2-2A-3$$
$$=(x+y)^2-2(x+y)-3$$
$$=\boldsymbol{x^2+2xy+y^2-2x-2y-3}$$

←A を $x+y$ にもどす

▶展開の工夫

式の一部をひとまとめにして，別の文字で置きかえる。

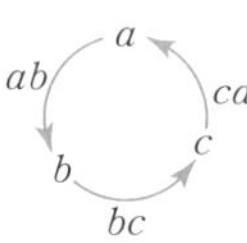

(●＋■＋△)(●＋■＋◇)

↓

●＋■＝A とおく。

↓

$(A+△)(A+◇)$ として，乗法公式を利用する。

▶$(a+b+c)^2$ の展開

以下の展開も，公式として覚えておくとよい。

$\boldsymbol{(a+b+c)^2}$
$\boldsymbol{=a^2+b^2+c^2+2ab+2bc+2ca}$

例題 7 計算の順序の工夫

次の式を展開せよ。

$(x+1)^2(x-1)^2$

 $(x+1)^2(x-1)^2=\{(x+1)(x-1)\}^2=(x^2-1)^2=\boldsymbol{x^4-2x^2+1}$　←$a^nb^n=(ab)^n$（指数法則[3]）

類題

18 次の式を展開せよ。

(1) $(a+b+2c)^2$

(2) $(a+b+1)(a+b-1)$

(3) $(x+2y-2)(x+2y+4)$

(4) $(x+3)^2(x-3)^2$

19 次の式を展開せよ。

(1) $(a-b-c)^2$

(2) $(a+b-2)^2$

(3) $(2x+3y+2)(2x+3y-2)$

(4) $(x^2+4y^2)(x+2y)(x-2y)$

(5) $(2x+1)^2(2x-1)^2$

20 次の式を展開せよ。

(1) $(2a-b+3c)^2$

(2) $(2a+b+3)(2a-b+3)$

(3) $(x+3y-z)(x-2y-z)$

(4) $(x-4)(x^2+16)(x+4)$

(5) $(3a-2b)^2(3a+2b)^2$

JUMP 4 次の式を展開せよ。

(1) $(x+y)(x^2+y^2)(x^4+y^4)(x-y)$

(2) $(x+1)(x+2)(x+3)(x+4)$

5 因数分解(1)

例題 8 共通因数のくくり出し

次の式を因数分解せよ。

(1) $5x^2y+15xy^2$　　(2) $(a+2b)x+2(a+2b)$

(3) $(a-b)x^2+b-a$

▶共通因数のくくり出し
$ma+mb=m(a+b)$

解 (1) $5x^2y+15xy^2=5xy\times x+5xy\times 3y$ ←共通因数 $5xy$

$=\boldsymbol{5xy(x+3y)}$

(2) $(a+2b)x+2(a+2b)=\boldsymbol{(a+2b)(x+2)}$ ←$a+2b=A$ とおくと $Ax+2A=A(x+2)$

(3) $(a-b)x^2+b-a=(a-b)x^2-(a-b)$ ←$b-a=-a+b=-(a-b)$

$=(a-b)(x^2-1)$

$=\boldsymbol{(a-b)(x+1)(x-1)}$ ←x^2-1 をさらに因数分解する

例題 9 2次式の因数分解(1)

次の式を因数分解せよ。

(1) $9x^2+30x+25$　　(2) $9x^2-25y^2$

▶因数分解の公式
[1] $a^2+2ab+b^2=(a+b)^2$
　 $a^2-2ab+b^2=(a-b)^2$
[2] $a^2-b^2=(a+b)(a-b)$

解 (1) $9x^2+30x+25=(3x)^2+2\times 3x\times 5+5^2$ ←因数分解の公式[1]

$=\boldsymbol{(3x+5)^2}$

(2) $9x^2-25y^2=(3x)^2-(5y)^2$ ←因数分解の公式[2]

$=\boldsymbol{(3x+5y)(3x-5y)}$

[因数分解と展開]
因数分解をしたら，逆に展開してもとの式にもどるか確かめて（検算して）みよう。

類題

21 次の式を因数分解せよ。

(1) $3ab+12ac$

(2) $2a^2b^2+4ab^2+6ab$

(3) $(2a+b)x+(2a+b)y$

(4) $(a-2)b-(2-a)c$

(5) x^2+6x+9

(6) $x^2-8xy+16y^2$

(7) x^2-81

(8) $49x^2-9y^2$

22 次の式を因数分解せよ。

(1) $2a^3b^2c+6a^2bc^2$

(2) $(2a-3b)x-(2a-3b)y$

(3) $(a-3)x^2+9(3-a)$

(4) $49x^2-14x+1$

(5) $25x^2+20xy+4y^2$

(6) a^2-16b^2

23 次の式を因数分解せよ。

(1) $3x^2yz-6xy^2z-9xyz^2$

(2) $(a^2-b^2)x^2-a^2+b^2$

(3) $(2a-b-c)x^2-16(b+c-2a)y^2$

(4) $4x^2+4x+1$

(5) $9x^2-24xy+16y^2$

(6) $49x^2y^2-36z^2$

JUMP 5 次の式を因数分解せよ。

(1) $ab+a+b+1$

(2) $x^2+3x+\frac{9}{4}$

6 因数分解(2)

例題 10 2 次式の因数分解(2)

次の式を因数分解せよ。

(1) x^2+x-72　　(2) $x^2+12xy+32y^2$

(3) $2x^2+11x+12$　　(4) $6x^2-xy-35y^2$

▶因数分解の公式

[3] $x^2+(a+b)x+ab$
$=(x+a)(x+b)$

[4] $acx^2+(ad+bc)x+bd$
$=(ax+b)(cx+d)$

解 (1) $x^2+x-72=x^2+\{9+(-8)\}x+9\times(-8)$
$=\boldsymbol{(x+9)(x-8)}$

←因数分解の公式[3]
積が -72，和が 1 となる 2 数は 9 と -8

(2) $x^2+12xy+32y^2=x^2+(4y+8y)x+4y\times 8y$
$=\boldsymbol{(x+4y)(x+8y)}$

←因数分解の公式[3]
積が $32y^2$，和が $12y$ となる 2 式は $4y$ と $8y$

(3) $2x^2+11x+12$
$=\boldsymbol{(x+4)(2x+3)}$

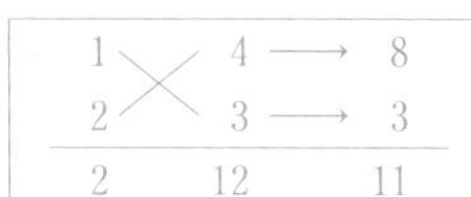

(4) $6x^2-xy-35y^2$
$=\boldsymbol{(2x-5y)(3x+7y)}$

2	$-5y$ →	$-15y$
3	$7y$ →	$14y$
6	$-35y^2$	$-y$

←x に着目すると，
x の係数は $-y$，定数項は $-35y^2$

類題

24 次の式を因数分解せよ。

(1) $x^2+9x+20$

(2) $x^2-12xy+27y^2$

(3) $2x^2+3x+1$

(4) $3x^2-13x+12$

(5) $5x^2+18xy+9y^2$

(6) $4x^2+4xy-15y^2$

25 次の式を因数分解せよ。

(1) $x^2-6x-16$

(2) $x^2-8xy-33y^2$

(3) $3x^2+7x+2$

(4) $2x^2+5x-7$

(5) $4x^2-9x+2$

(6) $6x^2+7xy-10y^2$

(7) $8x^2-14xy-9y^2$

26 次の式を因数分解せよ。

(1) $x^2-10x-24$

(2) $x^2+6xy-40y^2$

(3) $9x^2-18x+8$

(4) $6x^2-11x-7$

(5) $24x^2-2x-15$

(6) $12a^2+7ab-10b^2$

(7) $20a^2-47ab+24b^2$

JUMP 6 次の式を因数分解せよ。

(1) $6x^3y+14x^2y^2-12xy^3$

(2) $(b+c)a^2+(b^2+2bc+c^2)a+(b+c)bc$

7 因数分解(3)

例題 11 置きかえによる因数分解

次の式を因数分解せよ。

(1) $(x+y)^2+2(x+y)-15$　　(2) x^4-3x^2-4

(3) $(x^2+2x)^2-6(x^2+2x)-16$

解 (1) $x+y=A$ とおくと　←式の一部をひとまとめにする

$$\begin{aligned}(x+y)^2+2(x+y)-15 &= A^2+2A-15\\ &= (A+5)(A-3)\\ &= \boldsymbol{(x+y+5)(x+y-3)}\end{aligned}$$

←A を $x+y$ にもどす

(2) $x^2=A$ とおくと

$$\begin{aligned}x^4-3x^2-4 &= A^2-3A-4\\ &= (A-4)(A+1)\\ &= (x^2-4)(x^2+1)\\ &= \boldsymbol{(x+2)(x-2)(x^2+1)}\end{aligned}$$

←$x^4=(x^2)^2=A^2$

←x^2-4 をさらに因数分解する

(3) $x^2+2x=A$ とおくと

$$\begin{aligned}(x^2+2x)^2-6(x^2+2x)-16 &= A^2-6A-16\\ &= (A-8)(A+2)\\ &= (x^2+2x-8)(x^2+2x+2)\\ &= \boldsymbol{(x+4)(x-2)(x^2+2x+2)}\end{aligned}$$

←x^2+2x-8 をさらに因数分解する

類題

27 次の式を因数分解せよ。

(1) $(x-2y)^2-5(x-2y)+6$

(2) $(2x+3y)^2-3(2x+3y)$

(3) x^4-6x^2-27

(4) $(x^2+x)^2-4(x^2+x)-12$

28 次の式を因数分解せよ。

(1) $(x+1)^2+7(x+1)+10$

(2) $(x-y)^2+2(x-y)-48$

(3) x^4+6x^2+5

(4) x^4-81

(5) $(x^2+x)^2-9(x^2+x)+18$

29 次の式を因数分解せよ。

(1) $3(2a+b)^2-2(2a+b)-8$

(2) $6(x+3y)^2-11(x+3y)-10$

(3) x^4-13x^2+36

(4) $16x^4-1$

(5) $(x^2-2x)^2-11(x^2-2x)+24$

JUMP 7 次の式を因数分解せよ。

(1) $(x-4)(x-2)(x+1)(x+3)+24$

(2) x^4+x^2+1

8 因数分解(4)

例題 12 1つの文字に着目する因数分解

次の式を因数分解せよ。

(1) $x^2+z^2+xy+2xz+yz$

(2) $2x^2-7xy+3y^2-x+8y-3$

解 (1) 最も次数の低い文字 y について整理すると ←x…2次式，y…1次式，z…2次式

$$\begin{aligned}x^2+z^2+xy+2xz+yz &= (x+z)y+x^2+2xz+z^2\\ &= (x+z)y+(x+z)^2\\ &= (x+z)\{y+(x+z)\} \quad \text{←}x+z\text{ をくくり出す}\\ &= \boldsymbol{(x+z)(x+y+z)}\end{aligned}$$

(2) x に着目して整理すると ←x，y の次数が等しいので，どちらか1つの文字に着目して整理する

$$\begin{aligned}&2x^2-7xy+3y^2-x+8y-3\\ &= 2x^2-(7y+1)x+(3y^2+8y-3)\\ &= 2x^2-(7y+1)x+(3y-1)(y+3)\\ &= \{x-(3y-1)\}\{2x-(y+3)\}\\ &= \boldsymbol{(x-3y+1)(2x-y-3)}\end{aligned}$$

1	$-(3y-1)$	⟶	$-6y+2$
2	$-(y+3)$	⟶	$-y-3$
2	$(3y-1)(y+3)$		$-(7y+1)$

類題

30 次の式を因数分解せよ。

(1) $a^2+ab+2bc-4c^2$

(2) $a^2+b^2+2ab+2bc+2ca$

(3) $x^2+(2y+3)x+(y+1)(y+2)$

(4) $x^2+4xy+3y^2-x-7y-6$

31 次の式を因数分解せよ。

(1) $4a^2-4ab+2ac-bc+b^2$

(2) $x^2+xy+2y-4$

(3) $x^2+2xy+7x+y^2+7y+10$

(4) $3x^2+4xy+y^2-7x-y-6$

32 次の式を因数分解せよ。

(1) $ab-4bc-ca+b^2+3c^2$

(2) x^2y-x^2-4y+4

(3) $2x^2+5xy+3y^2-4x-5y+2$

(4) $3x^2-3xy-6y^2+5x-y+2$

JUMP 8 次の式を因数分解せよ。

(1) $x^2y+y^2z-y^3-x^2z$

(2) $xy-yz^2+x^3-2x^2z^2+xz^4$

9 〈発展〉3 次式の展開と因数分解

例題 13 3 次式の展開

次の式を展開せよ。

(1) $(x+2)^3$　　(2) $(3x-y)^3$

(3) $(x-2y)(x^2+2xy+4y^2)$

解 (1) $(x+2)^3=x^3+3\times x^2\times 2+3\times x\times 2^2+2^3$ ←3 次式の乗法公式[1]

$=\boldsymbol{x^3+6x^2+12x+8}$

(2) $(3x-y)^3=(3x)^3-3\times(3x)^2\times y+3\times 3x\times y^2-y^3$ ←3 次式の乗法公式[1]

$=\boldsymbol{27x^3-27x^2y+9xy^2-y^3}$

(3) $(x-2y)(x^2+2xy+4y^2)=(x-2y)\{x^2+x\times 2y+(2y)^2\}$

$=x^3-(2y)^3$ ←3 次式の乗法公式[2]

$=\boldsymbol{x^3-8y^3}$

▶3 次式の乗法公式

[1] $(a+b)^3$

$=a^3+3a^2b+3ab^2+b^3$

$(a-b)^3$

$=a^3-3a^2b+3ab^2-b^3$

[2] $(a+b)(a^2-ab+b^2)$

$=a^3+b^3$

$(a-b)(a^2+ab+b^2)$

$=a^3-b^3$

例題 14 3 次式の因数分解

次の式を因数分解せよ。

(1) x^3+8y^3　　(2) $16x^3-54$

解 (1) $x^3+8y^3=x^3+(2y)^3$

$=(x+2y)\{x^2-x\times 2y+(2y)^2\}$ ←3 次式の因数分解の公式

$=\boldsymbol{(x+2y)(x^2-2xy+4y^2)}$

(2) $16x^3-54=2(8x^3-27)$ ←共通因数の 2 でくくる

$=2\{(2x)^3-3^3\}$

$=2(2x-3)\{(2x)^2+2x\times 3+3^2\}$ ←3 次式の因数分解の公式

$=\boldsymbol{2(2x-3)(4x^2+6x+9)}$

▶3 次式の因数分解の公式

$a^3+b^3=(a+b)(a^2-ab+b^2)$

$a^3-b^3=(a-b)(a^2+ab+b^2)$

類題

33 次の式を展開せよ。

(1) $(x+1)^3$

(2) $(x+1)(x^2-x+1)$

34 次の式を因数分解せよ。

(1) $27x^3+y^3$

(2) $8x^3-125$

35 次の式を展開せよ。

(1) $(x+3)^3$

(2) $(2x-1)^3$

(3) $(2x+1)(4x^2-2x+1)$

(4) $(x-4y)(x^2+4xy+16y^2)$

36 次の式を因数分解せよ。

(1) x^3+1

(2) $27x^3-64y^3$

37 次の式を展開せよ。

(1) $(2x-3y)^3$

(2) $(xy+4)^3$

(3) $(3x-5y)(9x^2+15xy+25y^2)$

(4) $(xy+z)(x^2y^2-xyz+z^2)$

38 次の式を因数分解せよ。

(1) x^4y+xy^4

(2) $24x^3-3y^3$

JUMP 9 次の式を展開せよ。

(1) $(x+1)^3(x-1)^3$

(2) $(x+2)(x-2)(x^2+2x+4)(x^2-2x+4)$

まとめの問題　数と式①

1　整式 $2x^3+5x^2y+4xy+y^2-6x-1$ について，次の問いに答えよ。

(1)　x に着目して降べきの順に整理し，x の 1 次の項の係数と定数項をいえ。

(2)　y に着目して降べきの順に整理し，y の 1 次の項の係数と定数項をいえ。

2　次の式の計算をせよ。

(1)　$2a^4b\times(-3a^2b^3)^2$

(2)　$x^2y\times(2xy^3)^2\times(-x^2y^4)^3$

3　次の式を展開せよ。

(1)　$2xy(x^2+3xy+4y^2)$

(2)　$(x-1)(x^3+x^2+x+1)$

(3)　$(ax+by)^2$

(4)　$(ab+1)(ab-1)$

(5)　$(3a+7b)(4a-9b)$

(6)　$(2a+b-c)^2$

(7)　$(x+y+z)(x-y+z)$

(8)　$(3a-bc)^2(3a+bc)^2$

4 次の式を因数分解せよ。

(1) $x^2 - 4x$

(2) $a^2(2x - 3y) + b^2(3y - 2x)$

(3) $x^2 - 12xy + 36y^2$

(4) $4x^2 + 5x - 6$

(5) $36x^2 - 5xy - 24y^2$

(6) $(a - b)^2 - 7(b - a) + 10$

(7) $x^4 - x^2 - 12$

(8) $x^2z + x + y - y^2z$

(9) $2x^2 + 6xy + 4y^2 - x - 4y - 3$

5 **(発展)** 次の式を展開せよ。

$(4x - 3y)^3$

6 **(発展)** 次の式を因数分解せよ。

$2x^3 - 54y^3$

10 実数，平方根

例題 15 有理数と循環小数

次の分数を循環小数の記号・を用いて表せ。

(1) $\dfrac{4}{9}$　　(2) $\dfrac{16}{11}$

(1) $\dfrac{4}{9}=4\div 9=0.444444\cdots\cdots=\mathbf{0.\dot{4}}$

(2) $\dfrac{16}{11}=16\div 11=1.454545\cdots\cdots=\mathbf{1.\dot{4}\dot{5}}$

▶循環小数

無限小数のうち，ある位以下では数字の同じ並びがくり返される小数。循環小数は，同じ並びの最初と最後の数字の上に記号・をつけて表す。

(例)　$0.111111\cdots\cdots=0.\dot{1}$

$0.231231\cdots\cdots=0.\dot{2}3\dot{1}$

例題 16 絶対値

次の値を，絶対値記号を用いないで表せ。

(1) $|\sqrt{2}-1|$　　(2) $|\pi-4|$

解 (1) $\sqrt{2}>1$ であるから $\sqrt{2}-1>0$　←$\sqrt{2}=1.414\cdots\cdots$

よって $|\sqrt{2}-1|=\mathbf{\sqrt{2}-1}$

(2) $\pi<4$ であるから $\pi-4<0$　←$\pi=3.14\cdots\cdots$

よって $|\pi-4|=-(\pi-4)=\mathbf{4-\pi}$

▶絶対値

$a\geqq 0$ のとき $|a|=a$

$a<0$ のとき $|a|=-a$

例題 17 平方根

次の値を求めよ。

(1) 25 の平方根　　(2) $\sqrt{25}$　　(3) $\sqrt{(-3)^2}$

(1) 2 乗すると 25 になる数だから，5 と -5，すなわち $\mathbf{\pm 5}$

(2) $\sqrt{25}=\mathbf{5}$

(3) $\sqrt{(-3)^2}=-(-3)=\mathbf{3}$　←-3 は負の数である

▶平方根の意味

a の平方根

…2 乗すると a になる数

$a>0$ のとき $\sqrt{a}$ と $-\sqrt{a}$

$a=0$ のとき 0 だけ

$a<0$ のとき 実数の範囲にない

▶$\sqrt{a^2}$ の値

$a\geqq 0$ のとき $\sqrt{a^2}=a$

$a<0$ のとき $\sqrt{a^2}=-a$

類題

39 次の値を，絶対値記号を用いないで表せ。

(1) $|-3|$

(2) $|\sqrt{7}-\sqrt{6}|$

(3) $|2-\sqrt{6}|$

40 次の値を求めよ。

(1) 3 の平方根

(2) $\sqrt{64}$

(3) $\sqrt{(-2)^2}$

41 次の分数を循環小数の記号・を用いて表せ。

(1) $\dfrac{4}{15}$

(2) $\dfrac{7}{37}$

(3) $\dfrac{37}{7}$

42 下の(1)~(4)にあてはまる数を，次の中からすべて選び出せ。

$0,\quad -\dfrac{1}{3},\quad \sqrt{5},\quad 3.14,\quad \sqrt{9},\quad -2$

$0.333\cdots\cdots,\quad \dfrac{16}{4},\quad \pi$

(1) 自然数

(2) 整数

(3) 有理数

(4) 無理数

43 次の値を，絶対値記号を用いないで表せ。

(1) $\left|-\dfrac{20}{3}\right|$

(2) $|3-\sqrt{5}|$

(3) $|2\sqrt{2}-3|$

44 次の値を求めよ。

(1) 49 の平方根

(2) $\dfrac{1}{9}$ の平方根

(3) $-\sqrt{100}$

(4) $\sqrt{\left(-\dfrac{1}{8}\right)^2}$

JUMP 10 x が次の値のとき，$|x+1|+2|x-2|$ の値を求めよ。

(1) $x=5$　(2) $x=-2$　(3) $x=\sqrt{3}$

11 根号を含む式の計算

例題 18 根号を含む式の計算

次の式を簡単にせよ。

(1) $\sqrt{20}$　(2) $\sqrt{2}\times\sqrt{6}$　(3) $\dfrac{\sqrt{20}}{\sqrt{5}}$

(4) $2\sqrt{12}-\sqrt{27}+\sqrt{75}$　(5) $(2\sqrt{2}+\sqrt{7})(2\sqrt{2}-\sqrt{7})$

▶平方根の積と商

$a>0$, $b>0$ のとき

[1] $\sqrt{a}\sqrt{b}=\sqrt{ab}$

[2] $\dfrac{\sqrt{a}}{\sqrt{b}}=\sqrt{\dfrac{a}{b}}$

▶平方根の性質

$a>0$, $k>0$ のとき

$\sqrt{k^2a}=k\sqrt{a}$

解 (1) $\sqrt{20}=\sqrt{2^2\times5}=\mathbf{2\sqrt{5}}$

(2) $\sqrt{2}\times\sqrt{6}=\sqrt{2\times6}=\sqrt{2^2\times3}=\mathbf{2\sqrt{3}}$

(3) $\dfrac{\sqrt{20}}{\sqrt{5}}=\sqrt{\dfrac{20}{5}}=\sqrt{4}=\sqrt{2^2}=\mathbf{2}$

(4) $2\sqrt{12}-\sqrt{27}+\sqrt{75}=2\times2\sqrt{3}-3\sqrt{3}+5\sqrt{3}$
$=(4-3+5)\sqrt{3}$
$=\mathbf{6\sqrt{3}}$

(5) $(2\sqrt{2}+\sqrt{7})(2\sqrt{2}-\sqrt{7})=(2\sqrt{2})^2-(\sqrt{7})^2$　←乗法公式[2] $(a+b)(a-b)=a^2-b^2$
$=4\times2-7$
$=\mathbf{1}$

類題

45 次の式を簡単にせよ。

(1) $\sqrt{28}$

(2) $\sqrt{3}\times\sqrt{21}$

(3) $\dfrac{\sqrt{48}}{\sqrt{8}}$

(4) $2\sqrt{8}-\sqrt{18}+\sqrt{72}$

(5) $(2\sqrt{2}-\sqrt{5})-(5\sqrt{2}-4\sqrt{5})$

(6) $(\sqrt{6}+2\sqrt{2})(3\sqrt{6}-\sqrt{2})$

(7) $(\sqrt{2}+\sqrt{5})^2$

(8) $(\sqrt{6}+\sqrt{3})(\sqrt{6}-\sqrt{3})$

46 次の式を簡単にせよ。

(1) $\sqrt{3}\times\sqrt{6}\times\sqrt{18}$

(2) $\sqrt{60}\div\sqrt{5}$

(3) $\sqrt{20}-\sqrt{45}+\sqrt{80}$

(4) $(\sqrt{10}+\sqrt{3})^2$

(5) $(\sqrt{7}+\sqrt{2})(\sqrt{7}-\sqrt{2})$

47 次の式を簡単にせよ。

(1) $4\sqrt{6}\times\sqrt{15}\div2\sqrt{2}$

(2) $\sqrt{12}+2\sqrt{54}-(4\sqrt{48}-3\sqrt{96})$

(3) $(3\sqrt{2}-2\sqrt{3})^2$

(4) $(4\sqrt{6}+3\sqrt{3})(4\sqrt{6}-3\sqrt{3})$

(5) $(\sqrt{10}-\sqrt{54})(\sqrt{20}+\sqrt{3})$

JUMP 11 次の式を簡単にせよ。

(1) $(\sqrt{2}+\sqrt{5}+\sqrt{7})(\sqrt{2}+\sqrt{5}-\sqrt{7})$ (2) $(1-\sqrt{2}+\sqrt{3})^2-(1+\sqrt{2}+\sqrt{3})^2$

12 分母の有理化

例題 19 分母の有理化

次の式の分母を有理化せよ。

(1) $\dfrac{\sqrt{3}}{\sqrt{6}}$　　(2) $\dfrac{5}{\sqrt{7}-\sqrt{2}}$

解 (1) $\dfrac{\sqrt{3}}{\sqrt{6}}=\dfrac{\sqrt{3}\times\sqrt{6}}{\sqrt{6}\times\sqrt{6}}=\dfrac{3\sqrt{2}}{6}=\boldsymbol{\dfrac{\sqrt{2}}{2}}$　←分母と分子に $\sqrt{6}$ を掛ける

別解 (1) $\dfrac{\sqrt{3}}{\sqrt{6}}=\sqrt{\dfrac{3}{6}}=\sqrt{\dfrac{1}{2}}=\dfrac{1}{\sqrt{2}}$　←$\dfrac{\sqrt{a}}{\sqrt{b}}=\sqrt{\dfrac{a}{b}}$

$=\dfrac{1\times\sqrt{2}}{\sqrt{2}\times\sqrt{2}}=\boldsymbol{\dfrac{\sqrt{2}}{2}}$　←分母と分子に $\sqrt{2}$ を掛ける

(2) $\dfrac{5}{\sqrt{7}-\sqrt{2}}=\dfrac{5(\sqrt{7}+\sqrt{2})}{(\sqrt{7}-\sqrt{2})(\sqrt{7}+\sqrt{2})}$　←分母と分子に $\sqrt{7}+\sqrt{2}$ を掛ける

$=\dfrac{5(\sqrt{7}+\sqrt{2})}{(\sqrt{7})^2-(\sqrt{2})^2}=\dfrac{5(\sqrt{7}+\sqrt{2})}{7-2}$

$=\dfrac{5(\sqrt{7}+\sqrt{2})}{5}=\boldsymbol{\sqrt{7}+\sqrt{2}}$　←5で約分

▶分母の有理化

[1] $\dfrac{1}{\sqrt{a}}=\dfrac{1\times\sqrt{a}}{\sqrt{a}\times\sqrt{a}}=\dfrac{\sqrt{a}}{a}$

[2] $\dfrac{1}{\sqrt{a}+\sqrt{b}}$

$=\dfrac{1\times(\sqrt{a}-\sqrt{b})}{(\sqrt{a}+\sqrt{b})(\sqrt{a}-\sqrt{b})}$

$=\dfrac{\sqrt{a}-\sqrt{b}}{a-b}$

[3] $\dfrac{1}{\sqrt{a}-\sqrt{b}}$

$=\dfrac{1\times(\sqrt{a}+\sqrt{b})}{(\sqrt{a}-\sqrt{b})(\sqrt{a}+\sqrt{b})}$

$=\dfrac{\sqrt{a}+\sqrt{b}}{a-b}$

類題

48 次の式の分母を有理化せよ。

(1) $\dfrac{2}{\sqrt{2}}$

(2) $\dfrac{\sqrt{5}}{\sqrt{12}}$

(3) $\dfrac{\sqrt{5}+\sqrt{2}}{\sqrt{3}}$

49 次の式の分母を有理化せよ。

(1) $\dfrac{1}{\sqrt{5}+\sqrt{2}}$

(2) $\dfrac{4}{\sqrt{6}+\sqrt{2}}$

(3) $\dfrac{\sqrt{5}+\sqrt{3}}{\sqrt{5}-\sqrt{3}}$

50 次の式の分母を有理化せよ。

(1) $\dfrac{8}{3\sqrt{6}}$

(2) $\dfrac{2}{\sqrt{7}-\sqrt{3}}$

(3) $\dfrac{2-\sqrt{6}}{2+\sqrt{6}}$

(4) $\dfrac{1-\sqrt{3}}{2+\sqrt{3}}$

51 次の式を簡単にせよ。

(1) $\dfrac{6\sqrt{3}}{\sqrt{2}}-\dfrac{6\sqrt{2}}{\sqrt{3}}+\dfrac{6}{\sqrt{6}}$

(2) $\dfrac{1}{\sqrt{3}-\sqrt{2}}+\dfrac{1}{\sqrt{3}+\sqrt{2}}$

(3) $\left(\dfrac{1}{\sqrt{7}+\sqrt{6}}\right)^2$

JUMP 12 $(\sqrt{2}+\sqrt{3}+\sqrt{5})(\sqrt{2}+\sqrt{3}-\sqrt{5})$ を計算し，$\dfrac{1}{\sqrt{2}+\sqrt{3}+\sqrt{5}}$ の分母を有理化せよ。

13 〈発展〉式の値，二重根号

例題 20 式の値

$x=3+\sqrt{5}$，$y=3-\sqrt{5}$ のとき，次の式の値を求めよ。

(1) $x+y$　　(2) xy

(3) x^2+y^2　　(4) x^3+y^3

▶式の値
x^2+y^2 や x^3+y^3 は，
$x+y$（和）と xy（積）
を用いて表される。
[1] x^2+y^2
$=(x+y)^2-2xy$
[2] x^3+y^3
$=(x+y)^3-3xy(x+y)$

解 (1) $x+y=(3+\sqrt{5})+(3-\sqrt{5})=\mathbf{6}$

(2) $xy=(3+\sqrt{5})(3-\sqrt{5})=3^2-(\sqrt{5})^2=9-5=\mathbf{4}$

(3) $x^2+y^2=(x+y)^2-2xy=6^2-2\times4=36-8=\mathbf{28}$

(4) $x^3+y^3=(x+y)^3-3xy(x+y)$
$=6^3-3\times4\times6=216-72=\mathbf{144}$

別解 (4) $x^3+y^3=(x+y)(x^2-xy+y^2)$
$=(x+y)\{(x^2+y^2)-xy\}=6\times(28-4)=\mathbf{144}$

例題 21 二重根号

次の式の二重根号をはずせ。

(1) $\sqrt{8+2\sqrt{12}}$　(2) $\sqrt{7-\sqrt{24}}$　(3) $\sqrt{2-\sqrt{3}}$

▶二重根号
$a>0$，$b>0$ のとき
$\sqrt{(a+b)+2\sqrt{ab}}=\sqrt{a}+\sqrt{b}$
$a>b>0$ のとき
$\sqrt{(a+b)-2\sqrt{ab}}=\sqrt{a}-\sqrt{b}$

解 (1) $\sqrt{8+2\sqrt{12}}=\sqrt{(6+2)+2\sqrt{6\times2}}=\sqrt{(\sqrt{6}+\sqrt{2})^2}=\boldsymbol{\sqrt{6}+\sqrt{2}}$

(2) $\sqrt{7-\sqrt{24}}=\sqrt{7-2\sqrt{6}}$ ←中の $\sqrt{\ }$ の前を 2 にする
$=\sqrt{(6+1)-2\sqrt{6\times1}}=\sqrt{(\sqrt{6}-\sqrt{1})^2}=\boldsymbol{\sqrt{6}-1}$

(3) $\sqrt{2-\sqrt{3}}=\sqrt{\dfrac{4-2\sqrt{3}}{2}}$ ←中の $\sqrt{\ }$ の前を 2 にするため，分母と分子に 2 を掛ける
$=\dfrac{\sqrt{(3+1)-2\sqrt{3\times1}}}{\sqrt{2}}=\dfrac{\sqrt{(\sqrt{3}-\sqrt{1})^2}}{\sqrt{2}}=\dfrac{\sqrt{3}-1}{\sqrt{2}}=\boldsymbol{\dfrac{\sqrt{6}-\sqrt{2}}{2}}$

類題

52 $x=2+\sqrt{3}$，$y=2-\sqrt{3}$ のとき，次の式の値を求めよ。

(1) $x+y$

(2) xy

(3) x^2+y^2

53 次の式の二重根号をはずせ。

(1) $\sqrt{9+2\sqrt{14}}$

(2) $\sqrt{8-\sqrt{28}}$

(3) $\sqrt{4+\sqrt{7}}$

54 $x=\dfrac{\sqrt{3}+\sqrt{2}}{\sqrt{3}-\sqrt{2}}$，$y=\dfrac{\sqrt{3}-\sqrt{2}}{\sqrt{3}+\sqrt{2}}$ のとき，次の式の値を求めよ。

(1) $x+y$

(2) xy

(3) x^2+y^2

(4) x^3+y^3

(5) x^3y+xy^3

55 次の式の二重根号をはずせ。

(1) $\sqrt{10+2\sqrt{21}}$

(2) $\sqrt{7+\sqrt{48}}$

(3) $\sqrt{15-6\sqrt{6}}$

(4) $\sqrt{11-\sqrt{96}}$

(5) $\sqrt{6-\sqrt{35}}$

JUMP 13 $x=\sqrt{5}+1$，$y=\sqrt{5}-1$ のとき，次の式の値を求めよ。

(1) x^2+y^2　(2) x^3+y^3　(3) x^4+y^4　(4) x^5+y^5

14 不等式の性質，1 次不等式

例題 22 不等式の性質

$a<b$ のとき，次の 2 つの数の大小関係を不等号を用いて表せ。

(1) $-2a$，$-2b$　　(2) $3a-2$，$3b-2$

(1) $a<b$ の両辺に -2 を掛けると　$\boldsymbol{-2a>-2b}$　←不等式の性質[3]

(2) $a<b$ の両辺に 3 を掛けると　$3a<3b$　←不等式の性質[2]

この両辺から 2 を引くと　$\boldsymbol{3a-2<3b-2}$　←不等式の性質[1]

例題 23 1 次不等式

次の 1 次不等式を解け。

$3x-2<6x-11$

$6x$ と -2 をそれぞれ移項して

$3x-6x<-11+2$　←不等式でも移項できる

$-3x<-9$

両辺を -3 で割って

$\boldsymbol{x>3}$　←不等式の性質[3]

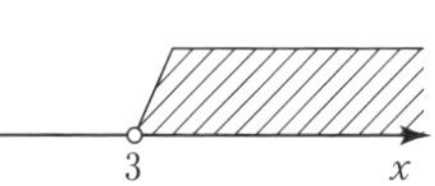

▶不等式の性質

$a<b$ のとき

[1] $\boldsymbol{a+c<b+c}$（加法）

$\boldsymbol{a-c<b-c}$（減法）

[2] $c>0$ ならば

$\boldsymbol{ac<bc}$（乗法）

$\boldsymbol{\dfrac{a}{c}<\dfrac{b}{c}}$（除法）

[3] $c<0$ ならば

$\boldsymbol{ac>bc}$（乗法）

$\boldsymbol{\dfrac{a}{c}>\dfrac{b}{c}}$（除法）

不等号の向きが逆になるのは，不等式の両辺に同じ負の数を掛けたり，両辺を同じ負の数で割ったりするとき。

類題

56 $a>b$ のとき，次の 2 つの数の大小関係を不等号を用いて表せ。

(1) $-\dfrac{a}{4}$，$-\dfrac{b}{4}$

(2) $2a+5$，$2b+5$

57 次の 1 次不等式を解け。

(1) $3x-2\geqq 7$

(2) $x+4\leqq 3x-4$

(3) $-2(2x-1)<9(-x+3)$

(4) $\dfrac{1}{3}x-1<\dfrac{5}{6}x+\dfrac{2}{3}$

58 次の数量の大小関係を不等式で表せ。

(1) ある数 x に 6 を加えた数は，x の 3 倍より小さい。

(2) 1 個 70 g の品物 x 個を 300 g の箱に入れたときの全体の重さは，1000 g 以上である。

59 $a \leqq b$ のとき，次の 2 つの数の大小関係を不等号を用いて表せ。

(1) $\dfrac{3}{2}a$，$\dfrac{3}{2}b$

(2) $-2a-7$，$-2b-7$

60 次の 1 次不等式を解け。

(1) $3x-1>2$

(2) $-2x-5 \leqq 3x$

(3) $3(x+2) \leqq x-2$

61 次の 1 次不等式を解け。

(1) $4x+1>2x+5$

(2) $-2x+1<-(x-1)$

(3) $\dfrac{3}{4}x-\dfrac{1}{2} \leqq 2x-3$

(4) $\dfrac{2}{3}x-\dfrac{1}{4}(6x+5)>\dfrac{5}{6}$

(5) $0.4x+1.5 \leqq 0.7x+0.5$

JUMP 14 不等式 $2x-3 \leqq \sqrt{3}x-1$ を満たす自然数 x の値をすべて求めよ。

15 連立不等式，不等式の応用

例題24 連立不等式(1)

連立不等式 $\begin{cases} 3(x-4) < -(2x-13) \\ 5x+8 \geqq 3 \end{cases}$ を解け。

解 $3(x-4) < -(2x-13)$ を解くと，

$3x-12 < -2x+13$ より　$5x < 25$

よって　$x < 5$ ……①

$5x+8 \geqq 3$ を解くと，

$5x \geqq -5$ より　$x \geqq -1$ ……②

①，②より，連立不等式の解は

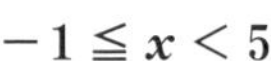

$\boldsymbol{-1 \leqq x < 5}$

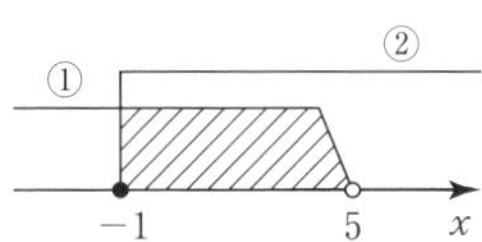

▶連立不等式

連立不等式において，それらの不等式を同時に満たす範囲を連立不等式の解という。

連立不等式の解を求めるには，各不等式の解を数直線上に表し，共通部分をとるとよい。

例題25 連立不等式(2)

不等式 $-4 < 3x-5 < 7$ を解け。

解 与えられた不等式は $\begin{cases} -4 < 3x-5 \\ 3x-5 < 7 \end{cases}$ と表される。

$-4 < 3x-5$ を解くと，$-3x < -1$ より　$x > \dfrac{1}{3}$ ……①

$3x-5 < 7$ を解くと，$3x < 12$ より　$x < 4$ ……②

①，②より　$\boldsymbol{\dfrac{1}{3} < x < 4}$

別解 $-4 < 3x-5 < 7$

各辺に5を加えて　$-4+5 < 3x-5+5 < 7+5$　←$A < B < C$ のとき $A+D < B+D < C+D$

すなわち　$1 < 3x < 12$

各辺を3で割って　$\boldsymbol{\dfrac{1}{3} < x < 4}$

▶不等式 $A < B < C$

不等式 $A < B < C$ は，連立不等式

$\begin{cases} A < B \\ B < C \end{cases}$

の形に表される。

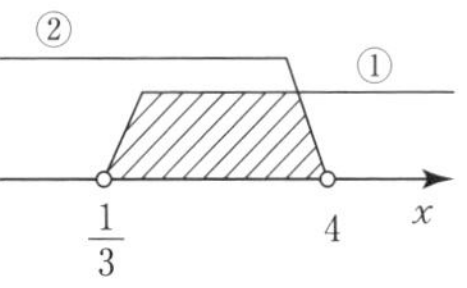

類題

62 連立不等式 $\begin{cases} 3x-7 < 8 \\ 2x-11 > 1-2x \end{cases}$ を解け。

63 不等式 $3 < 4x-5 < 15$ を解け。

64 次の連立不等式を解け。

(1) $\begin{cases} 3x+1>2x-4 \\ x-1 \leqq -x+3 \end{cases}$

(2) $\begin{cases} 2x+3 \leqq \dfrac{1}{2}x-2 \\ x-3 \geqq 6x+7 \end{cases}$

65 1個50円のお菓子と1個80円のお菓子をあわせて15個買い，合計金額が1000円以下になるようにしたい。80円のお菓子をなるべく多く買うには，それぞれ何個ずつ買えばよいか。

66 次の不等式を解け。

(1) $-4 \leqq -5x+8 \leqq 3$

(2) $-4(x-1) < 2x+1 \leqq 4x-5$

67 A，Bの2つの水槽に水がそれぞれ100 L，15 L入っている。AからBに水をx L移し，Aの水量がBの3倍以上4倍以下になるようにしたい。Aから移す水量xの値の範囲を求めよ。

JUMP 15 xについての1次方程式 $5x-4a=2x+1$ の解が -1 より大きく3より小さいとき，定数aの値の範囲を求めよ。

まとめの問題　数と式②

1　次の値を，絶対値記号を用いないで表せ。

(1)　$|4-1.5|$

(2)　$|1-\sqrt{3}|$

2　次の式を簡単にせよ。

(1)　$\sqrt{28}\times\sqrt{63}$

(2)　$\dfrac{\sqrt{54}}{\sqrt{3}}$

(3)　$\sqrt{18}-3(2\sqrt{8}-\sqrt{98})$

(4)　$(\sqrt{6}-\sqrt{3})^2$

(5)　$(\sqrt{10}+2\sqrt{2})(\sqrt{10}-3\sqrt{2})$

3　次の式の分母を有理化せよ。

(1)　$\dfrac{9\sqrt{2}}{2\sqrt{3}}$

(2)　$\dfrac{\sqrt{2}}{2\sqrt{3}-\sqrt{6}}$

4　次の式を簡単にせよ。

(1)　$\left(\dfrac{\sqrt{3}+1}{\sqrt{3}-1}\right)^2$

(2)　$\dfrac{3+\sqrt{5}}{3-\sqrt{5}}+\dfrac{3-\sqrt{5}}{3+\sqrt{5}}$

5 次の 1 次不等式を解け。

(1) $x - 1 > -2(x+2)$

(2) $-\frac{3}{2}x + 1 < \frac{1}{3}x + \frac{5}{6}$

6 次の連立不等式を解け。

(1) $\begin{cases} -2x \geqq 3x - 1 \\ 2x + 1 < 5(x+2) \end{cases}$

(2) $\begin{cases} -x + 2 > x - 4 \\ 0.2x \leqq -0.8x + 0.5 \end{cases}$

7 不等式 $3x - 8 < 2x - 1 < 5x - 7$ を解け。

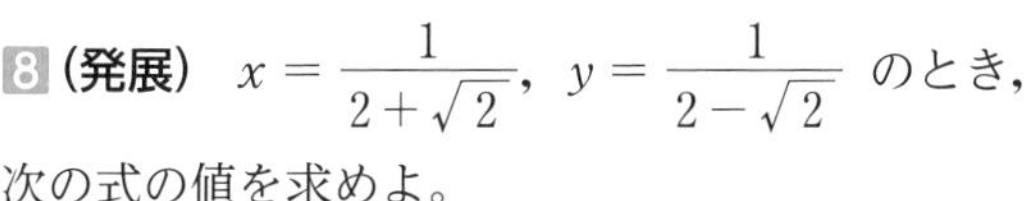

8 **(発展)** $x = \frac{1}{2+\sqrt{2}}$，$y = \frac{1}{2-\sqrt{2}}$ のとき，

次の式の値を求めよ。

(1) $x + y$，xy

(2) $x^2 + y^2$

(3) $x^3 + y^3$

16 集合

例題 26 集合，部分集合，共通部分と和集合，補集合

$U=\{x\mid x$ は 10 以下の自然数$\}$ を全体集合とするとき，その部分集合

$A=\{x\mid x$ は 2 の倍数$\}$，$B=\{x\mid x$ は 3 の倍数$\}$，

$C=\{5,\ 10\}$，　　$D=\{2,\ 4,\ 8\}$

について，次の問いに答えよ。

(1) 集合 A，B を，要素を書き並べる方法で表せ。

(2) A の部分集合となるのは，B，C，D のうちどれか。

(3) $B\cap D$ はどのような集合か。

(4) $A\cap B$，$A\cup B$ を求めよ。

(5) $\overline{A\cup B}$，$\overline{A}\cap\overline{B}$ を求めよ。

▶集合の表し方

① 要素を書き並べる。

② 要素の満たす条件を書く。

A は B の部分集合 $A\subset B$

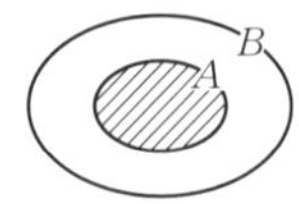

共通部分 $A\cap B$

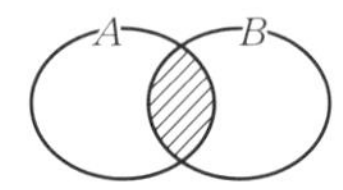

和集合 $A\cup B$

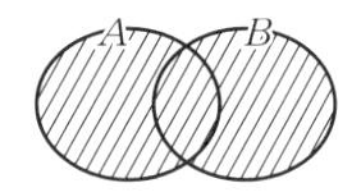

補集合 $\overline{A}$

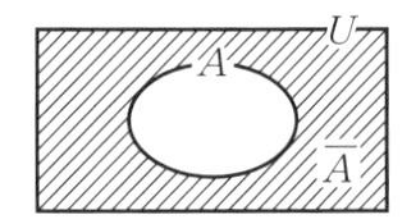

解 (1) $A=\{\mathbf{2,\ 4,\ 6,\ 8,\ 10}\}$

$B=\{\mathbf{3,\ 6,\ 9}\}$

(2) すべての要素が A の要素になっているのは D

よって，A の部分集合となるのは $\boldsymbol{D}$　←$D\subset A$

(3) B と D に共通な要素はないので

$B\cap D=\boldsymbol{\varnothing}$　←空集合

(4) $A\cap B=\{\mathbf{6}\}$　←$A\cap B$ は A と B のどちらにも属する要素全体からなる集合

$A\cup B=\{\mathbf{2,\ 3,\ 4,\ 6,\ 8,\ 9,\ 10}\}$　←$A\cup B$ は A，B の少なくとも一方に属する要素全体からなる集合

(5) (4)より　$\overline{A\cup B}=\{\mathbf{1,\ 5,\ 7}\}$

また，

$\overline{A}=\{1,\ 3,\ 5,\ 7,\ 9\}$

$\overline{B}=\{1,\ 2,\ 4,\ 5,\ 7,\ 8,\ 10\}$

であるから

$\overline{A}\cap\overline{B}=\{\mathbf{1,\ 5,\ 7}\}$

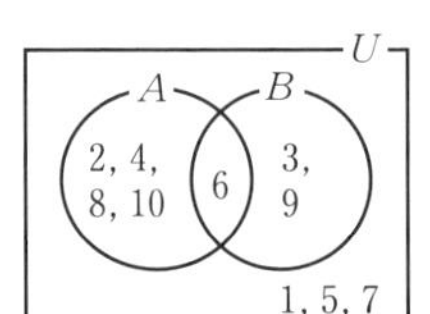

注 $\overline{A}\cap\overline{B}$ と $\overline{A\cup B}$ は，つねに等しい（ド・モルガンの法則）。

▶ド・モルガンの法則

$\overline{A\cup B}=\overline{A}\cap\overline{B}$

$\overline{A\cap B}=\overline{A}\cup\overline{B}$

類題

68 $A=\{1,\ 5,\ 8,\ 10\}$，$B=\{2,\ 5,\ 7,\ 8\}$ のとき，次の集合を求めよ。

(1) $A\cup B$

(2) $A\cap B$

69 $U=\{x\mid x$ は 12 以下の自然数$\}$ を全体集合とするとき，その部分集合 $A=\{x\mid x$ は偶数$\}$，$B=\{x\mid x$ は 12 の約数$\}$ について，次の集合を求めよ。

(1) $A\cup B$　　(2) $A\cap B$

(3) $\overline{A\cup B}$　　(4) $\overline{A}\cap\overline{B}$

70 $U=\{x\mid x$ は 18 以下の自然数$\}$ を全体集合とするとき，その部分集合

$A=\{x\mid x$ は素数$\}$

$B=\{x\mid x$ は 3 で割って 1 余る数$\}$

$C=\{x\mid x$ は 18 の約数$\}$

について，次の問いに答えよ。

(1) 集合 A，B，C を，要素を書き並べる方法で表せ。

(2) 次の集合を求めよ。

① $A\cup B$

② $A\cap B$

③ $\overline{A}\cap\overline{C}$

④ $\overline{A}\cup\overline{B}$

71 $A=\{x\mid -1\leqq x\leqq 4$，$x$ は実数$\}$，$B=\{x\mid 2<x<7$，x は実数$\}$ のとき，次の集合を求めよ。

(1) $A\cap B$

(2) $A\cup B$

72 $U=\{x\mid x$ は 20 以下の自然数$\}$ を全体集合とし，その部分集合を

$A=\{x\mid x$ は 4 の倍数$\}$

$B=\{x\mid x$ は 6 で割り切れる数$\}$

とするとき，次の集合を共通部分，和集合，補集合などの記号を用いて表せ。また，その集合を求めよ。

(1) 4 でも 6 でも割り切れる数の集合

(2) 4 または 6 で割り切れる数の集合

(3) 4 で割り切れない数の集合

(4) 4 で割り切れ，6 で割り切れない数の集合

JUMP 16 $A=\{2,\ 4,\ 3a-1\}$，$B=\{-4,\ a+3,\ a^2-2a+2\}$，$A\cap B=\{2,\ 5\}$ のとき，定数 a の値を求めよ。また，$A\cup B$ を求めよ。

17 命題と条件

例題 27 必要条件と十分条件

次の □ に，必要条件，十分条件，必要十分条件のうち最も適するものを入れよ。ただし，x，y は実数，n は整数とする。

(1) n が 4 の倍数であることは，n が偶数であるための □ である。

(2) $xy=0$ は，$x=0$ であるための □ である。

解 (1) 命題「n が 4 の倍数 $\Longrightarrow$ n が偶数」は真
命題「n が偶数 $\Longrightarrow$ n が 4 の倍数」は偽　←反例 $n=2$
であるから，n が 4 の倍数であることは，
n が偶数であるための**十分条件**である。

(2) 命題「$xy=0 \Longrightarrow x=0$」は偽　←反例 $x=1$，$y=0$
命題「$x=0 \Longrightarrow xy=0$」は真
であるから，$xy=0$ は，$x=0$ であるための**必要条件**である。

例題 28 条件の否定

次の条件の否定をいえ。ただし，x，y は実数とする。

(1) $x<1$　　(2) $x \neq 0$ かつ $y=2$

(3) x，y のうち少なくとも一方は 1

(1) 条件「$x<1$」の否定は，「$x<1$ でない」すなわち「$\boldsymbol{x \geqq 1}$」

(2) 条件「$x \neq 0$ かつ $y=2$」の否定は，「$\boldsymbol{x=0}$ **または** $\boldsymbol{y \neq 2}$」

(3) 条件「x，y のうち少なくとも一方は 1」の否定は，
「**x，y はともに 1 でない**」

▶命題
真（正しい）か偽（正しくない）が定まる文や式。

▶必要条件・十分条件と集合
命題「$p \Longrightarrow q$」が真
p は q の十分条件
q は p の必要条件
⇕
集合 $P \subset Q$
（図：P，Q）

▶反例について
命題 $p \Longrightarrow q$ が偽であることを示すには，p を満たしているが q を満たしていない例を 1 つあげればよい。このような例を反例という。

▶条件の否定
条件 p に対し「p でない」を p の否定といい，$\overline{p}$ で表す。

▶ド・モルガンの法則
$\overline{p \text{ かつ } q} \Longleftrightarrow \overline{p}$ または $\overline{q}$
$\overline{p \text{ または } q} \Longleftrightarrow \overline{p}$ かつ $\overline{q}$

類題

73 次の □ に，必要条件，十分条件，必要十分条件のうち最も適するものを入れよ。

(1) $x=2$ は，$x^2=4$ であるための □ である。

(2) $-3<x<2$ は，$-1<x<1$ であるための □ である。

74 次の条件の否定をいえ。ただし，x，y は実数，m は自然数とする。

(1) $x \geqq 2$ かつ $y<0$

(2) m は奇数または 3 の倍数

75 次の条件 p，q について，命題「$p \Longrightarrow q$」の真偽を調べよ。また，偽であるときは反例をあげよ。ただし，x は実数とする。

(1) p：n は 6 の正の約数
　q：n は 18 の正の約数

(2) p：$x^2-4=0$
　q：$2x-4=0$

(3) p：$-1<x<1$
　q：$-2<x<2$

76 次の条件の否定をいえ。ただし，x，y は実数とする。

(1) $x \geqq 1$ または $y<3$

(2) $x>0$ かつ $x+y>0$

(3) x，y はともに正

77 次の［　］に，①必要条件，②十分条件，③必要十分条件，④必要条件でも十分条件でもない，のうち最も適するものの番号を入れよ。ただし，x，y は実数，m，n は整数とする。

(1) $x>2$ は，$x>3$ であるための［　］である。

(2) $x+y>0$ は，$x>0$ であるための［　］である。

(3) $x^2=0$ は，$x=0$ であるための［　］である。

(4) m，n が 3 の倍数であることは，$m+n$ が 3 の倍数であるための［　］である。

(5) △ABC において，$\angle A=60^\circ$ であることは，△ABC が正三角形であるための［　］である。

JUMP 17 次の［　］に，必要条件，十分条件，必要十分条件のうち最も適するものを入れよ。ただし，x は実数とする。

$|x|<3$ は，$|x-1|<1$ であるための［　］である。

18 逆・裏・対偶

例題29 逆・裏・対偶

命題「$x=1 \Longrightarrow x^2=1$」の真偽を調べよ。また，逆，裏，対偶を述べ，それらの真偽も調べよ。ただし，x は実数とする。

命題「$x=1 \Longrightarrow x^2=1$」は**真**である。　←$x=1$ のとき $x^2=1^2=1$

この命題に対して，逆，裏，対偶とその真偽は，次のようになる。

逆：「$\boldsymbol{x^2=1 \Longrightarrow x=1}$」…**偽**　←反例：$x=-1$

裏：「$\boldsymbol{x \neq 1 \Longrightarrow x^2 \neq 1}$」…**偽**　←反例：$x=-1$

対偶：「$\boldsymbol{x^2 \neq 1 \Longrightarrow x \neq 1}$」…**真**　←もとの命題と対偶の真偽は一致する

例題30 背理法

$\sqrt{2}$ が無理数であることを用いて，$3-2\sqrt{2}$ が無理数であることを背理法により証明せよ。

(証明)

$3-2\sqrt{2}$ が無理数でない，すなわち $3-2\sqrt{2}$ は有理数であると仮定する。　←命題が成り立たないと仮定

そこで，r を有理数として，$3-2\sqrt{2}=r$ とおくと

$$\sqrt{2}=\frac{3-r}{2} \quad \cdots\cdots ①$$

r は有理数であるから，$\dfrac{3-r}{2}$ は有理数であり，等式①は $\sqrt{2}$ が無理数であることに矛盾する。　←矛盾を導く

よって，$3-2\sqrt{2}$ は無理数である。(終)

▶逆・裏・対偶

命題 $p \Longrightarrow q$ に対して

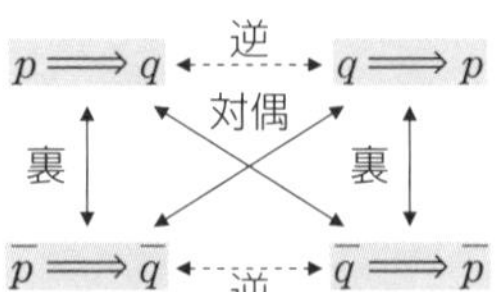

▶命題とその対偶の真偽

命題「$p \Longrightarrow q$」とその対偶「$\overline{q} \Longrightarrow \overline{p}$」の真偽は一致する。

(ある命題が真であることを証明することが難しいとき，その対偶が真であることを証明してもよい。)

▶背理法

与えられた命題が成り立たないと仮定して，その仮定のもとで矛盾を導くことで，もとの命題が成り立つことを示す証明方法

類題

78 命題「$x>1 \Longrightarrow x>0$」の真偽を調べよ。また，逆，裏，対偶を述べ，それらの真偽も調べよ。ただし，x は実数とする。

79 $\sqrt{3}$ が無理数であることを用いて，$\sqrt{12}$ が無理数であることを背理法により証明せよ。

80 命題「n は偶数 $\Longrightarrow$ n は 4 の倍数」の真偽を調べよ。また，逆，裏，対偶を述べ，それらの真偽も調べよ。ただし，n は自然数とする。

81 命題「$x=1$ かつ $y=1 \Longrightarrow x+y=2$」の真偽を調べよ。また，逆，裏，対偶を述べ，それらの真偽も調べよ。ただし，x，y は実数とする。

82 n を整数とするとき，命題「n^2 が 3 の倍数でないならば，n は 3 の倍数でない」を，対偶を利用して証明せよ。

83 $\sqrt{2}$ が無理数であることを用いて，$\dfrac{-1+3\sqrt{2}}{2}$ が無理数であることを背理法により証明せよ。

JUMP 18 「$x^2+y^2 \neq 5$ または $x-y \neq 1$」ならば「$x \neq 2$ または $y \neq 1$」であることを証明せよ。ただし，x，y は実数とする。

まとめの問題 集合と論証

1 $U=\{x\mid x$ は 30 以下の自然数$\}$ を全体集合とするとき，その部分集合

$A=\{x\mid 3$ の倍数$\}$，$B=\{x\mid x$ は奇数$\}$，

$C=\{x\mid x$ は 60 の約数$\}$，$D=\{x\mid x$ は素数$\}$

について，次の問いに答えよ。

(1) C，D を，要素を書き並べる方法で表せ。

(2) 次の集合を共通部分，和集合，補集合などの記号を用いて表せ。また，その集合を求めよ。

① 3 の倍数で偶数

② 3 の倍数または偶数

③ 3 の倍数でない奇数

④ 素数でない 60 の約数

2 集合 $A=\{1,\ 3,\ 5,\ 9\}$ の部分集合をすべて書き表せ。

3 次の各問いにおいて，p は q であるための

①必要条件

②十分条件

③必要十分条件

④必要条件でも十分条件でもない

のいずれであるか答えよ。

(1) $p：xy=0$

$q：x=0$ または $y=0$

(2) $p：x+y>0$

$q：xy>0$

(3) $p：x+y$ が整数かつ xy が整数

$q：x$，y が整数

(4) $p：\triangle\mathrm{ABC}$ は正三角形

$q：\triangle\mathrm{ABC}$ において $\angle\mathrm{A}=\angle\mathrm{B}$

4 次の条件の否定をいえ。ただし，x，y は実数，m，n は整数とする。

(1) $x+y \geqq 5$

(2) $x=0$ かつ $y \neq 1$

(3) $x \geqq 2$ または $y < -3$

(4) m，n の少なくとも一方は5の倍数である。

5 命題「n は3の倍数 $\Longrightarrow$ n は6の倍数」の真偽を調べよ。また，逆，裏，対偶を述べ，それらの真偽も調べよ。ただし，n は自然数とする。

6 $\sqrt{3}$ が無理数であることを用いて，$2+\sqrt{3}$ が無理数であることを背理法により証明せよ。

19 関数，関数のグラフと定義域・値域

例題 31 関数 $f(x)$ の値

関数 $f(x)=x^2-4x+3$ において，次の値を求めよ。

(1) $f(2)$　　(2) $f(0)$　　(3) $f(-1)$　　(4) $f(a)$

▶関数の値 $f(a)$
関数の式の x に a を代入する。

解 (1) $f(2)=2^2-4\times2+3=\mathbf{-1}$　　← $f(x)=x^2-4x+3$ （x に 2 を代入）

(2) $f(0)=0^2-4\times0+3=\mathbf{3}$

(3) $f(-1)=(-1)^2-4\times(-1)+3=\mathbf{8}$

(4) $f(a)=\boldsymbol{a^2-4a+3}$

例題 32 関数のグラフと定義域・値域

関数 $y=-3x+5\ (-1\leqq x\leqq 2)$ について，次の問いに答えよ。

(1) 値域を求めよ。

(2) 最大値，最小値を求めよ。

▶定義域・値域
関数 $y=f(x)$ において，変数 x のとり得る値の範囲を定義域という。
また，それに対応する変数 y のとり得る値の範囲を値域という。

解 (1) この関数のグラフは，$y=-3x+5$ のグラフのうち，$-1\leqq x\leqq 2$ に対応する部分である。

$x=-1$ のとき　$y=-3\times(-1)+5=8$

$x=2$ のとき　$y=-3\times2+5=-1$

よって，この関数のグラフは，右の図の実線部分であり，その値域は

$\mathbf{-1\leqq y\leqq 8}$

(2) y は $x=-1$ のとき　**最大値 8**

$x=2$ のとき　**最小値 −1**

をとる。

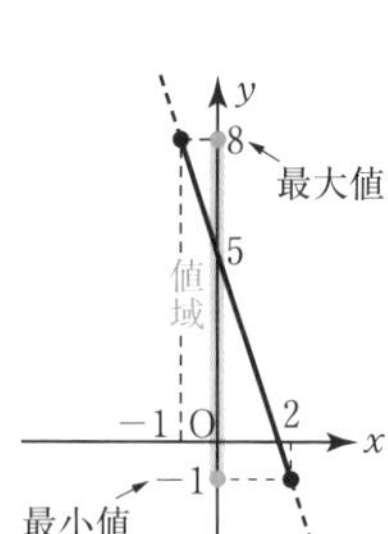

類題

84 関数 $f(x)=x^2-x+8$ において，次の値を求めよ。

(1) $f(1)$

(2) $f(-2)$

(3) $f(a)$

85 関数 $y=2x+5\ (-3\leqq x\leqq 3)$ の値域を求めよ。また，最大値，最小値を求めよ。

86 関数 $f(x)=x^2-8x+5$ において，次の値を求めよ。

(1) $f(2)$

(2) $f(-3)$

(3) $f(0)$

(4) $f(a)$

87 関数 $y=4x-7$ $(-3 \leqq x \leqq 5)$ の値域を求めよ。また，最大値，最小値を求めよ。

88 関数 $f(x)=-x^2+3x-1$ において，次の値を求めよ。

(1) $f(1)$

(2) $f(-4)$

(3) $f(-a)$

(4) $f(a+1)$

89 関数 $y=-2x-8$ $(-6 \leqq x \leqq 2)$ の値域を求めよ。また，最大値，最小値を求めよ。

JUMP 19 1次関数 $y=ax+b$ において，定義域を $-3 \leqq x \leqq 5$ とすると，値域が $-6 \leqq y \leqq 10$ となった。このとき，定数 a，b の値を求めよ。

20 $y=ax^2$, $y=ax^2+q$, $y=a(x-p)^2$ のグラフ

例題 33 $y=ax^2$, $y=ax^2+q$, $y=a(x-p)^2$ のグラフ

次の 2 次関数のグラフをかけ。また，その軸と頂点を求めよ。

① $y=2x^2$　② $y=2x^2+1$　③ $y=2(x-3)^2$

① $y=2x^2$

軸は **y 軸**

頂点は **原点 (0, 0)**

② $y=2x^2+1$ ←①のグラフを y 軸方向に 1 だけ平行移動

軸は **y 軸**

頂点は **点 (0, 1)**

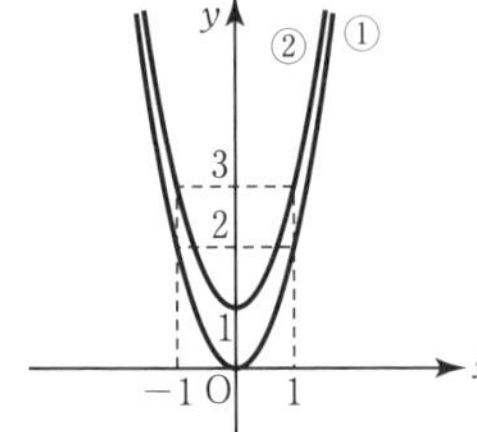

③ $y=2(x-3)^2$ ←①のグラフを x 軸方向に 3 だけ平行移動

軸は **直線 $x=3$**

頂点は **点 (3, 0)**

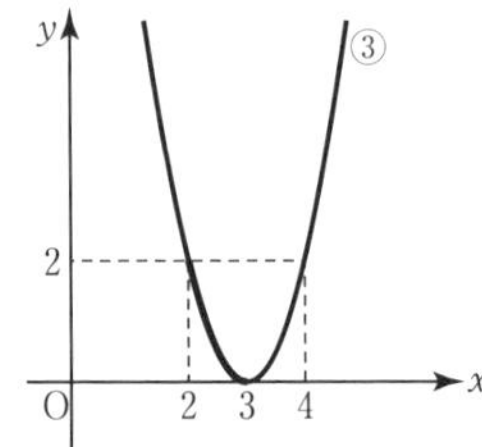

▶2 次関数 $y=ax^2$

$a>0$ のとき

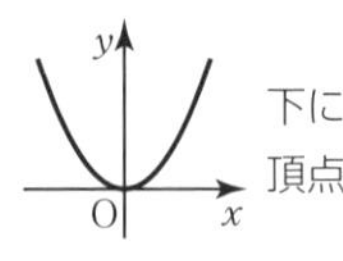

$a<0$ のとき

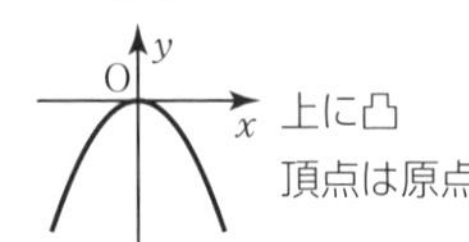

▶$y=ax^2+q$ のグラフ

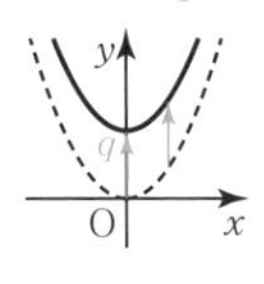

$y=ax^2$ のグラフを y 軸方向に q だけ平行移動

軸は y 軸

頂点は $(0,\ q)$

▶$y=a(x-p)^2$ のグラフ

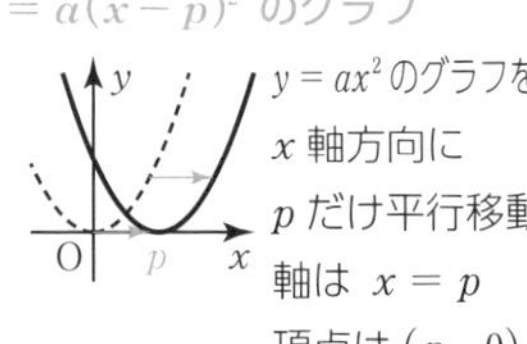

$y=ax^2$ のグラフを x 軸方向に p だけ平行移動

軸は $x=p$

頂点は $(p,\ 0)$

類題

90 次の 2 次関数のグラフをかけ。また，その軸と頂点を求めよ。

(1) $y=2x^2-1$

軸

頂点

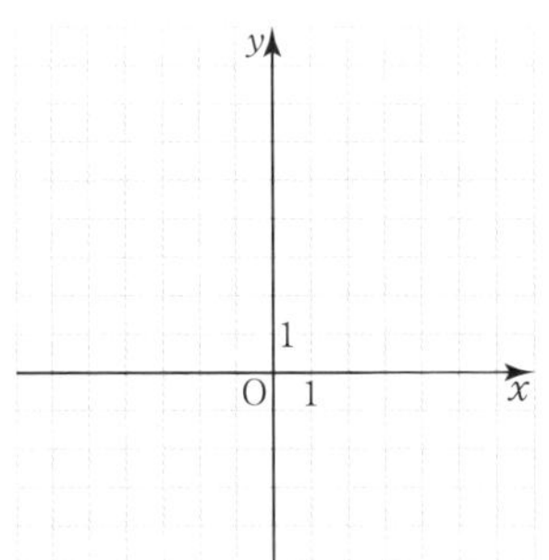

(2) $y=2(x-2)^2$

軸

頂点

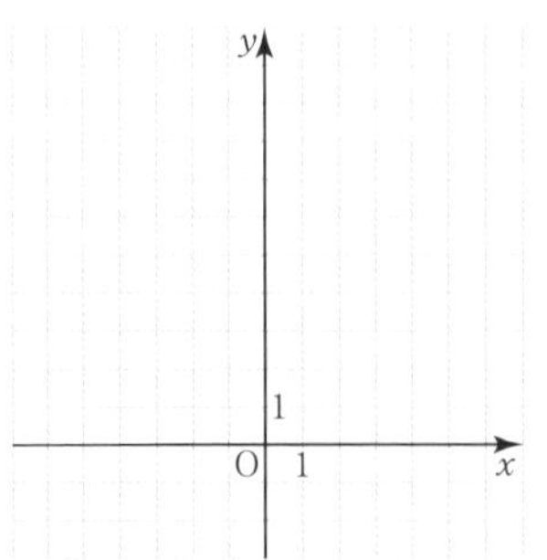

(3) $y=-2x^2+5$

軸

頂点

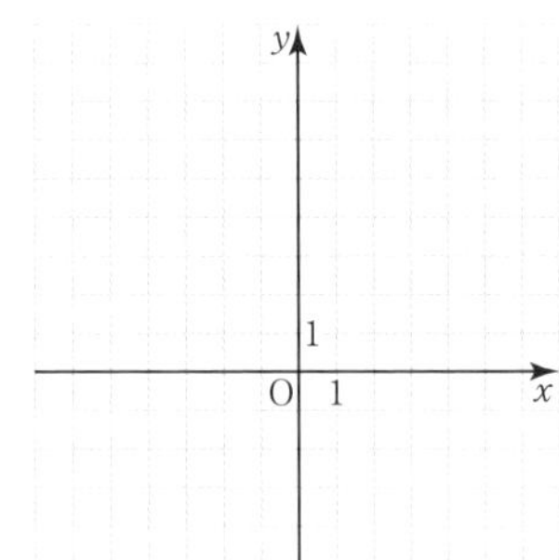

(4) $y=-2(x+3)^2$

軸

頂点

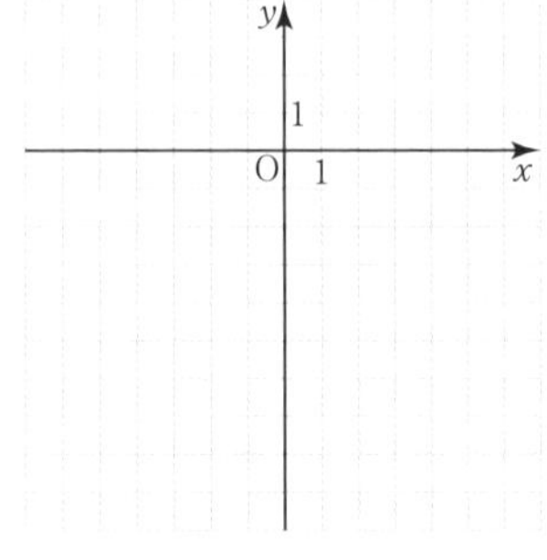

91 次の 2 次関数のグラフをかけ。また，その軸と頂点を求めよ。

(1) $y = x^2 + 2$

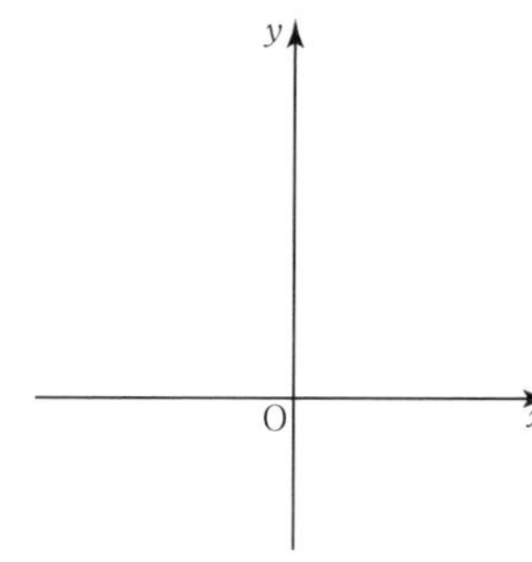

(2) $y = (x - 4)^2$

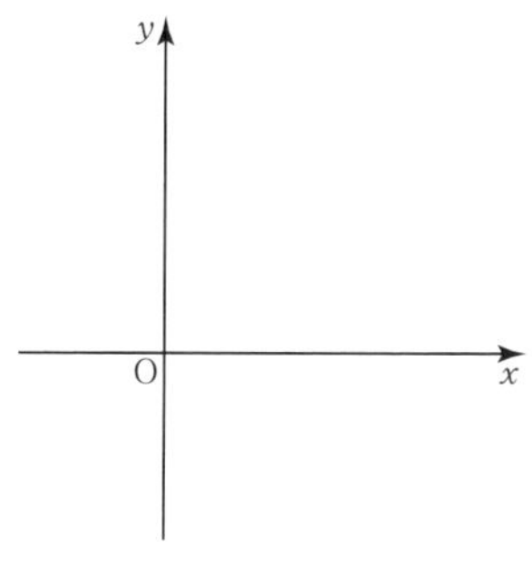

92 次の 2 次関数のグラフをかけ。また，その軸と頂点を求めよ。

(1) $y = x^2 - 2$

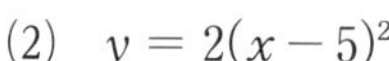

(2) $y = 2(x - 5)^2$

93 次の 2 次関数のグラフをかけ。また，その軸と頂点を求めよ。

(1) $y = -\frac{1}{2}x^2 - 2$

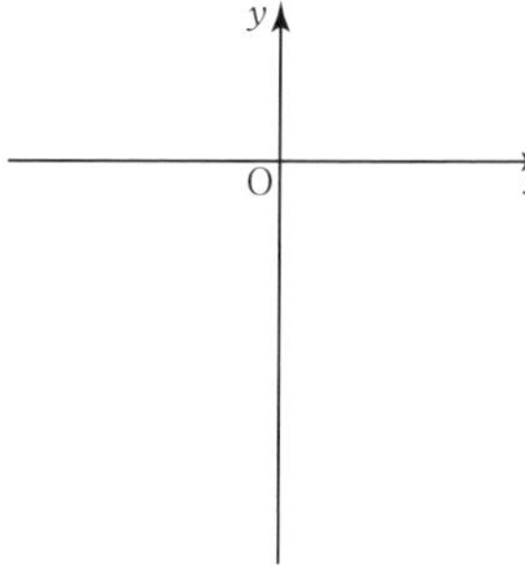

(2) $y = -\frac{1}{2}(x + 2)^2$

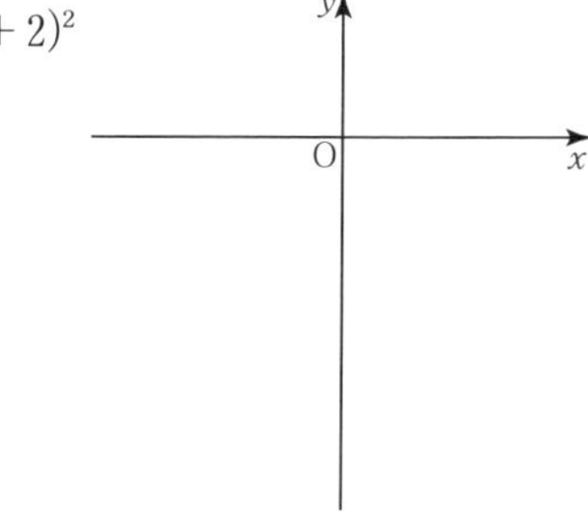

94 次の 2 次関数のグラフをかけ。また，その軸と頂点を求めよ。

(1) $y = -2x^2 - 4$

(2) $y = -2(x - 4)^2$

JUMP 20 ある 2 次関数のグラフを，x 軸方向に -3 だけ平行移動し，x 軸に関して折り返したグラフを表す式が $y = 2(x - 7)^2$ であった。もとの 2 次関数を求めよ。

21 $y = a(x-p)^2 + q$ のグラフ

例題 34 $y = a(x-p)^2 + q$ のグラフ

2 次関数 $y = -2(x-3)^2 + 1$ のグラフをかけ。また，その軸と頂点を求めよ。

解 $y = -2(x-3)^2 + 1$ のグラフは，$y = -2x^2$ のグラフを
x 軸方向に 3，y 軸方向に 1
だけ平行移動した放物線で，
軸は **直線 $x = 3$**
頂点は **点 $(3,\ 1)$**
である。
よって，この関数のグラフは右の図のようになる。

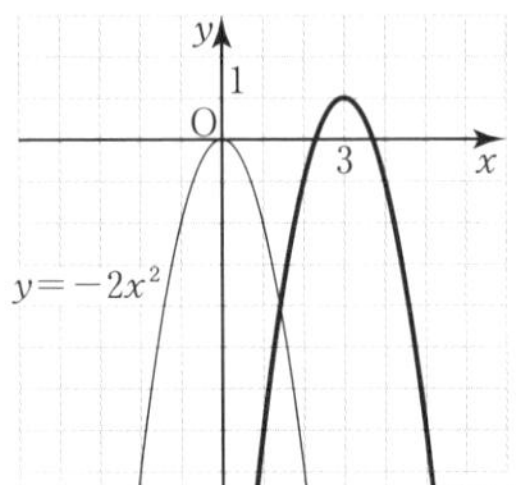

▶2 次関数 $y = a(x-p)^2 + q$ のグラフ
$y = ax^2$ のグラフを
x 軸方向に p
y 軸方向に q
だけ平行移動した放物線

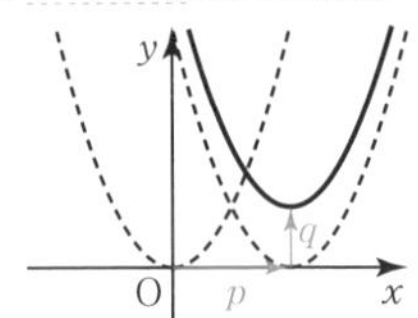

軸…直線 $x = p$
頂点…点 $(p,\ q)$

類題

95 次の 2 次関数のグラフをかけ。また，その軸と頂点を求めよ。

(1) $y = 2(x+1)^2 + 2$

軸

頂点

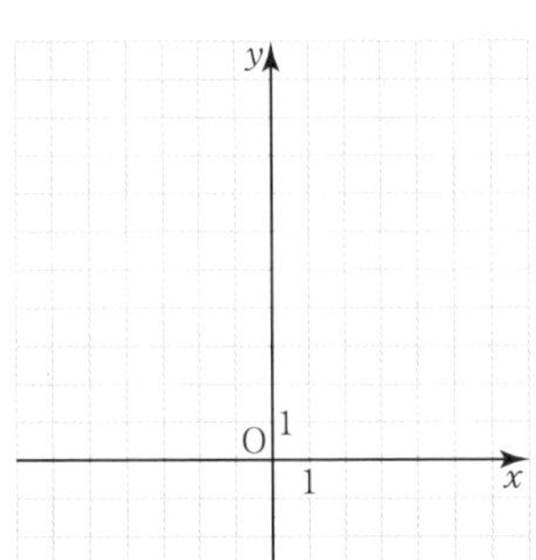

(2) $y = 2(x-2)^2 - 1$

軸

頂点

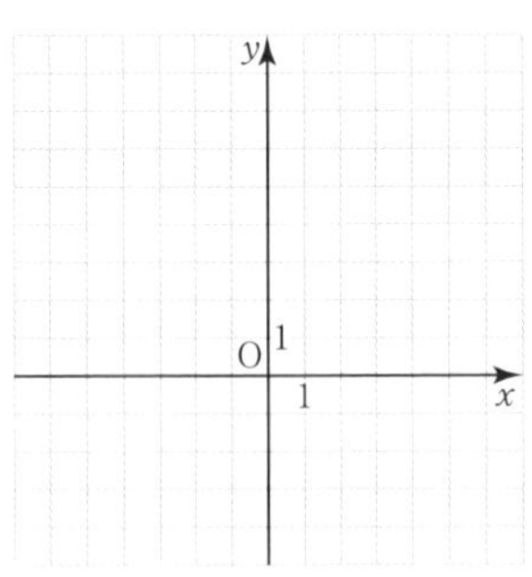

96 次の 2 次関数のグラフをかけ。また，その軸と頂点を求めよ。

(1) $y = -(x-2)^2 + 1$

軸

頂点

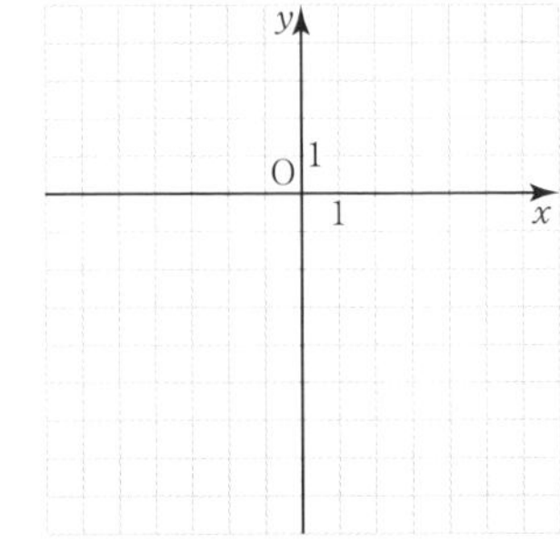

(2) $y = -(x+2)^2 - 4$

軸

頂点

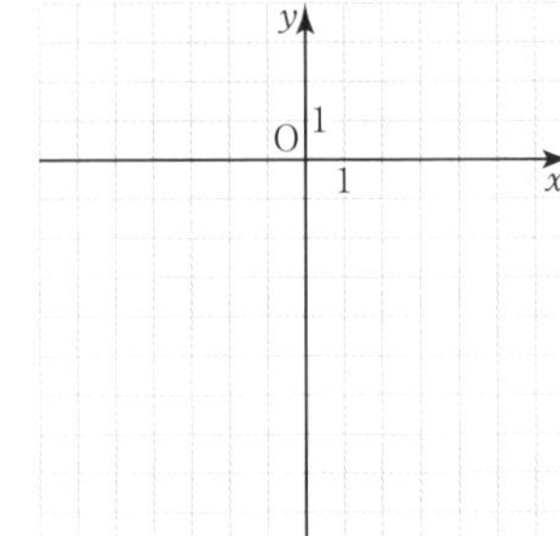

97 次の２次関数のグラフをかけ。また，その軸と頂点を求めよ。

(1) $y=(x-1)^2+4$

(2) $y=3(x+3)^2-2$

(3) $y=\dfrac{1}{3}(x-1)^2+2$

98 次の２次関数のグラフをかけ。また，その軸と頂点を求めよ。

(1) $y=-(x-1)^2+4$

(2) $y=-2(x-3)^2+8$

(3) $y=-\dfrac{1}{2}(x+1)^2+3$

JUMP 21 ２次関数 $y=-3x^2$ のグラフを x 軸方向に 3，y 軸方向に q だけ平行移動したら，原点を通る放物線となった。このとき，q を求めよ。

22 $y = ax^2 + bx + c$ のグラフ

例題 35 $y = a(x-p)^2 + q$ への変形

2 次関数 $y = x^2 - 4x + 10$ を $y = (x-p)^2 + q$ の形に変形せよ。

▶2 次式 $x^2 - 2px$ の変形

$x^2 - 2px = (x-p)^2 - p^2$ （半分，2 乗）

解 $y = x^2 - 4x + 10$ （半分）

$= (x-2)^2 - 2^2 + 10$ ←$x^2 - 4x = (x-2)^2 - 2^2$ （2 乗）

$= \boldsymbol{(x-2)^2 + 6}$

例題 36 $y = ax^2 + bx + c$ のグラフ

2 次関数 $y = 2x^2 + 4x - 6$ のグラフの軸と頂点を求め，そのグラフをかけ。

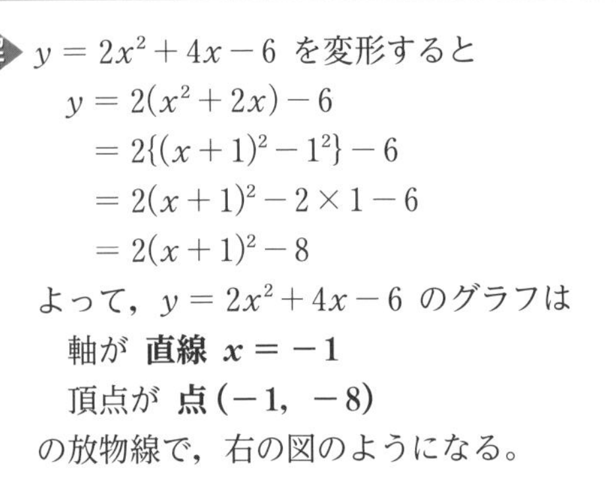

解 $y = 2x^2 + 4x - 6$ を変形すると

$y = 2(x^2 + 2x) - 6$

$= 2\{(x+1)^2 - 1^2\} - 6$

$= 2(x+1)^2 - 2 \times 1 - 6$

$= 2(x+1)^2 - 8$

よって，$y = 2x^2 + 4x - 6$ のグラフは

軸が **直線 $x = -1$**

頂点が **点 $(-1,\ -8)$**

の放物線で，右の図のようになる。

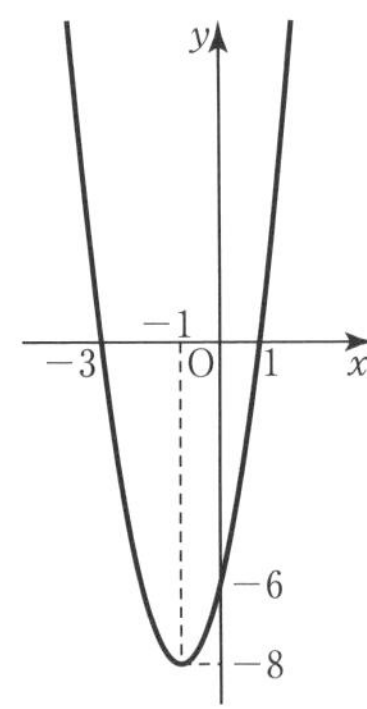

▶$y = ax^2 + bx + c$ のグラフ

$y = a(x-p)^2 + q$ の形へ変形する。

$ax^2 + bx + c$

⇓

$a(x-p)^2 + q$

$p = -\dfrac{b}{2a},\ q = -\dfrac{b^2 - 4ac}{4a}$

すなわち，$y = ax^2 + bx + c$ のグラフは

軸…直線 $x = -\dfrac{b}{2a}$

頂点…点 $\left(-\dfrac{b}{2a},\ -\dfrac{b^2 - 4ac}{4a}\right)$

類題

99 次の 2 次関数を $y = a(x-p)^2 + q$ の形に変形せよ。

(1) $y = x^2 + 2x + 4$

(2) $y = -3x^2 + 12x + 1$

100 2 次関数 $y = 3x^2 - 6x + 6$ のグラフの軸と頂点を求め，そのグラフをかけ。

101 次の２次関数を $y=a(x-p)^2+q$ の形に変形せよ。

(1) $y=x^2-4x+5$

(2) $y=-2x^2+4x+1$

102 ２次関数 $y=2x^2-4x$ のグラフの軸と頂点を求め，そのグラフをかけ。

103 次の２次関数を $y=a(x-p)^2+q$ の形に変形せよ。

(1) $y=x^2+3x+2$

(2) $y=-2x^2+6x-1$

104 ２次関数 $y=-\frac{1}{2}x^2+2x+1$ のグラフの軸と頂点を求め，そのグラフをかけ。

JUMP 22 ２次関数 $y=x^2-4x+5$ のグラフを，x 軸方向に１，y 軸方向に -3 だけ平行移動すると，$y=x^2+ax+b$ のグラフと重なった。このとき，定数 a，b の値を求めよ。

23 2次関数の最大・最小(1)

例題 37 2次関数の最大・最小

次の2次関数に最大値，最小値があれば，それを求めよ。

(1) $y=(x-1)^2+2$

(2) $y=-x^2+2x+5$

▶2次関数 $y=a(x-p)^2+q$ の最大・最小

$a>0$（下に凸）のとき
最大値はない。
$x=p$ で最小値 q をとる。

$a<0$（上に凸）のとき
$x=p$ で最大値 q をとる。
最小値はない。

(1) グラフは右の図のようになるから，y は
$x=1$ のとき **最小値 2** をとる。
最大値はない。

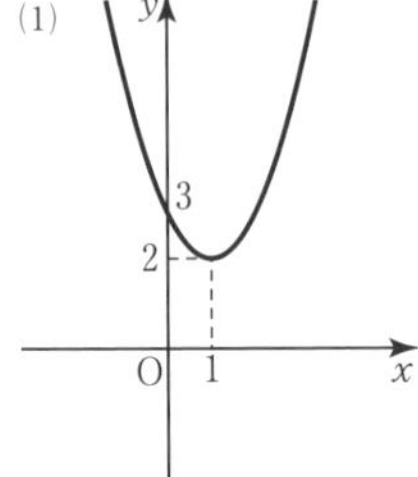

(2) $y=-x^2+2x+5$ を変形すると
$y=-(x-1)^2+6$
よって，この関数のグラフは右の図のようになるから，y は
$x=1$ のとき **最大値 6** をとる。
最小値はない。

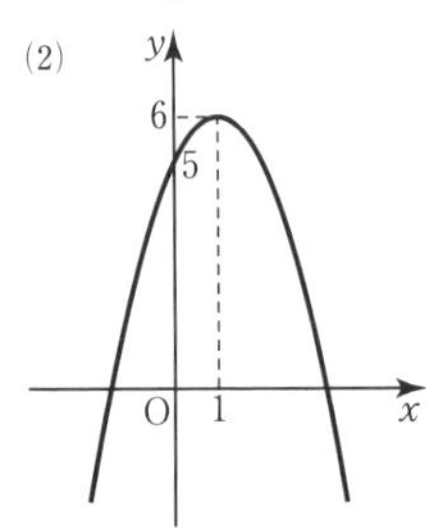

類題

105 2次関数 $y=-(x+1)^2+7$ に最大値，最小値があれば，それを求めよ。

106 2次関数 $y=3x^2-6x+2$ に最大値，最小値があれば，それを求めよ。

107 次の２次関数に最大値，最小値があれば，それを求めよ。

(1) $y=\frac{1}{2}(x-1)^2+4$

(2) $y=x^2-4x+5$

(3) $y=2x^2+20x+47$

108 次の２次関数に最大値，最小値があれば，それを求めよ。

(1) $y=-(x+3)^2+2$

(2) $y=-x^2-x-3$

(3) $y=-2x^2-12x-17$

JUMP 23 ２次関数 $y=-x^2+4x+c$ の最大値が５となるように，定数 c の値を求めよ。

24 2次関数の最大・最小(2)

例題 38 定義域に制限がある2次関数の最大・最小

次の2次関数の最大値，最小値を求めよ。

(1) $y=x^2$ $(-1 \leqq x \leqq 2)$

(2) $y=-x^2+4x+1$ $(-1 \leqq x \leqq 3)$

▶定義域に制限がある場合
グラフをかいて，定義域の両端の点における y の値と，頂点における y の値に注目する。

解 (1) $y=x^2$ $(-1 \leqq x \leqq 2)$ において，

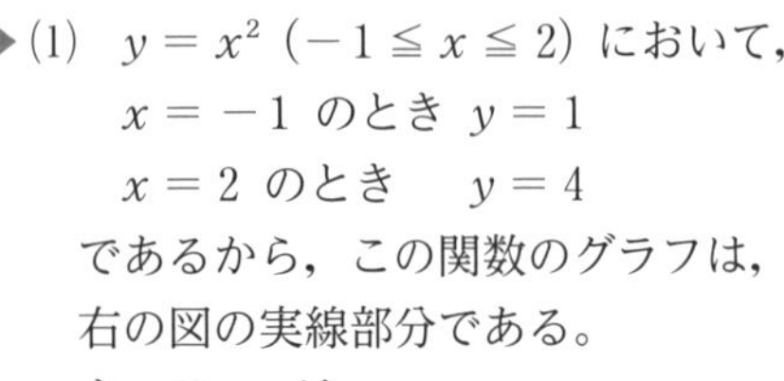

$x=-1$ のとき $y=1$

$x=2$ のとき $y=4$

であるから，この関数のグラフは，右の図の実線部分である。

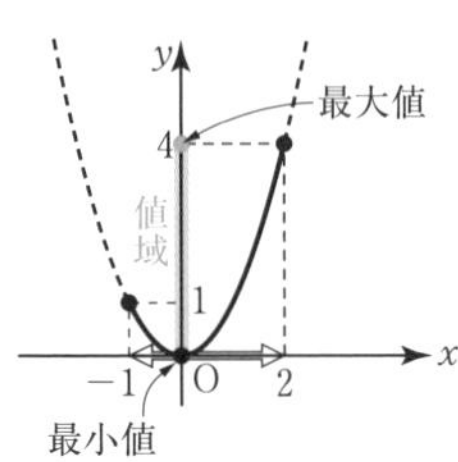

よって，y は

$x=2$ のとき **最大値 4** をとり，

$x=0$ のとき **最小値 0** をとる。

(2) $y=-x^2+4x+1$

を変形すると

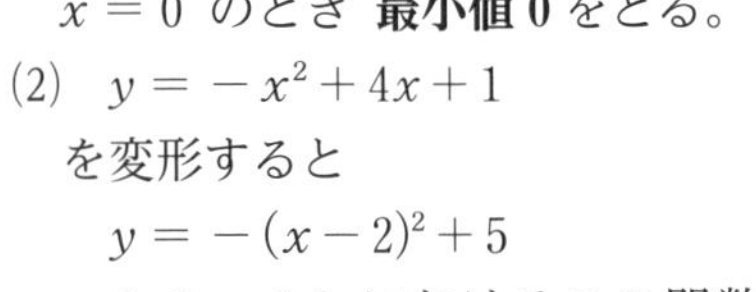

$y=-(x-2)^2+5$

$-1 \leqq x \leqq 3$ におけるこの関数のグラフは，右の図の実線部分である。

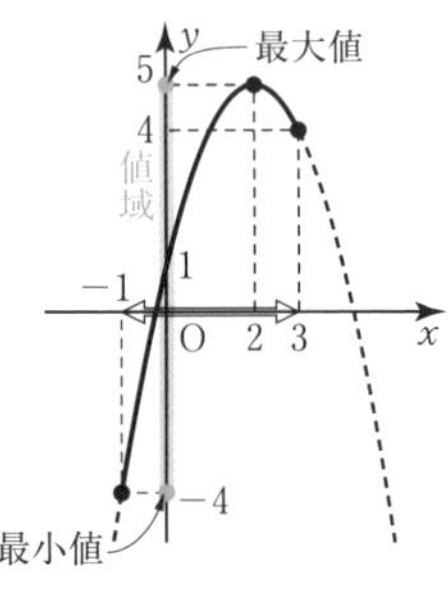

よって，y は

$x=2$ のとき **最大値 5** をとり，

$x=-1$ のとき **最小値 −4** をとる。

類題

109 2次関数 $y=2x^2$ $(-2 \leqq x \leqq 1)$ の最大値，最小値を求めよ。

110 2次関数 $y=3(x-1)^2-1$ $(0 \leqq x \leqq 2)$ の最大値，最小値を求めよ。

111 次の 2 次関数の最大値，最小値を求めよ。

(1) $y=(x-3)^2-2 \quad (2 \leqq x \leqq 6)$

(2) $y=-2x^2+18 \quad (-1 \leqq x \leqq 2)$

112 2 次関数 $y=(x-1)^2-1$ の最大値，最小値を次の場合について求めよ。

(1) $0 \leqq x \leqq 4$

(2) $-2 \leqq x \leqq 0$

113 次の 2 次関数の最大値，最小値を求めよ。

(1) $y=\frac{1}{3}x^2-2x \quad (2 \leqq x \leqq 6)$

(2) $y=-2x^2-4x+3 \quad (-3 \leqq x \leqq 0)$

114 直角をはさむ 2 辺の長さの和が 6 である直角三角形において，斜辺の長さの最小値を求めよ。

JUMP 24 $a>0$ のとき，2 次関数 $y=x^2-4x \quad (0 \leqq x \leqq a)$ の最小値を求めよ。

25 2次関数の決定(1)

例題 39 頂点が与えられたとき

頂点が点 $(3,\ -1)$ で，点 $(4,\ 2)$ を通る放物線をグラフとする2次関数を求めよ。

頂点が点 $(3,\ -1)$ であるから，
求める2次関数は
$y=a(x-3)^2-1$ と表される。
グラフが点 $(4,\ 2)$ を通ることから
$2=a(4-3)^2-1$
よって　$2=a-1$ より $a=3$
したがって，求める2次関数は
$\boldsymbol{y=3(x-3)^2-1}$

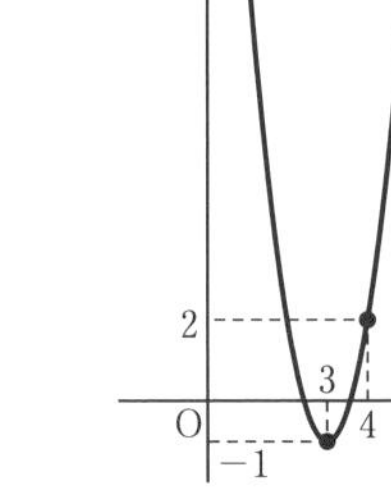

▶頂点 $(p,\ q)$ の2次関数
頂点が点 $(p,\ q)$ である2次関数は
$y=a(x-p)^2+q$
この式に，通る点の座標を代入して a を求める。

例題 40 軸が与えられたとき

軸が直線 $x=2$ で，2点 $(0,\ 11)$，$(3,\ 5)$ を通る放物線をグラフとする2次関数を求めよ。

軸が直線 $x=2$ であるから，求める2次関数は
$y=a(x-2)^2+q$ と表される。
グラフが点 $(0,\ 11)$ を通ることから
$11=a(0-2)^2+q$　……①
グラフが点 $(3,\ 5)$ を通ることから
$5=a(3-2)^2+q$　……②
①，②より $\begin{cases}4a+q=11\\a+q=5\end{cases}$
これを解いて　$a=2,\ q=3$
したがって，求める2次関数は
$\boldsymbol{y=2(x-2)^2+3}$

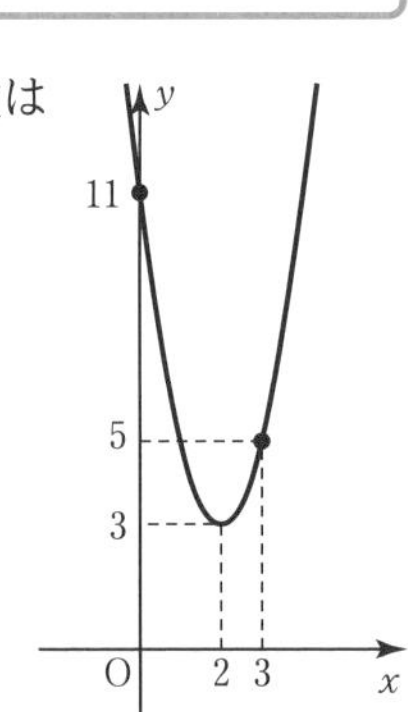

▶軸 $x=p$ の2次関数
軸が直線 $x=p$ である2次関数は
$y=a(x-p)^2+q$
この式に，通る2点の座標を代入して a と q の値を求める。

類題

115 頂点が点 $(2,\ 1)$ で，点 $(1,\ 3)$ を通る放物線をグラフとする2次関数を求めよ。

116 軸が直線 $x=4$ で，2点 $(2,\ -2)$，$(5,\ 7)$ を通る放物線をグラフとする2次関数を求めよ。

117 頂点が点 (1, 3) で，点 (0, 6) を通る放物線をグラフとする 2 次関数を求めよ。

118 頂点が点 (2, 8) で，原点を通る放物線をグラフとする 2 次関数を求めよ。

119 軸が直線 $x=2$ で，2 点 (1, 3)，(5, -5) を通る放物線をグラフとする 2 次関数を求めよ。

120 頂点が点 (-2, -3) で，点 (2, 5) を通る放物線をグラフとする 2 次関数を求めよ。

121 軸が直線 $x=-1$ で，2 点 (0, 7)，(3, 2) を通る放物線をグラフとする 2 次関数を求めよ。

JUMP 25 放物線 $y=x^2+ax+b$ のグラフは，頂点が直線 $y=2x-3$ 上にあり，点 (2, 9) を通る。このとき，定数 a，b の値を求めよ。

26 2 次関数の決定 (2)

例題 41 3 点が与えられたとき

3 点 (0, 2), (1, 5), (2, 6) を通る放物線をグラフとする 2 次関数を求めよ。

▶3 点が与えられた 2 次関数
3 点が与えられとき
$y = ax^2 + bx + c$
とおき，通る点の座標を順に代入して，a，b，c を求める。

求める 2 次関数を

$y = ax^2 + bx + c$ とおく。

グラフが 3 点 (0, 2), (1, 5), (2, 6) を通ることから

$$\begin{cases} 2 = c & \cdots\cdots① \\ 5 = a + b + c & \cdots\cdots② \\ 6 = 4a + 2b + c & \cdots\cdots③ \end{cases}$$

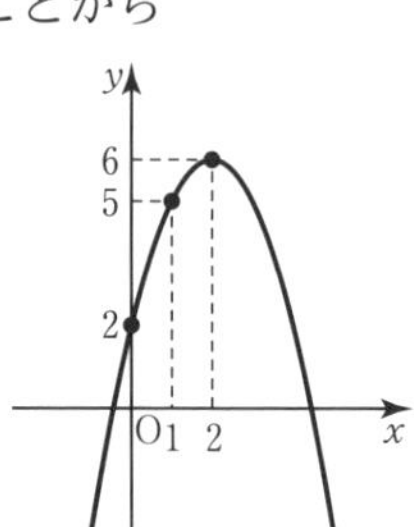

①より　$c = 2$

これを②, ③に代入して整理すると

$$\begin{cases} a + b = 3 \\ 2a + b = 2 \end{cases}$$

これを解いて　$a = -1$，$b = 4$

よって，求める 2 次関数は

$\boldsymbol{y = -x^2 + 4x + 2}$

類題

122 3 点 (1, 0), (2, 0), (0, 2) を通る放物線をグラフとする 2 次関数を求めよ。

123 3 点 (0, -1), (2, 13), (-1, -2) を通る放物線をグラフとする 2 次関数を求めよ。

124 3点 $(0,\ 3)$，$(1,\ 5)$，$(-2,\ -13)$ を通る放物線をグラフとする2次関数を求めよ。

125 次の連立方程式を解け。

$$\begin{cases} a-b+2c=5 \\ a+b+c=8 \\ a+2b+3c=17 \end{cases}$$

126 3点 $(-2,\ 7)$，$(-1,\ 2)$，$(2,\ -1)$ を通る放物線をグラフとする2次関数を求めよ。

127 3点 $(1,\ 6)$，$(2,\ 5)$，$(3,\ 2)$ を通る放物線をグラフとする2次関数を求めよ。

JUMP 26 2点 $(2,\ 1)$，$(5,\ 4)$ を通り，x 軸に接する放物線をグラフとする2次関数を求めよ。

まとめの問題　2次関数①

1　次の2次関数のグラフの軸と頂点を求め，そのグラフをかけ。

(1)　$y=9-x^2$

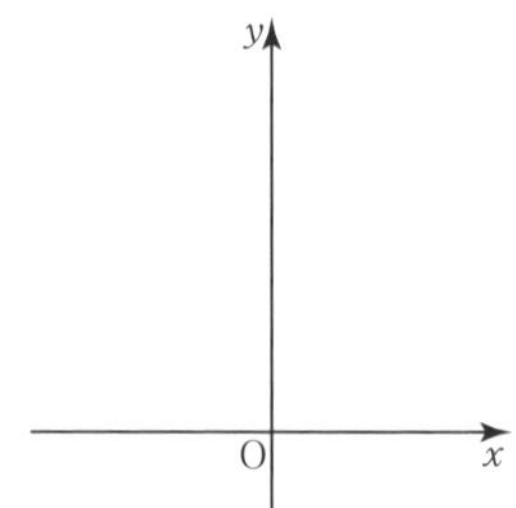

(2)　$y=-3(x+1)^2+2$

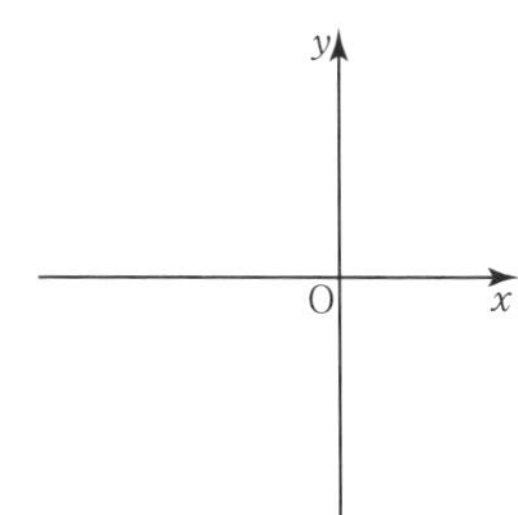

(3)　$y=x^2-6x+8$

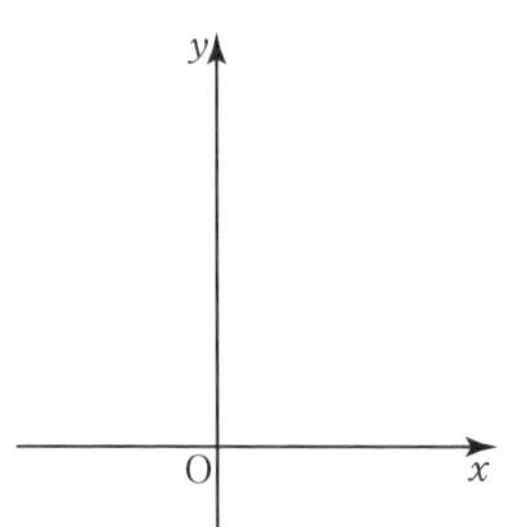

(4)　$y=\frac{1}{2}x^2-x+1$

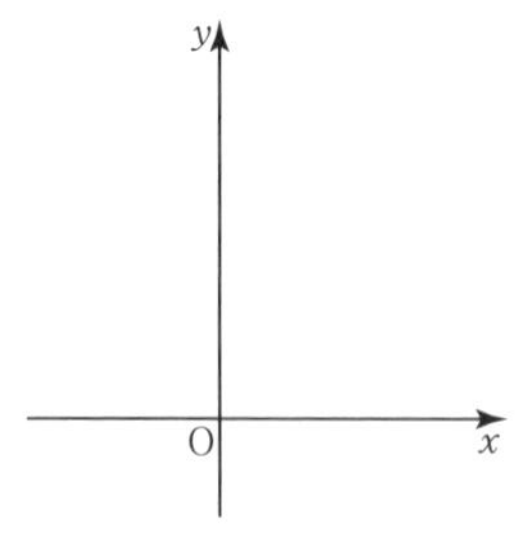

2　次の2次関数に最大値，最小値があれば，それを求めよ。

(1)　$y=x^2+6x+7$

(2)　$y=2x^2-3x+5$

3　次の2次関数の最大値，最小値を求めよ。

(1)　$y=x^2-2x-2$　$(-1\leqq x\leqq 2)$

(2) $y=-\frac{1}{2}(x-3)^2+2 \quad (-1 \leqq x \leqq 7)$

4 壁にそって，10 m のフェンスでコの字型の囲いを作りたい。囲む長方形の面積を最大にするには，長方形の縦の長さを何 m にすればよいか。

5 次の条件を満たす放物線をグラフとする2次関数を求めよ。

(1) 頂点が点 $(2,\ -3)$ で，点 $(-1,\ 6)$ を通る。

(2) 軸が直線 $x=2$ で，2点 $(0,\ -1)$，$(3,\ 2)$ を通る。

(3) 3点 $(0,\ 1)$，$(1,\ 7)$，$(-4,\ 17)$ を通る。

27 2次方程式

例題 42 2次方程式の解法(1)

2次方程式 $x^2-3x-4=0$ を解け。

左辺を因数分解すると

$(x+1)(x-4)=0$

よって　$x+1=0$　または　$x-4=0$

したがって　$\boldsymbol{x=-1,\ 4}$

例題 43 2次方程式の解法(2)

2次方程式 $2x^2-5x+1=0$ を解け。

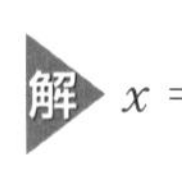

$$x=\frac{-(-5)\pm\sqrt{(-5)^2-4\times2\times1}}{2\times2}$$

$$=\boldsymbol{\frac{5\pm\sqrt{17}}{4}}$$

$\leftarrow x=\frac{5+\sqrt{17}}{4},\ \frac{5-\sqrt{17}}{4}$

▶2次方程式の解法

[1]　因数分解

$AB=0$

$\Updownarrow$

$A=0$ または $B=0$

[2]　解の公式

2次方程式 $ax^2+bx+c=0$ の解は

$b^2-4ac\geqq0$ のとき

$$\boldsymbol{x=\frac{-b\pm\sqrt{b^2-4ac}}{2a}}$$

類題

128　次の2次方程式を解け。

(1)　$x^2+x-12=0$

(2)　$x^2-5x+6=0$

(3)　$x^2+3x=0$

129　次の2次方程式を解け。

(1)　$x^2+3x+1=0$

(2)　$3x^2-x-1=0$

(3)　$x^2+2x-1=0$

130 次の２次方程式を解け。

(1) $x^2-3x+2=0$

(2) $x^2-4=0$

(3) $x^2+6x+9=0$

(4) $2x^2+3x+1=0$

(5) $6x^2-5x-4=0$

131 次の２次方程式を解け。

(1) $x^2-5x+2=0$

(2) $2x^2+9x+5=0$

(3) $x^2-4x+1=0$

(4) $3x^2+6x-1=0$

(5) $2x^2-8x+3=0$

JUMP 27 次の x の２次方程式を解け。

(1) $x^2+3ax+2a^2=0$

(2) $x^2+(a-1)x-a=0$

28 2次方程式の実数解の個数

例題 44 2次方程式の実数解の個数

次の2次方程式の実数解の個数を求めよ。

(1) $2x^2-4x-3=0$　　(2) $2x^2-4x+2=0$

(3) $2x^2-4x+3=0$

▶2次方程式の実数解の個数
2次方程式 $ax^2+bx+c=0$ の実数解の個数
$D>0$…異なる2つの実数解
$D=0$…ただ1つの実数解（重解）
$D<0$…実数解をもたない
ただし，$D=b^2-4ac$

(1) $D=(-4)^2-4\times2\times(-3)=40>0$ より **2個**

(2) $D=(-4)^2-4\times2\times2=0$ より **1個**

(3) $D=(-4)^2-4\times2\times3=-8<0$ より **0個**

例題 45 2次方程式が重解をもつ条件

2次方程式 $3x^2+mx+m=0$ が重解をもつような定数 m の値を求めよ。また，そのときの重解を求めよ。

▶2次方程式が重解をもつ条件
2次方程式 $ax^2+bx+c=0$ が重解をもつ $\Longleftrightarrow D=0$
このとき，重解は
$x=-\dfrac{b}{2a}$

2次方程式 $3x^2+mx+m=0$ の判別式を D とすると

$D=m^2-4\times3\times m=m^2-12m$

この2次方程式が重解をもつためには，$D=0$ であればよい。

よって　$m^2-12m=0$

ゆえに，$m(m-12)=0$ より　$\boldsymbol{m=0,\ 12}$

$m=0$ のとき，2次方程式は $3x^2=0$ となり，

$x^2=0$ より，重解は $\boldsymbol{x=0}$

$m=12$ のとき，2次方程式は $3x^2+12x+12=0$ となり，

$(x+2)^2=0$ より，重解は $\boldsymbol{x=-2}$

←$3x^2+12x+12=0$ の両辺を3で割ると $x^2+4x+4=0$

類題

132 次の2次方程式の実数解の個数を求めよ。

(1) $x^2-2x-1=0$

(2) $9x^2-12x+4=0$

(3) $x^2-x+1=0$

133 2次方程式 $x^2+(m+2)x+m+5=0$ が重解をもつような定数 m の値を求めよ。また，そのときの重解を求めよ。

134 次の 2 次方程式の実数解の個数を求めよ。

(1) $x^2-8x+5=0$

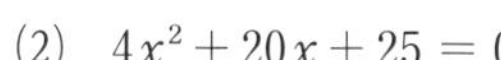

(2) $4x^2+20x+25=0$

(3) $x^2+2x+3=0$

135 2 次方程式 $2x^2-3x+m=0$ が異なる 2 つの実数解をもつような定数 m の値の範囲を求めよ。

136 次の 2 次方程式の実数解の個数を求めよ。

(1) $6x^2+24x+18=0$

(2) $2x^2-3x+4=0$

(3) $x^2-2\sqrt{3}x+3=0$

137 2 次方程式 $3x^2-4x+m+1=0$ が実数解をもつような定数 m の値の範囲を求めよ。

JUMP 28 2 つの 2 次方程式 $2x^2+3x-m=0$, $x^2-4x+2m-1=0$ がともに実数解をもつような定数 m の値の範囲を求めよ。

29 2次関数のグラフと x 軸の位置関係(1)

例題 46 2次関数のグラフと x 軸の共有点

2次関数 $y=x^2-2x-3$ のグラフと x 軸の共有点の x 座標を求めよ。

▶2次関数のグラフと x 軸の共有点の x 座標

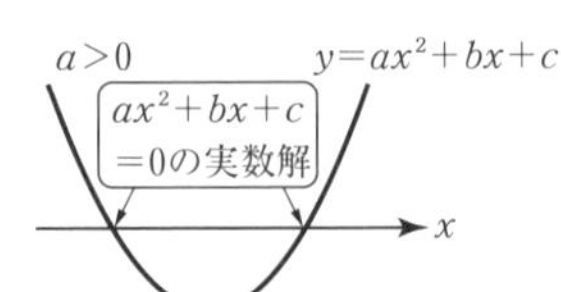

 2次関数 $y=x^2-2x-3$ のグラフと x 軸の共有点の x 座標は，2次方程式 $x^2-2x-3=0$ の実数解である。

$(x+1)(x-3)=0$ より　$x=-1,\ 3$

よって，共有点の x 座標は **-1，3**

例題 47 2次関数のグラフと x 軸の位置関係(1)

次の2次関数のグラフと x 軸の共有点の個数を求めよ。

(1)　$y=x^2+x-3$　　　(2)　$y=-5x^2+2x-1$

▶2次関数のグラフと x 軸の共有点の個数

2次関数 $y=ax^2+bx+c$ と x 軸の共有点の個数は，2次方程式 $ax^2+bx+c=0$ の判別式を D とおくと

・$D=b^2-4ac>0 \iff$ 2個

・$D=b^2-4ac=0 \iff$ 1個

・$D=b^2-4ac<0 \iff$ 0個

 (1)　2次方程式 $x^2+x-3=0$ の判別式を D とすると

$D=1^2-4\times1\times(-3)=13>0$

よって，グラフと x 軸の共有点の個数は **2個**

(2)　2次方程式 $-5x^2+2x-1=0$ の判別式を D とすると

$D=2^2-4\times(-5)\times(-1)=-16<0$

よって，グラフと x 軸の共有点の個数は **0個**

類題

138　次の2次関数のグラフと x 軸の共有点の x 座標を求めよ。

(1)　$y=x^2+4x-12$

(2)　$y=-x^2+6x-9$

139　次の2次関数のグラフと x 軸の共有点の個数を求めよ。

(1)　$y=x^2-2x-1$

(2)　$y=-2x^2+x-1$

140 次の2次関数のグラフとx軸の共有点のx座標を求めよ。

(1) $y = x^2 - 2x - 15$

(2) $y = -x^2 + 16$

(3) $y = -9x^2 + 12x - 4$

(4) $y = x^2 + 3x - 2$

141 次の2次関数のグラフとx軸の共有点の個数を求めよ。

(1) $y = x^2 + 4x + 2$

(2) $y = -4x^2 + 4x - 1$

(3) $y = 2x^2 + 3x$

(4) $y = -x^2 + 8x - 17$

JUMP 29 2次関数 $y = x^2 - 2x - 2$ のグラフとx軸の共有点について，次の問いに答えよ。

(1) 共有点のx座標を求めよ。

(2) グラフがx軸から切り取る線分の長さを求めよ。

30 2次関数のグラフとx軸の位置関係(2)，〈発展〉放物線と直線の共有点

例題 48 2次関数のグラフとx軸の位置関係(2)

2次関数 $y=x^2-8x+2m$ のグラフとx軸の共有点の個数が2個であるとき，定数mの値の範囲を求めよ。

2次方程式 $x^2-8x+2m=0$ の判別式をDとすると

$D=(-8)^2-4\times1\times2m=64-8m$

グラフとx軸の共有点の個数が2個であるためには，$D>0$ であればよい。

よって　$64-8m>0$

これを解いて $\boldsymbol{m<8}$

▶2次関数のグラフとx軸の共有点の個数

2次関数 $y=ax^2+bx+c$ とx軸の共有点の個数は，

2次方程式 $ax^2+bx+c=0$ の判別式をDとおくと

・$D=b^2-4ac>0 \iff$ 2個

・$D=b^2-4ac=0 \iff$ 1個

・$D=b^2-4ac<0 \iff$ 0個

例題 49 放物線と直線の共有点

放物線 $y=x^2-4x+5$ と直線 $y=x+1$ の共有点の座標を求めよ。

共有点のx座標は，$x^2-4x+5=x+1$ の実数解である。これを解くと

$x^2-5x+4=0$ より　$(x-1)(x-4)=0$

よって　$x=1,\ 4$

これらの値を $y=x+1$ に代入すると

$x=1$ のとき　$y=2$

$x=4$ のとき　$y=5$

よって，共有点の座標は **(1, 2)，(4, 5)**

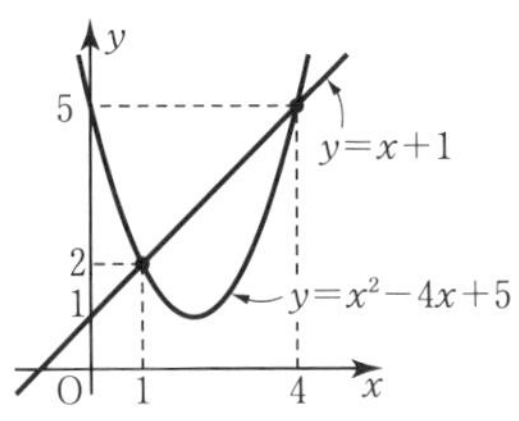

▶放物線と直線の共有点

放物線 $y=ax^2+bx+c$ と直線 $y=mx+n$ が共有点をもつとき，共有点のx座標は2次方程式 $ax^2+bx+c=mx+n$ の実数解である。

類題

142　2次関数 $y=x^2-4x+6m$ のグラフとx軸の共有点の個数が2個であるとき，定数mの値の範囲を求めよ。

143　放物線 $y=x^2-x-2$ と直線 $y=x-3$ の共有点の座標を求めよ。

144 2次関数 $y = x^2 + 2x + m + 4$ のグラフが x 軸に接するとき，定数 m の値を求めよ。

145 放物線 $y = -x^2 + 8x - 10$ と次の直線の共有点の座標を求めよ。

(1) $y = 2x - 5$

(2) $y = 2x - 1$

146 2次関数 $y = x^2 - 6x + 3m$ のグラフと x 軸の共有点の個数が次のようになるとき，m の値または m の値の範囲を求めよ。

(1) 共有点の個数が2個

(2) 共有点の個数が1個

(3) 共有点の個数が0個

147 2次関数 $y = x^2 + mx + 2m - 3$ のグラフが x 軸に接するとき，定数 m の値を求めよ。

JUMP 30 放物線 $y = x^2 + 3x + m$ と直線 $y = x + 1$ が接するとき，定数 m の値を求めよ。

31 2次関数のグラフと2次不等式(1)

例題 50 2次不等式

次の2次不等式を解け。

(1) $x^2+x-6<0$　　(2) $-2x^2+4x+3\leqq 0$

解 (1) 2次方程式 $x^2+x-6=0$ を解くと

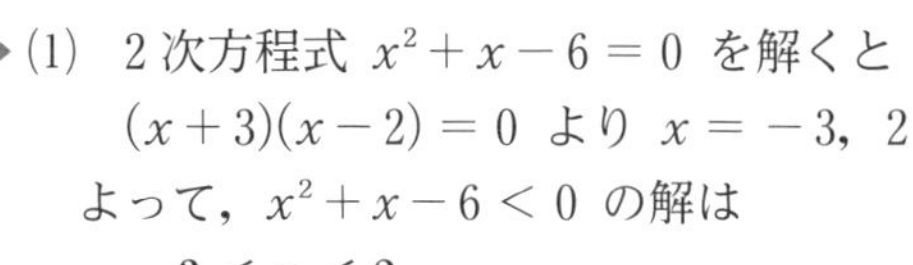

$(x+3)(x-2)=0$ より $x=-3,\ 2$

よって，$x^2+x-6<0$ の解は

$\boldsymbol{-3<x<2}$

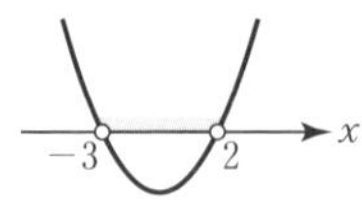

(2) $-2x^2+4x+3\leqq 0$ の両辺に -1 を掛けると

$2x^2-4x-3\geqq 0$

2次方程式 $2x^2-4x-3=0$ を解くと

$$x=\frac{-(-4)\pm\sqrt{(-4)^2-4\times 2\times(-3)}}{2\times 2}$$ ←解の公式

$$=\frac{2\pm\sqrt{10}}{2}$$

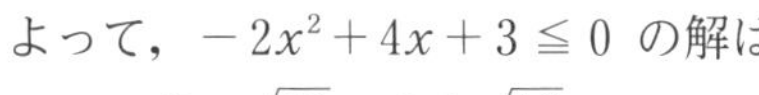

よって，$-2x^2+4x+3\leqq 0$ の解は

$$\boldsymbol{x\leqq\frac{2-\sqrt{10}}{2},\ \frac{2+\sqrt{10}}{2}\leqq x}$$

▶2次不等式の解(i)

2次方程式 $ax^2+bx+c=0$ $(a>0)$ が異なる2つの実数解 $\alpha,\ \beta\ (\alpha<\beta)$ をもつとき

・$ax^2+bx+c>0$ の解は

$\boldsymbol{x<\alpha,\ \beta<x}$

・$ax^2+bx+c<0$ の解は

$\boldsymbol{\alpha<x<\beta}$

類題

148 次の2次不等式を解け。

(1) $(x-1)(x+3)<0$

(2) $(x+1)(x+4)>0$

(3) $x^2-3x-10>0$

(4) $x^2-2x\leqq 0$

(5) $3x^2-5x+1<0$

(6) $-x^2+2x+3<0$

149 次の２次不等式を解け。

(1) $x^2-x-12 \leqq 0$

(2) $x^2-x-20>0$

(3) $x^2>4$

(4) $2x^2-5x+2<0$

(5) $-2x^2+2x+1>0$

150 次の２次不等式を解け。

(1) $x^2<2x+15$

(2) $x^2-x \geqq 0$

(3) $-x^2+x+6>0$

(4) $-3x^2-10x-3 \geqq 0$

(5) $2x^2+3x-1 \geqq 0$

JUMP 31 $x^2+ax+b>0$ の解が，$x<-1$，$2<x$ であるとき，定数 a，b の値を求めよ。

32 2次関数のグラフと2次不等式(2)

例題 51 2次関数のグラフと2次不等式

次の2次不等式を解け。

(1) ① $x^2-2x+1>0$　② $x^2-2x+1\geqq 0$

　③ $x^2-2x+1<0$　④ $x^2-2x+1\leqq 0$

(2) ① $x^2-2x+5>0$　② $x^2-2x+5<0$

(1) 2次方程式 $x^2-2x+1=0$ は

$(x-1)^2=0$ より，重解 $x=1$ をもつ。

よって，①の解は **$x=1$ 以外のすべての実数**

②の解は **すべての実数**

③の解は **ない**

④の解は **$x=1$**

(2) 2次方程式 $x^2-2x+5=0$ の判別式を D とすると

$D=(-2)^2-4\times1\times5=-16<0$

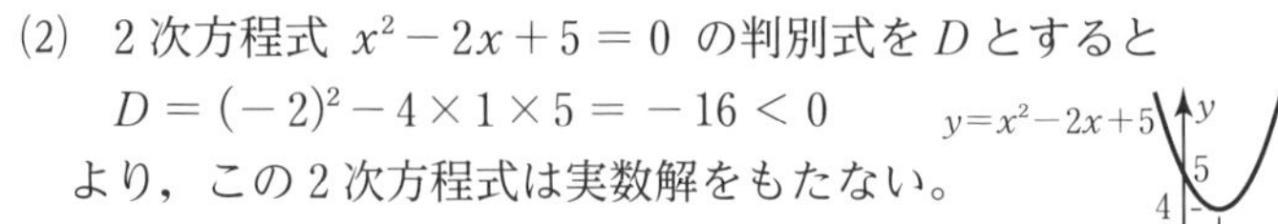

より，この2次方程式は実数解をもたない。

よって，①の解は **すべての実数**

②の解は **ない**

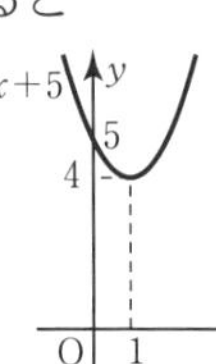

▶2次不等式の解(ii)

2次方程式 $ax^2+bx+c=0$ $(a>0)$ が

〔Ⅰ〕重解 α をもつとき，すなわち，判別式 $D=0$ のとき

$ax^2+bx+c>0$ の解

…$x=\alpha$ 以外のすべての実数

$ax^2+bx+c\geqq 0$ の解

…すべての実数

$ax^2+bx+c<0$ の解

…ない

$ax^2+bx+c\leqq 0$ の解

…$x=\alpha$

〔Ⅱ〕実数解をもたないとき，すなわち，$D<0$ のとき

$ax^2+bx+c>0$ の解

…すべての実数

$ax^2+bx+c<0$ の解

…ない

類題

151 次の2次不等式を解け。

(1) $x^2-4x+4>0$

(2) $x^2-4x+4<0$

(3) $x^2+4x+8>0$

(4) $x^2+4x+8<0$

(5) $4x^2-4x+1\geqq 0$

(6) $4x^2-4x+1\leqq 0$

152 次の 2 次不等式を解け。

(1) $x^2-10x+25>0$

(2) $-x^2+6x-9>0$

(3) $x^2-5x+8>0$

(4) $5x^2-4x+1<0$

153 次の 2 次不等式を解け。

(1) $x^2-2\sqrt{2}x+2>0$

(2) $9x^2 \geqq 12x-4$

(3) $2x^2-8x+13 \leqq 0$

(4) $-x^2+3x-3<0$

JUMP 32 2 次不等式 $x^2-kx+k+2 \geqq 0$ の解がすべての実数となるように定数 k の値の範囲を定めよ。

33 連立不等式

例題 52 連立不等式

次の連立不等式を解け。

(1) $\begin{cases} 2x-6 \geqq 0 \\ x^2-6x+8<0 \end{cases}$ (2) $\begin{cases} x^2+2x-3>0 \\ x^2+x-12<0 \end{cases}$

▶連立不等式の解
すべての不等式を同時に満たす x の値の範囲

(1) $2x-6 \geqq 0$ を解くと $x \geqq 3$ ……①

$x^2-6x+8<0$ を解くと

$(x-2)(x-4)<0$ より $2<x<4$ ……② ←$(x-\alpha)(x-\beta)<0$, $(\alpha<\beta)$ $\Longrightarrow \alpha<x<\beta$

①，②より，連立方程式の解は

$\boldsymbol{3 \leqq x < 4}$

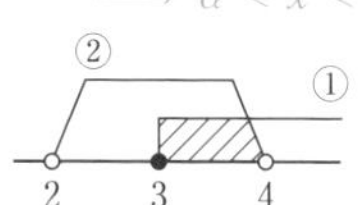

(2) $x^2+2x-3>0$ を解くと

$(x+3)(x-1)>0$ より $x<-3$, $1<x$ ……① ←$(x-\alpha)(x-\beta)>0$ $(\alpha<\beta)$ $\Longrightarrow x<\alpha$, $\beta<x$

$x^2+x-12<0$ を解くと

$(x-3)(x+4)<0$ より $-4<x<3$ ……②

①，②より，連立方程式の解は

$\boldsymbol{-4<x<-3,\ 1<x<3}$

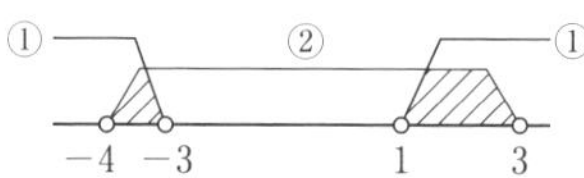

類題

154 次の連立不等式を解け。

(1) $\begin{cases} x-1<0 \\ x^2-4x \geqq 0 \end{cases}$

(2) $\begin{cases} x^2-9 \leqq 0 \\ x^2+x-2 \geqq 0 \end{cases}$

155 次の連立不等式を解け。

(1) $\begin{cases} 2x-4<x+1 \\ x^2-6x+8 \geqq 0 \end{cases}$

(2) $\begin{cases} x^2-6x+5<0 \\ x^2-5x+6 \geqq 0 \end{cases}$

(3) $\begin{cases} x^2-3x-4 \geqq 0 \\ x^2-5x \leqq 0 \end{cases}$

(4) $\begin{cases} x^2-3x+2<0 \\ x^2-2x-3<0 \end{cases}$

156 周囲の長さが 40 cm の長方形がある。その面積が 75 cm^2 以上で，横の長さが縦の長さより長いものとする。このとき，縦の長さのとり得る値の範囲を求めよ。

JUMP 33 2つの不等式 $x^2+2x-3>0$，$0<x+1<a$ を同時に満たす整数 x の値が 2 だけのとき，a の値の範囲を求めよ。

まとめの問題　2次関数②

1　次の2次方程式を解け。

(1)　$x^2+3x-18=0$

(2)　$-x^2+5x-3=0$

2　次の2次方程式の実数解の個数を求めよ。

(1)　$x^2-2x-10=0$

(2)　$9x^2-6x+1=0$

3　次の2次関数のグラフと x 軸の共有点の x 座標を求めよ。

(1)　$y=x^2+2x-15$

(2)　$y=-x^2+6x$

4　2次関数 $y=x^2-(m+1)x-(2m+3)$ のグラフと x 軸の共有点の個数が次のようになるとき，定数 m の値，または範囲を求めよ。

(1)　共有点が2個

(2)　共有点が1個

(3)　共有点が0個

5 2次関数 $y = 2x^2 - 2(3m + 1)x + (3m + 5)$ のグラフが x 軸に接するとき，定数 m の値を求めよ。

6 次の2次不等式を解け。

(1) $x^2 - 6x \leqq 0$

(2) $x^2 - 8x + 17 < 0$

(3) $-x^2 + 8x - 8 < 0$

7 次の連立不等式を解け。

(1) $\begin{cases} 3x + 1 > 0 \\ 3x^2 + x - 10 \leqq 0 \end{cases}$

(2) $\begin{cases} x^2 - x - 2 \leqq 0 \\ 2x^2 - 7x + 5 > 0 \end{cases}$

8 長さ20 mのロープで長方形の囲いを作る。この長方形の囲いの面積を24 m^2 以上にするとき，縦の長さのとり得る値の範囲を求めよ。

34 三角比

例題 53 三角比

次の直角三角形 ABC において，$\sin A$，$\cos A$，$\tan A$ の値を求めよ。

(1)

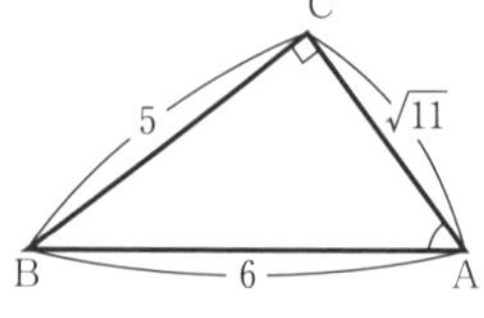

(2)

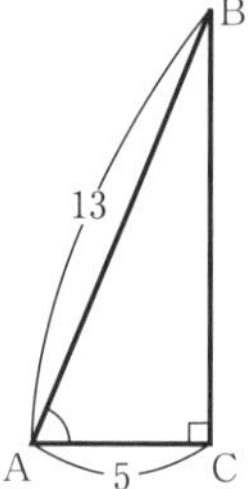

解 (1) 右の図の直角三角形 ABC において

$$\sin A = \frac{5}{6},\ \cos A = \frac{\sqrt{11}}{6},$$

$$\tan A = \frac{5}{\sqrt{11}}$$

(2) 三平方の定理より　$5^2 + BC^2 = 13^2$

よって　$BC^2 = 144$

ここで，$BC > 0$ であるから　$BC = 12$

したがって　$\sin A = \frac{12}{13}$，$\cos A = \frac{5}{13}$，$\tan A = \frac{12}{5}$

例題 54 特別な角の三角比

図のような正三角形 ABD の半分の直角三角形 ABC を用いて，$\sin 30°$，$\cos 30°$，$\tan 30°$ の値を求めよ。

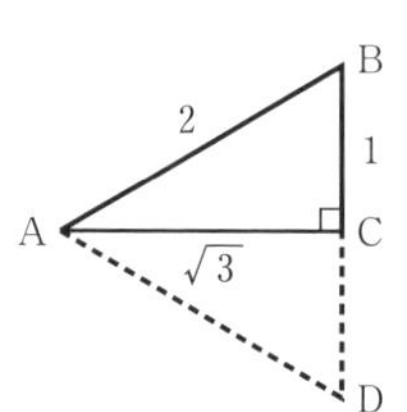

解 $\sin 30° = \frac{1}{2}$，$\cos 30° = \frac{\sqrt{3}}{2}$，$\tan 30° = \frac{1}{\sqrt{3}}$

▶辺・角の表し方

頂点 A，B，C に対する辺の長さをそれぞれ a，b，c と書き，∠A，∠B，∠C の大きさをそれぞれ A，B，C と書く。

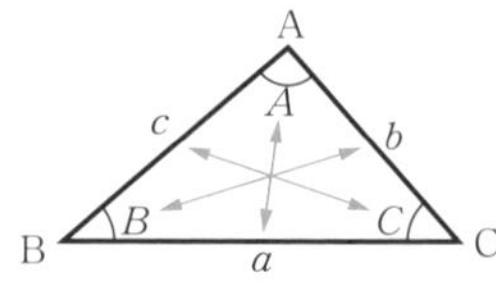

▶三角比の定義

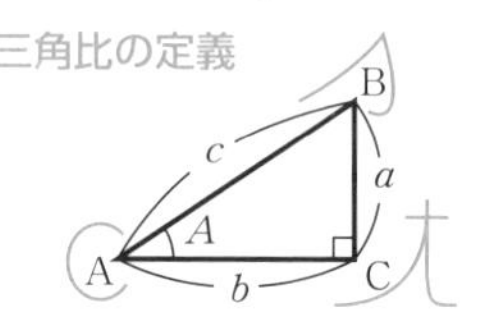

$\sin A = \frac{a}{c}$，$\cos A = \frac{b}{c}$，

$\tan A = \frac{a}{b}$

▶三平方の定理

∠C が直角の直角三角形 ABC において

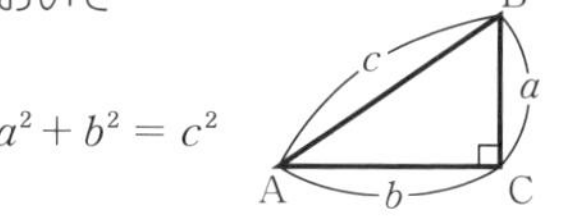

$a^2 + b^2 = c^2$

▶特別な角の三角比

30°，60° は

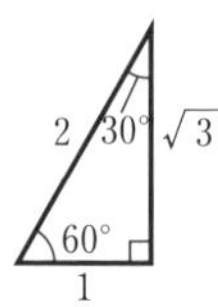

45° は

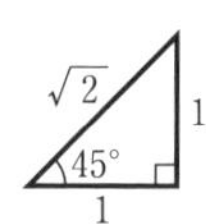

類題

157 図の直角三角形 ABC において，$\sin A$，$\cos A$，$\tan A$ の値を求めよ。

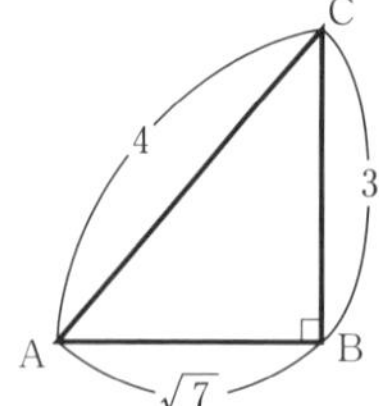

158 図のような正方形の半分の直角三角形 ABC を用いて $\sin 45°$，$\cos 45°$，$\tan 45°$ の値を求めよ。

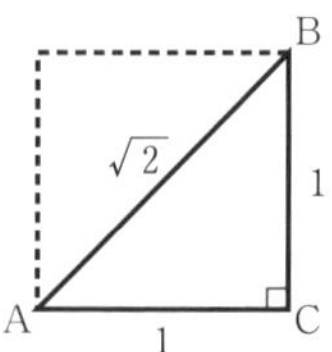

159 次の直角三角形 ABC において，
$\sin A$，$\cos A$，$\tan A$ の値を求めよ。

(1)

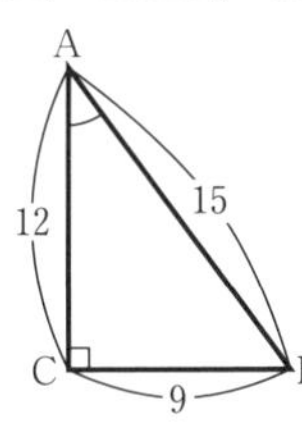

(2)

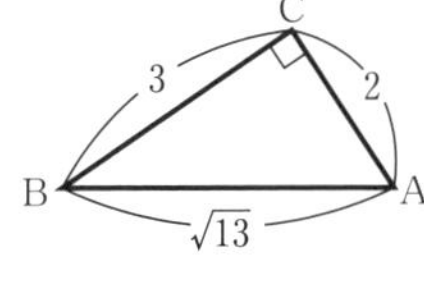

$\sin A =$　　　　$\sin A =$

$\cos A =$　　　　$\cos A =$

$\tan A =$　　　　$\tan A =$

160 次の直角三角形 ABC において，
$\sin A$，$\cos A$，$\tan A$ の値を求めよ。

(1)

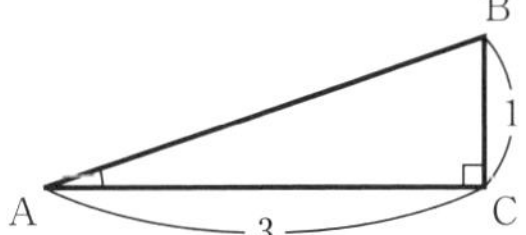

(2)

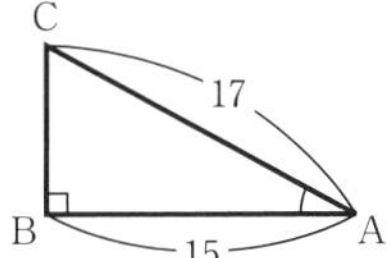

161 次の直角三角形 ABC において，
$\sin A$，$\cos A$，$\tan A$ の値を求めよ。

(1)

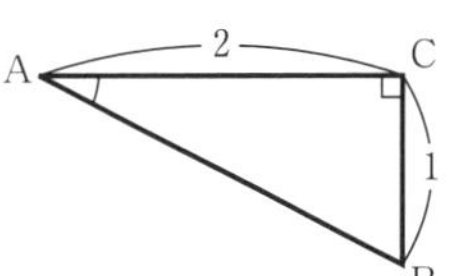

(2)

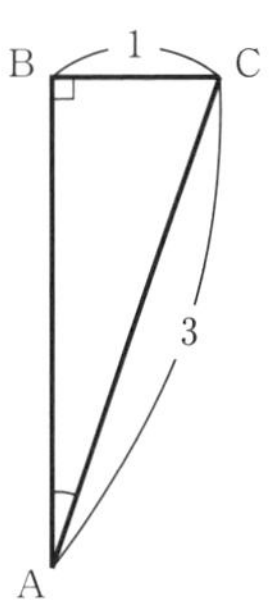

(3)

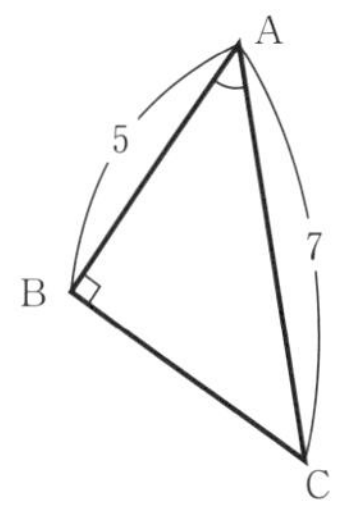

162 図の三角定規に辺の長さを書き込み，
$A = 30°$，$45°$，$60°$ の三角比の値を表にまとめよ。

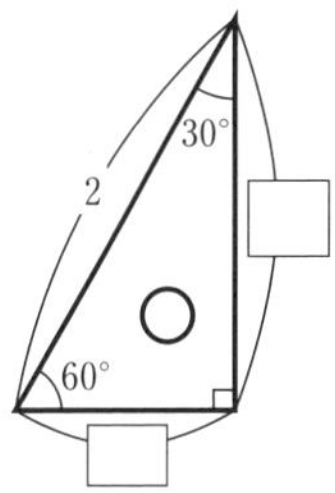

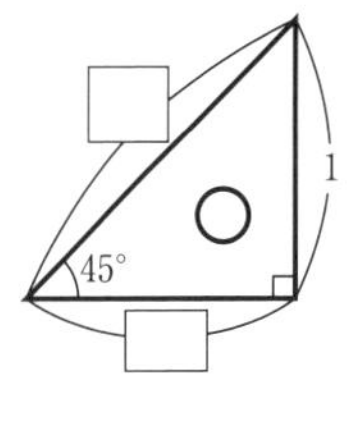

A	$30°$	$45°$	$60°$
$\sin A$			
$\cos A$			
$\tan A$			

JUMP 34 右の図で，x の長さを求め，$\sin 15°$ の値を求めよ。

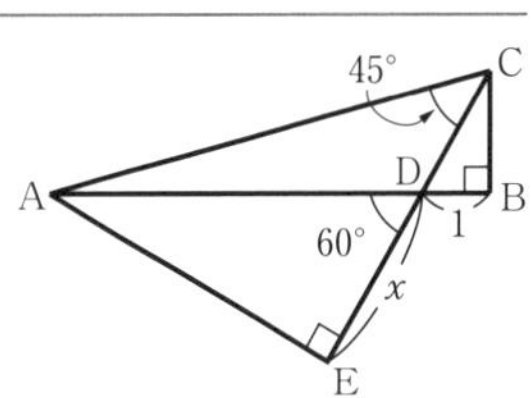

35 三角比の利用

例題 55 三角比の利用(1)

右の図で，x，y の値を小数第 2 位を四捨五入して求めよ。ただし，$\sin 25^\circ = 0.4226$，$\cos 25^\circ = 0.9063$ とする。

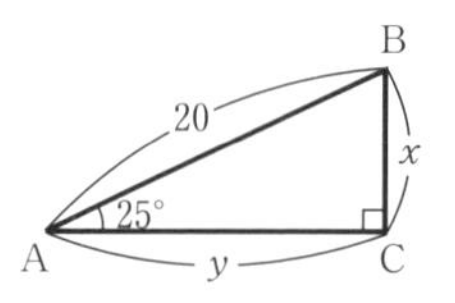

▶サイン・コサインの活用

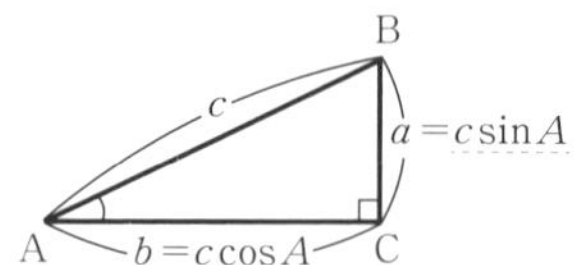

 直角三角形 ABC において

$x = \mathrm{AB}\sin A = 20\sin 25^\circ = 20 \times 0.4226 = 8.452 \fallingdotseq 8.5$

$y = \mathrm{AB}\cos A = 20\cos 25^\circ = 20 \times 0.9063 = 18.126 \fallingdotseq 18.1$

よって　$x = \mathbf{8.5}$，$y = \mathbf{18.1}$

例題 56 三角比の利用(2)

ある木の根元から水平に 20 m 離れた地点でこの木の先端を見上げたら，見上げる角が 40° であった。目の高さを 1.5 m とすると，木の高さは何 m か。小数第 2 位を四捨五入して求めよ。ただし，$\tan 40^\circ = 0.8391$ とする。

▶タンジェントの活用

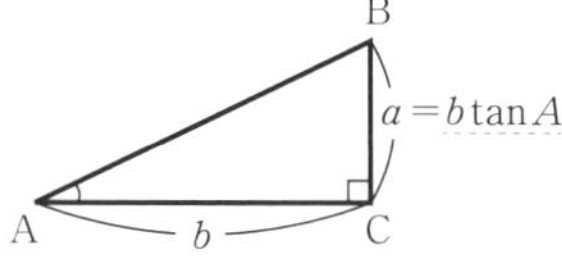

 右の図において

$\mathrm{BD} = \mathrm{AD}\tan A = 20\tan 40^\circ$

$= 20 \times 0.8391 = 16.782 \fallingdotseq 16.8$

よって

$\mathrm{BC} = \mathrm{BD} + \mathrm{DC}$

$= 16.8 + 1.5$

$= 18.3$

したがって，木の高さは **18.3 m**

B
A 40° D
1.5 m
20 m C

類題

163 8 m のはしご AB を下の図のように壁に立てかけるとき，AC および BC の長さを小数第 2 位を四捨五入して求めよ。ただし，$\sin 48^\circ = 0.7431$，$\cos 48^\circ = 0.6691$ とする。

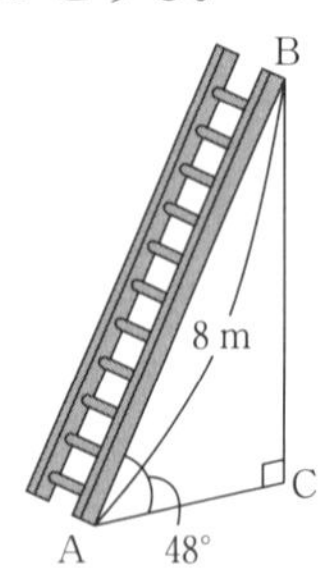

164 次の直角三角形において，BC の長さを小数第 2 位を四捨五入して求めよ。ただし，$\tan 55^\circ = 1.4281$ とする。

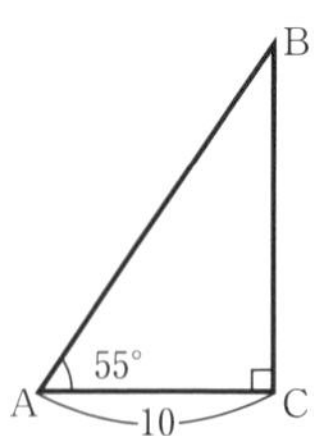

165 巻末の三角比の表を用いて，次の空欄に適する数を入れよ。

(1) $\sin 24^\circ =$ □

(2) $\cos 67^\circ =$ □

(3) $\tan 15^\circ =$ □

166 次の図で，海底トンネルの入り口から，海面に対し，10° の角度で 2000 m 進むと，海面からの深さが d m になった。d を小数第 1 位を四捨五入して求めよ。ただし，$\sin 10^\circ = 0.1736$ とする。

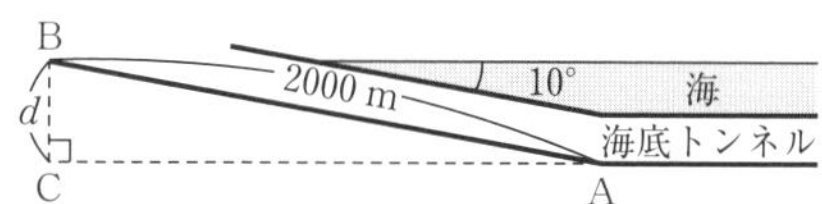

167 次の図のように，あるビルから 200 m 離れた地点からこのビルの先端を見上げる角を測ったら 50° であった。目の高さを 1.6 m として，ビルの高さを小数第 2 位を四捨五入して求めよ。ただし，$\tan 50^\circ = 1.1918$ とする。

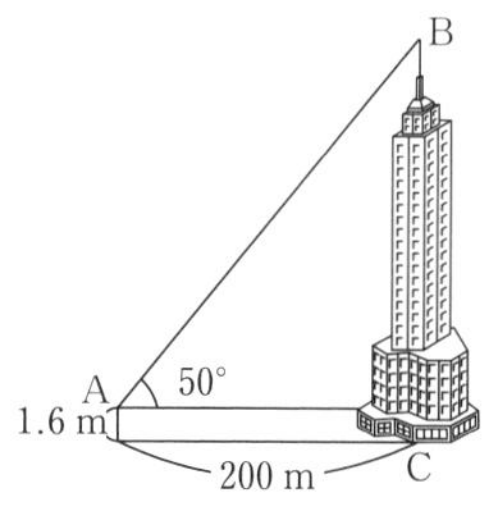

168 巻末の三角比の表を用いて，次の空欄に適する数を入れよ。

(1) $\sin$ □ $^\circ = 0.6947$

(2) $\cos$ □ $^\circ = 0.3090$

(3) $\tan$ □ $^\circ = 5.6713$

169 次の図において，下の各問いに答えよ。

(1) $\sin A$，$\cos A$ の値を求めよ。

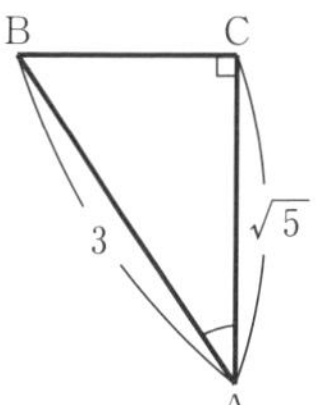

(2) (1)の $\sin A$ の値から，巻末の三角比の表を用いて，A の値を求めよ。

170 巻末の三角比の表を用いて，次の図の x の値および，∠BDC の大きさを求めよ。

JUMP 35 水平面と 15° の角度をもつ斜面を A 地点から直進方向と 30° の角度で，B 地点まで 80 m 進んだ。B 地点の水平面からの高さを小数第 2 位を四捨五入して求めよ。ただし，$\sqrt{3} = 1.732$，$\sin 15^\circ = 0.2588$ とする。

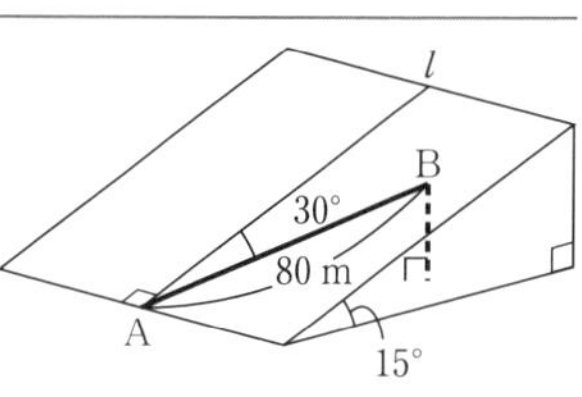

36 三角比の性質

例題 57 三角比の相互関係

$\cos A = \dfrac{2}{3}$ のとき，$\sin A$，$\tan A$ の値を求めよ。
ただし，$0° < A < 90°$ とする。

解 $\cos A = \dfrac{2}{3}$ のとき，$\sin^2 A + \cos^2 A = 1$ より

$$\sin^2 A = 1 - \cos^2 A = 1 - \left(\frac{2}{3}\right)^2 = \frac{5}{9}$$

$0° < A < 90°$ のとき，$\sin A > 0$ であるから

$$\sin A = \sqrt{\frac{5}{9}} = \boldsymbol{\frac{\sqrt{5}}{3}}$$

また，$\tan A = \dfrac{\sin A}{\cos A}$ より

$$\tan A = \frac{\sqrt{5}}{3} \div \frac{2}{3} = \frac{\sqrt{5}}{3} \times \frac{3}{2} = \boldsymbol{\frac{\sqrt{5}}{2}}$$

← $\dfrac{\sin A}{\cos A} = \sin A \div \cos A$

別解 図より $\sin A = \boldsymbol{\dfrac{\sqrt{5}}{3}}$

$\tan A = \boldsymbol{\dfrac{\sqrt{5}}{2}}$

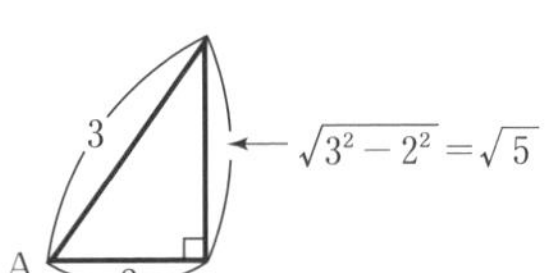

▶三角比の相互関係

① $\tan A = \dfrac{\sin A}{\cos A}$

② $\sin^2 A + \cos^2 A = 1$

$(\sin A)^2$ のことを $\sin^2 A$ と書く。

③ $1 + \tan^2 A = \dfrac{1}{\cos^2 A}$

（②の両辺を $\cos^2 A$ で割ると $1 + \dfrac{\sin^2 A}{\cos^2 A} = \dfrac{1}{\cos^2 A}$ となるから，①より③が成り立つ。）

例題 58 $90° - A$ の三角比

$\sin 65°$，$\cos 78°$ を，45° 以下の角の三角比で表せ。

解 $\sin 65° = \sin(90° - 25°) = \boldsymbol{\cos 25°}$

$\cos 78° = \cos(90° - 12°) = \boldsymbol{\sin 12°}$

▶$90° - A$ の三角比

$\sin(90° - A) = \cos A$

種類が入れかわる

$\cos(90° - A) = \sin A$

$\tan(90° - A) = \dfrac{1}{\tan A}$

類題

171 $\sin A = \dfrac{4}{5}$ のとき，$\cos A$，$\tan A$ の値を求めよ。ただし，$0° < A < 90°$ とする。

172 次の三角比を，45° 以下の角の三角比で表せ。

(1) $\sin 72°$

(2) $\cos 59°$

173 $\cos A=\frac{1}{2}$ のとき，$\sin A$，$\tan A$ の値を求めよ。ただし，$0^\circ < A < 90^\circ$ とする。

174 $\sin A=\frac{5}{13}$ のとき，$\cos A$，$\tan A$ の値を求めよ。ただし，$0^\circ < A < 90^\circ$ とする。

175 $\sin 35^\circ = 0.5736$，$\cos 35^\circ = 0.8192$ を用いて，次の三角比の値を求めよ。

(1) $\sin 55^\circ$

(2) $\cos 55^\circ$

176 $\tan A=\sqrt{2}$ のとき，$\sin A$，$\cos A$ の値を求めよ。ただし，$0^\circ < A < 90^\circ$ とする。

177 $\tan A=\frac{1}{3}$ のとき，$\sin A$，$\cos A$ の値を求めよ。ただし，$0^\circ < A < 90^\circ$ とする。

JUMP 36 次の式を簡単にせよ。

(1) $(\sin A+\cos A)^2+(\sin A-\cos A)^2$

(2) $\sin(90^\circ-A)\cos A+\cos(90^\circ-A)\sin A$

37 三角比の拡張

例題 59 鈍角の三角比

半径 2 の半円を利用して，150° の三角比の値を求めよ。

解 右の図の半径 2 の半円において，∠AOP = 150° となる点 P の座標は，P$(-\sqrt{3},\ 1)$ であるから

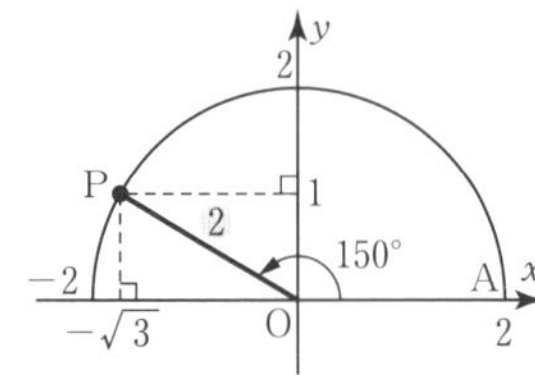

$$\sin 150^\circ = \mathbf{\frac{1}{2}}$$

$$\cos 150^\circ = \frac{-\sqrt{3}}{2} = -\mathbf{\frac{\sqrt{3}}{2}}$$

$$\tan 150^\circ = \frac{1}{-\sqrt{3}} = -\mathbf{\frac{1}{\sqrt{3}}}$$

▶拡張した三角比の定義

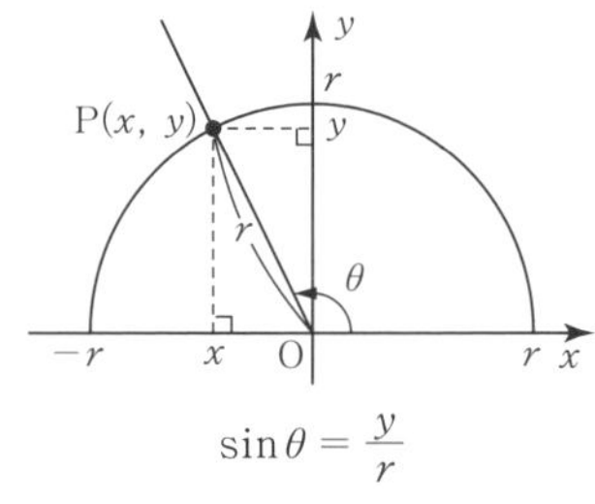

$$\sin\theta = \frac{y}{r}$$

$$\cos\theta = \frac{x}{r}$$

$$\tan\theta = \frac{y}{x}$$

$\theta = 90^\circ$ のとき，$x = 0$ であるから，$\tan 90^\circ$ の値は定義されない。

▶鋭角と鈍角

A が鋭角：$0^\circ < A < 90^\circ$

A が鈍角：$90^\circ < A < 180^\circ$

例題 60 90° の三角比の値

右の図を利用して，90° の三角比の値を求めよ。

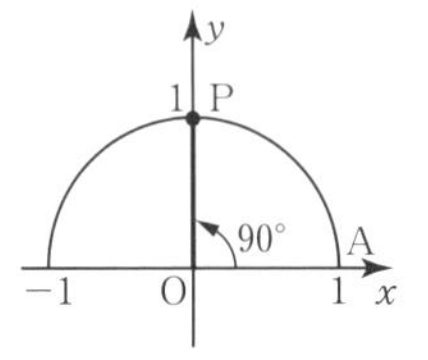

解 点 P の座標は (0, 1) であるから

$\sin 90^\circ = \dfrac{1}{1} = \mathbf{1}$　　$\cos 90^\circ = \dfrac{0}{1} = \mathbf{0}$　←$\sin\theta = \dfrac{y}{r}$，$\cos\theta = \dfrac{x}{r}$ において $r = 1$ で考えている

$\tan 90^\circ$ は，$x = 0$ であるから，定義されない。

類題

178 次の図の半径 $\sqrt{2}$ の半円において，□ に適する値を記入し，135° の三角比の値を求めよ。

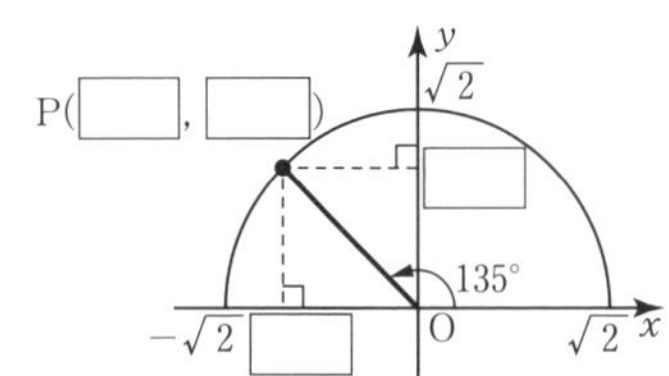

179 次の問いに答えよ。

(1) 右の図を利用して，0° の三角比の値を求めよ。

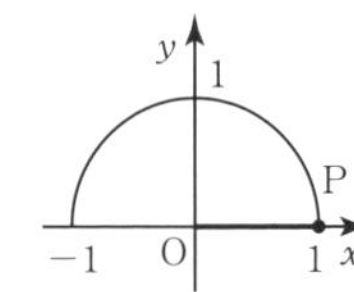

(2) 右の図を利用して，180° の三角比の値を求めよ。

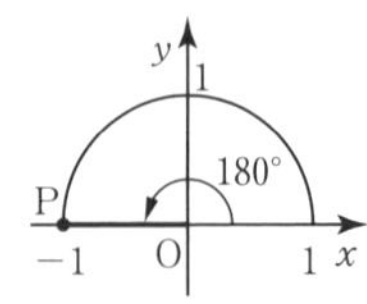

180 三角比の値について，次の表の空欄をうめよ。

θ	0°	90°	120°	135°	150°	180°
$\sin\theta$						
$\cos\theta$						
$\tan\theta$		／				

182 次の図で，点 P の座標が $\mathrm{P}\left(-\frac{\sqrt{3}}{2},\ \frac{1}{2}\right)$，OP と x 軸の正の部分のなす角を θ とするとき，角 θ の三角比の値を求めよ。

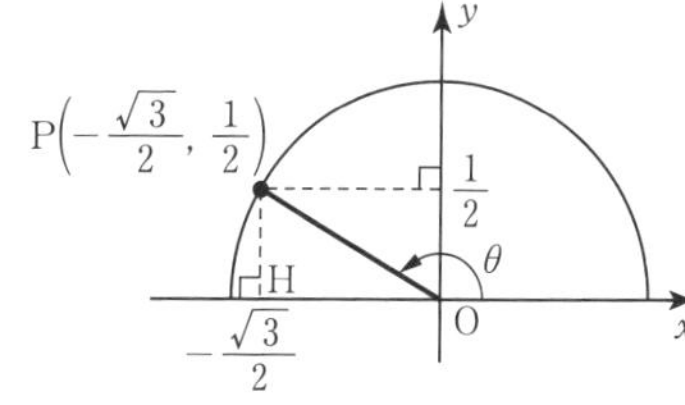

181 次の図で，$\angle\mathrm{AOP} = \theta$ とする。P$(-3,\ 4)$ のとき，角 θ の三角比の値を求めよ。

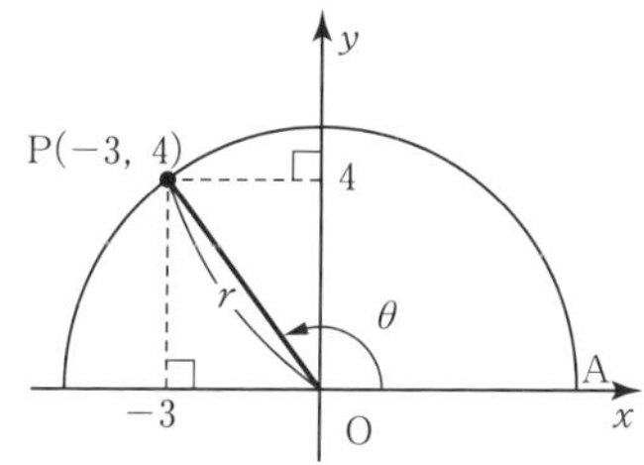

183 次の図で，半径 4 の半円上の点 P の y 座標を計算し，角 θ の三角比の値を求めよ。

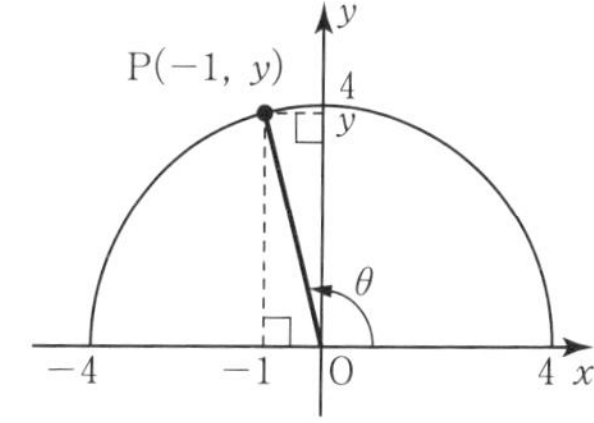

JUMP 37 右の図は，半径 1 の半円である。$\cos\theta = -\frac{2}{3}$，$0° \leqq \theta \leqq 180°$ であるとき，図の点 P の座標を求めよ。

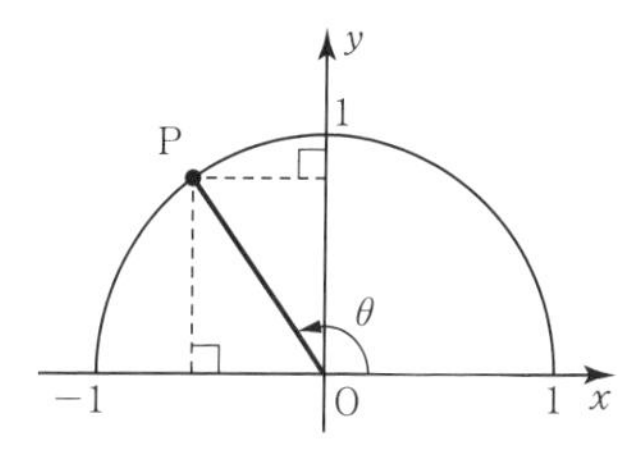

38 三角比の符号，$180° - \theta$ の三角比

例題 61 三角比の符号

次の値のうち負の数となるのはどれか。
$\sin 92°$，$\cos 92°$，$\tan 92°$，$\sin 138°$，$\cos 138°$，$\tan 138°$，
$\sin 27°$，$\cos 27°$，$\tan 27°$

解 $92°$ と $138°$ が鈍角，$27°$ が鋭角なので，負の数となるのは，
$\boldsymbol{\cos 92°}$，$\boldsymbol{\tan 92°}$，$\boldsymbol{\cos 138°}$，$\boldsymbol{\tan 138°}$

例題 62 $180° - \theta$ の三角比

次の三角比の値を求めよ。((1)は巻末の三角比の表を用いる。)
(1) $\sin 165°$，$\cos 165°$，$\tan 165°$
(2) $\sin 135°$，$\cos 135°$，$\tan 135°$

解 (1)
$$\sin 165° = \sin(180° - 15°) = \sin 15° = \mathbf{0.2588}$$
$$\cos 165° = \cos(180° - 15°) = -\cos 15° = \mathbf{-0.9659}$$
$$\tan 165° = \tan(180° - 15°) = -\tan 15° = \mathbf{-0.2679}$$
←三角比の表より

(2)
$$\sin 135° = \sin(180° - 45°) = \sin 45° = \boldsymbol{\frac{1}{\sqrt{2}}}$$
$$\cos 135° = \cos(180° - 45°) = -\cos 45° = \boldsymbol{-\frac{1}{\sqrt{2}}}$$
$$\tan 135° = \tan(180° - 45°) = -\tan 45° = \mathbf{-1}$$
←特別な角の三角比

▶単位円
原点Oを中心とする半径1の円を単位円という。
単位円では
$\sin\theta = y$，$\cos\theta = x$，
$\tan\theta = \dfrac{y}{x}$
また，このことから，$0° \leqq \theta \leqq 180°$ のとき
$0 \leqq \sin\theta \leqq 1$，$-1 \leqq \cos\theta \leqq 1$

▶三角比の値の符号
$0° < A < 90°$（鋭角）のとき
$\sin\theta > 0$，$\cos\theta > 0$，$\tan\theta > 0$
$90° < A < 180°$（鈍角）のとき
$\sin\theta > 0$，$\cos\theta < 0$，$\tan\theta < 0$

▶$180° - \theta$ の三角比
$\boldsymbol{\sin(180° - \theta) = \sin\theta}$
$\boldsymbol{\cos(180° - \theta) = -\cos\theta}$
$\boldsymbol{\tan(180° - \theta) = -\tan\theta}$

類題

184 巻末の三角比の表を用いて，$\sin 162°$，$\cos 162°$，$\tan 162°$ の値を求めよ。

185 $\sin 150°$，$\cos 150°$，$\tan 150°$ の値を求めよ。

186 次の表の空欄に＋，－，1，－1，0のうち最も適するものを記入せよ。

θ	0°	鋭角	90°	鈍角	180°
$\sin\theta$					
$\cos\theta$					
$\tan\theta$			／		

187 次の三角比の値を求めよ。((1)～(3)は巻末の三角比の表を用いる。)

(1) $\sin 157°$

(2) $\cos 169°$

(3) $\tan 119°$

(4) $\sin 120°$

(5) $\cos 120°$

(6) $\tan 120°$

188 次の図は，半径1の半円の上に，点P，Qを，$\angle AOQ = \angle BOP = 33°$ となるようにとったものである。次の問いに答えよ。

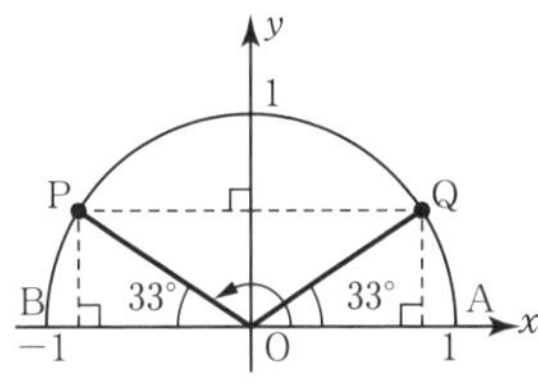

(1) 点Qの座標を三角比の記号を使って表せ。

(2) 点Pの座標を $\sin 33°$，$\cos 33°$ を使って表せ。

(3) $\sin 147°$，$\cos 147°$ を $\sin 33°$，$\cos 33°$ を使って表せ。

189 巻末の三角比の表を用いて，次の図の点Pの座標を求めよ。

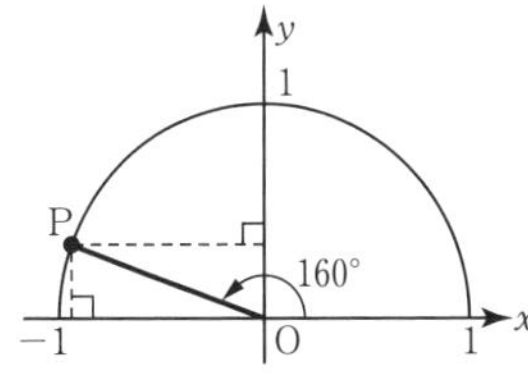

JUMP 38 次の式を簡単にせよ。

(1) $\cos(180° - \theta) + \sin(90° + \theta)$

(2) $\sin 150° \cos 45° - \sin 120° \cos 135°$

39 三角比と角の大きさ

例題 63 三角比と角の大きさ(1)

$0^\circ \leqq \theta \leqq 180^\circ$ のとき，等式 $\sin\theta = \dfrac{1}{\sqrt{2}}$ を満たす θ を求めよ。

▶三角比と角の大きさ(1)
sin のときは y 座標
cos のときは x 座標
に着目して点を求める。

解 単位円の x 軸より上側の周上の点で，　←単位円において $\sin\theta = y$

y 座標が $\dfrac{1}{\sqrt{2}}$ となるのは，
右の図の 2 点 P，P′ である。
ここで，
$\angle\text{AOP} = 45^\circ$
$\angle\text{AOP}' = 180^\circ - 45^\circ = 135^\circ$
であるから，求める θ は
$\theta = \mathbf{45^\circ,\ 135^\circ}$

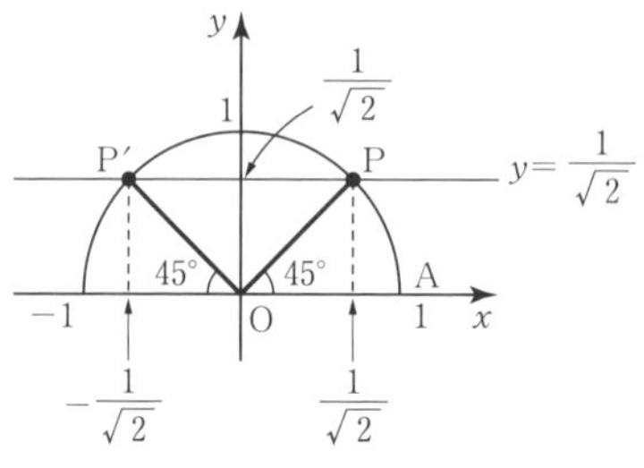

別解 半径 $\sqrt{2}$ の半円で考えると，
y 座標が 1 となるのは右の図の 2 点 Q，Q′ である。
ここで，
$\angle\text{AOQ} = 45^\circ$
$\angle\text{AOQ}' = 180^\circ - 45^\circ = 135^\circ$
であるから，求める θ は
$\theta = \mathbf{45^\circ,\ 135^\circ}$

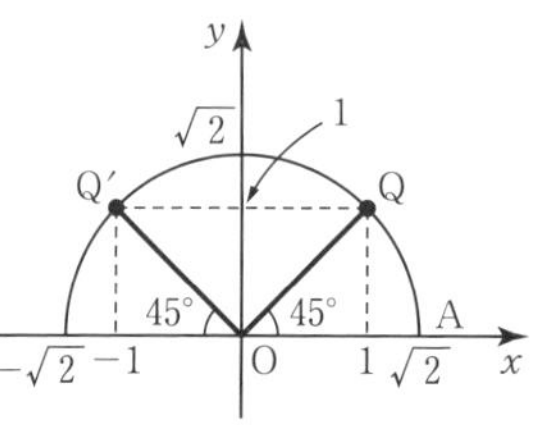

例題 64 三角比と角の大きさ(2)

$0^\circ \leqq \theta \leqq 180^\circ$ のとき，等式 $\tan\theta = 1$ を満たす θ を求めよ。

▶三角比と角の大きさ(2)
tan の場合
直線 $x = 1$ 上に
その値を y 座標とする点
を求める。

解 右の図のように，直線 $x = 1$ 上に点 Q(1, 1) をとる。
単位円の x 軸より上側の半円と，直線 OQ との交点を P とする。
このとき，$\angle\text{AOP}$ の大きさが求める θ であるから $\theta = \mathbf{45^\circ}$

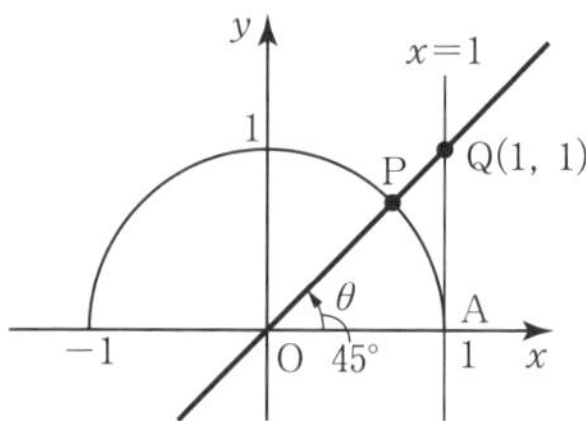

類題

190 $0^\circ \leqq \theta \leqq 180^\circ$ のとき，等式 $\cos\theta = \dfrac{1}{\sqrt{2}}$ を満たす θ を求めよ。

191 $0^\circ \leqq \theta \leqq 180^\circ$ のとき，次の等式を満たす θ を求めよ。

(1) $\cos\theta = \dfrac{\sqrt{3}}{2}$

(2) $\sin\theta = 0$

192 $0^\circ \leqq \theta \leqq 180^\circ$ のとき，
等式 $\tan\theta = \dfrac{1}{\sqrt{3}}$ を満たす θ を求めよ。

193 $0^\circ \leqq \theta \leqq 180^\circ$ のとき，次の等式を満たす θ を求めよ。

(1) $\sin\theta = 1$

(2) $\cos\theta = -\dfrac{1}{2}$

194 $0^\circ \leqq \theta \leqq 180^\circ$ のとき，
等式 $\tan\theta = 0$ を満たす θ を求めよ。

JUMP 39 等式 $4\cos^2\theta - 1 = 0$ を満たす θ を求めよ。ただし，$0^\circ \leqq \theta \leqq 180^\circ$ とする。

40 拡張した三角比の相互関係

例題 65 三角比の相互関係（鈍角の場合）

$\sin\theta=\dfrac{2}{3}$ のとき，$\cos\theta$，$\tan\theta$ の値を求めよ。ただし，$90^\circ<\theta<180^\circ$ とする。

▶三角比の相互関係

① $\tan\theta=\dfrac{\sin\theta}{\cos\theta}$

② $\sin^2\theta+\cos^2\theta=1$

③ $1+\tan^2\theta=\dfrac{1}{\cos^2\theta}$

は θ が鈍角のときにも成り立つ。

解 $\sin\theta=\dfrac{2}{3}$ のとき，$\sin^2\theta+\cos^2\theta=1$ より

$$\cos^2\theta=1-\sin^2\theta$$
$$=1-\left(\frac{2}{3}\right)^2=\frac{5}{9}$$

ここで，$90^\circ<\theta<180^\circ$ のとき，$\cos\theta<0$ であるから

$$\cos\theta=-\sqrt{\frac{5}{9}}=-\frac{\sqrt{5}}{3}$$

また，$\tan\theta=\dfrac{\sin\theta}{\cos\theta}$ より

$$\tan\theta=\frac{2}{3}\div\left(-\frac{\sqrt{5}}{3}\right)$$

← $\dfrac{\sin\theta}{\cos\theta}=\sin\theta\div\cos\theta$

$$=\frac{2}{3}\times\left(-\frac{3}{\sqrt{5}}\right)$$
$$=-\frac{2}{\sqrt{5}}$$

類題

195 $\sin\theta=\dfrac{4}{5}$ のとき，$\cos\theta$，$\tan\theta$ の値を求めよ。ただし，$90^\circ<\theta<180^\circ$ とする。

196 $\cos\theta=-\dfrac{12}{13}$ のとき，$\sin\theta$，$\tan\theta$ の値を求めよ。ただし，$90^\circ<\theta<180^\circ$ とする。

197 次の各場合について，他の三角比の値を求めよ。ただし，$90^\circ < \theta < 180^\circ$ とする。

(1) $\sin\theta = \dfrac{3}{4}$

(2) $\cos\theta = -\dfrac{8}{17}$

198 $\tan\theta = -4$ のとき，$\cos\theta$ および $\sin\theta$ の値を求めよ。ただし，$90^\circ < \theta < 180^\circ$ とする。

199 $\sin\theta = \dfrac{2}{5}$ のとき，$\cos\theta$ および $\tan\theta$ の値を求めよ。ただし，$0^\circ \leqq \theta \leqq 180^\circ$ とする。

JUMP 40 $\sin\theta + \cos\theta = \sqrt{2}$ のとき，次の問いに答えよ。

(1) 両辺を2乗し，$\sin\theta\cos\theta$ の値を求めよ。

(2) $(\sin\theta - \cos\theta)^2$ の値を求めよ。

まとめの問題　図形と計量①

1　次の図の直角三角形 ABC において，$\sin A$，$\cos A$，$\tan A$，$\sin B$，$\cos B$，$\tan B$ の値を求めよ。

(1) 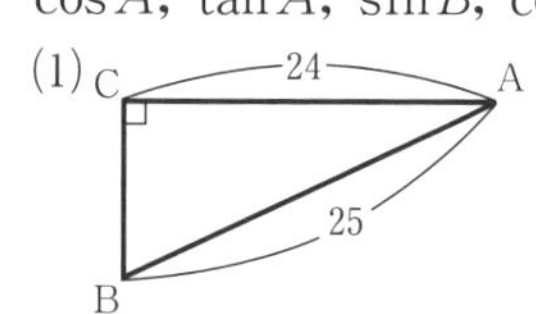

(2) 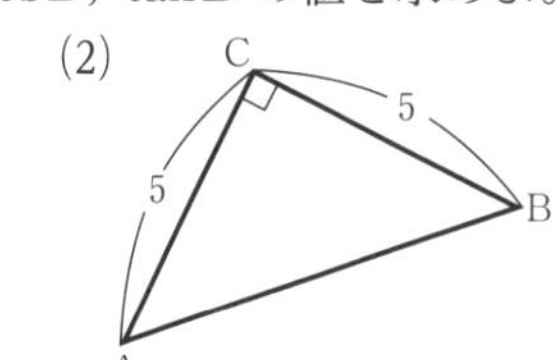

(1)

$\sin A =$

$\cos A =$

$\tan A =$

$\sin B =$

$\cos B =$

$\tan B =$

(2)

$\sin A =$

$\cos A =$

$\tan A =$

$\sin B =$

$\cos B =$

$\tan B =$

2　巻末の三角比の表を用いて，(1)，(2)は三角比の値を，(3)，(4)は角度 A を求めよ。ただし，$0° < A < 90°$ とする。

(1)　$\sin 6°$　　(2)　$\tan 67°$

(3)　$\cos A = 0.5592$　　(4)　$\tan A = 0.6745$

3　右の図において，次の長さを小数第 2 位を四捨五入して求めよ。ただし，$\sin 25° = 0.4226$，$\cos 25° = 0.9063$ とする。

(1)　BC

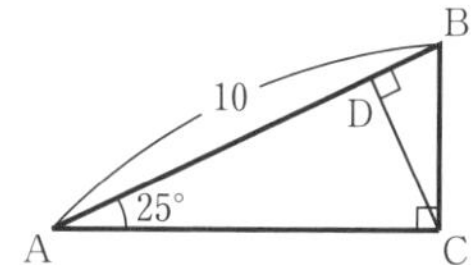

(2)　AC　　(3)　BD

4　次の問いに答えよ。ただし，$0° < A < 90°$ とする。

(1)　$\sin A = \dfrac{8}{17}$ のとき，$\cos A$，$\tan A$ の値を求めよ。

(2)　$\cos A = \dfrac{5}{6}$ のとき，$\sin A$，$\tan A$ の値を求めよ。

(3)　$\tan A = 4$ のとき，$\sin A$，$\cos A$ の値を求めよ。

5 次の等式が成り立つように空欄を埋めよ。

(1) $\sin 52° = \cos \square$

(2) $\cos 79° = \square 11°$

(3) $\sin^2 A + \cos^2 A = \square$ （公式）

(4) $\tan A = \dfrac{\square}{\square}$ （公式）

6 三角比の値を求め，次の表の空欄を埋めよ。

θ	0°	30°	45°	60°	90°
$\sin\theta$					
$\cos\theta$					
$\tan\theta$					／

θ	120°	135°	150°	180°
$\sin\theta$				
$\cos\theta$				
$\tan\theta$				

7 巻末の三角比の表を用いて，次の値を求めよ。

(1) $\sin 145°$

(2) $\cos 174°$

8 $0° \leqq \theta \leqq 180°$ のとき，等式 $2\cos\theta + \sqrt{3} = 0$ を満たす θ の値を求めよ。

9 次の各場合について，他の三角比の値を求めよ。ただし，$90° < \theta < 180°$ とする。

(1) $\sin\theta = \dfrac{15}{17}$

(2) $\tan\theta = -\dfrac{\sqrt{7}}{2}$

41 正弦定理

例題 66 正弦定理(1)

△ABC において，$A=60^\circ$，$C=45^\circ$，$c=4\sqrt{2}$ のとき，a および △ABC の外接円の半径 R を求めよ。

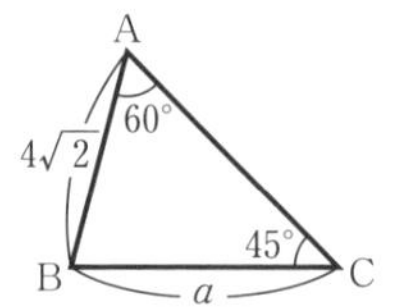

▶正弦定理

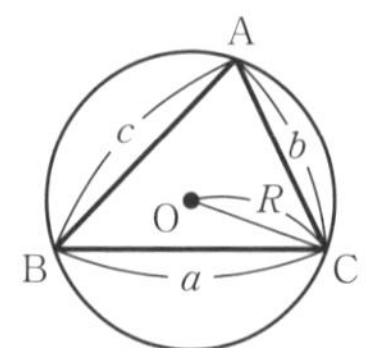

$$\frac{a}{\sin A}=\frac{b}{\sin B}=\frac{c}{\sin C}=2R$$

（R は外接円の半径）

2 組の向かいあう辺と角については正弦定理の利用を考える。

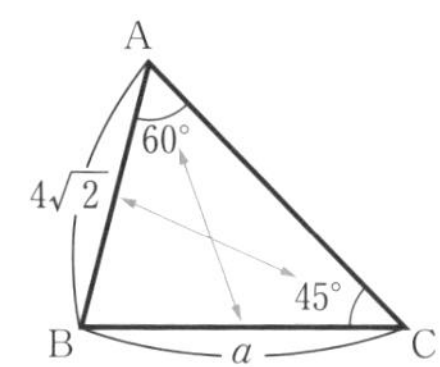

正弦定理より　$\dfrac{a}{\sin 60^\circ}=\dfrac{4\sqrt{2}}{\sin 45^\circ}$

両辺に $\sin 60^\circ$ を掛けて

$$a=\frac{4\sqrt{2}}{\sin 45^\circ}\times\sin 60^\circ=4\sqrt{2}\div\sin 45^\circ\times\sin 60^\circ$$

$$=4\sqrt{2}\div\frac{1}{\sqrt{2}}\times\frac{\sqrt{3}}{2}=4\sqrt{2}\times\sqrt{2}\times\frac{\sqrt{3}}{2}=\mathbf{4\sqrt{3}}$$

正弦定理より　$\dfrac{c}{\sin C}=2R$　よって　$2R=\dfrac{4\sqrt{2}}{\sin 45^\circ}$　より

$$R=\frac{2\sqrt{2}}{\sin 45^\circ}=2\sqrt{2}\div\sin 45^\circ=2\sqrt{2}\div\frac{1}{\sqrt{2}}$$

$$=2\sqrt{2}\times\sqrt{2}=\mathbf{4}$$

例題 67 正弦定理(2)

△ABC において，$A=30^\circ$，$a=4$，$b=4\sqrt{2}$ のとき，B を求めよ。

正弦定理より　$\dfrac{4}{\sin 30^\circ}=\dfrac{4\sqrt{2}}{\sin B}$

両辺に $\sin 30^\circ \sin B$ を掛けると　$4\times\sin B=4\sqrt{2}\times\sin 30^\circ$

よって

$$\sin B=4\sqrt{2}\times\sin 30^\circ\div 4=4\sqrt{2}\times\frac{1}{2}\times\frac{1}{4}=\frac{\sqrt{2}}{2}$$

ゆえに　$B=45^\circ,\ 135^\circ$

ここで，$A=30^\circ$ であるから　$0^\circ<B<150^\circ$

したがって　$B=\mathbf{45^\circ,\ 135^\circ}$

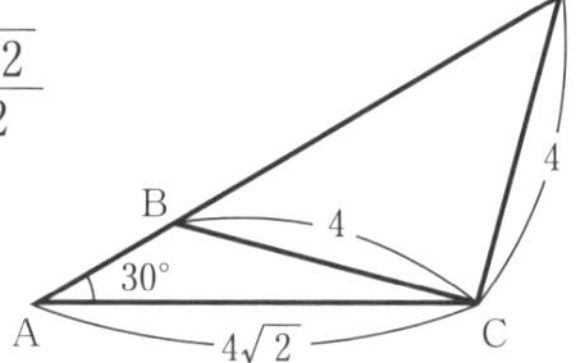

類題

200　△ABC において，$b=5$，$B=45^\circ$，$C=60^\circ$ のとき，c を求めよ。

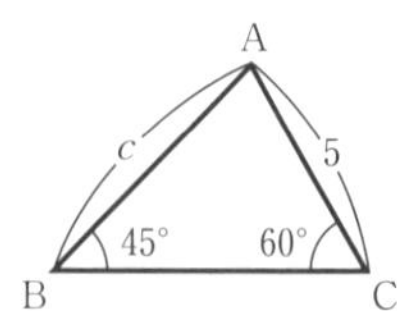

201　△ABC において，$a=6\sqrt{2}$，$A=135^\circ$，$B=30^\circ$ のとき，b および △ABC の外接円の半径 R を求めよ。

202 △ABC において，$a=8$，$A=30^\circ$，$C=45^\circ$ のとき，c を求めよ。

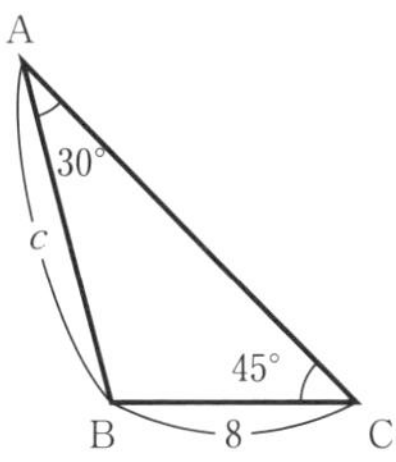

203 △ABC において，$a=\sqrt{2}$，$b=\sqrt{3}$，$B=120^\circ$ のとき，A を求めよ。

204 △ABC において，$a=4$，$B=30^\circ$，$C=105^\circ$ のとき，b および外接円の半径 R を求めよ。

205 △ABC において，$a=8$，$c=8\sqrt{3}$，$A=30^\circ$ のとき，C および外接円の半径 R を求めよ。

JUMP 41 △ABC において，外接円の半径を 3 とし，$b=3\sqrt{3}$，$C=45^\circ$ のとき，A を求めよ。

42 余弦定理

例題 68 余弦定理(1)

$\triangle$ABC において，$A = 150°$，$b = \sqrt{3}$，$c = 2$ のとき，a を求めよ。

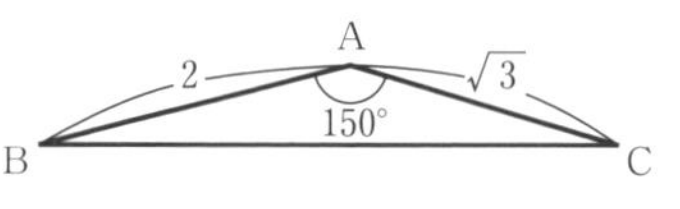

解 余弦定理より

$$a^2 = b^2 + c^2 - 2bc\cos A$$
$$= (\sqrt{3})^2 + 2^2 - 2 \times \sqrt{3} \times 2 \times \cos 150°$$
$$= 3 + 4 - 4\sqrt{3} \times \left(-\frac{\sqrt{3}}{2}\right) = 13$$

$a > 0$ より　$a = \sqrt{\mathbf{13}}$

▶余弦定理

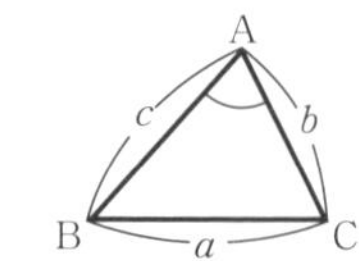

$$a^2 = b^2 + c^2 - 2bc\cos A$$
$$b^2 = c^2 + a^2 - 2ca\cos B$$
$$c^2 = a^2 + b^2 - 2ab\cos C$$

2 つの辺とはさむ角がわかっているときは余弦定理を考える。

例題 69 余弦定理(2)

$\triangle$ABC において，$a = 7$，$b = 3$，$c = 5$ のとき，A を求めよ。

解 余弦定理より

$$\cos A = \frac{b^2 + c^2 - a^2}{2bc}$$
$$= \frac{3^2 + 5^2 - 7^2}{2 \times 3 \times 5} = -\frac{1}{2}$$

よって，$0° < A < 180°$ より

$A = \mathbf{120°}$

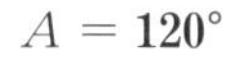

y
1
$\frac{1}{2}$ 倍
$\sqrt{3}$
2
1
P
A
-1
$-\frac{1}{2}$
O
1
x

▶余弦定理の変形

$$\cos A = \frac{b^2 + c^2 - a^2}{2bc}$$
$$\cos B = \frac{c^2 + a^2 - b^2}{2ca}$$
$$\cos C = \frac{a^2 + b^2 - c^2}{2ab}$$

3 つの辺の長さがわかっているときは余弦定理を考える。

類題

206 $\triangle$ABC において，$A = 60°$，$b = 5$，$c = 4$ のとき，a を求めよ。

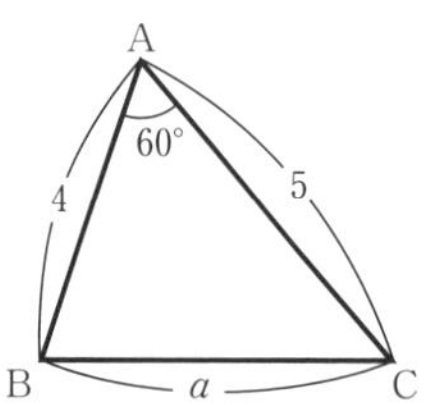

207 $\triangle$ABC において，$a = 7$，$b = 8$，$c = 3$ のとき，A を求めよ。

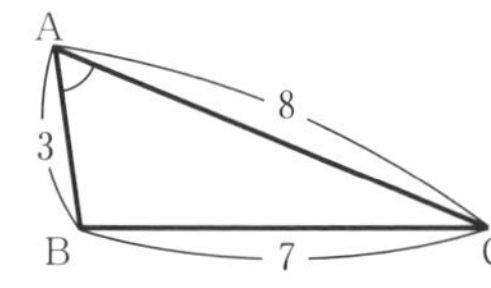

208 次の△ABC において，各問いに答えよ。

(1) $a=5$，$c=3\sqrt{3}$，$B=30^\circ$ のとき，b を求めよ。

(2) $a=3$，$b=2\sqrt{2}$，$C=45^\circ$ のとき，c を求めよ。

209 次の△ABC において，各問いに答えよ。

(1) $a=3$，$b=\sqrt{5}$，$c=\sqrt{2}$ のとき，B を求めよ。

(2) $a=5$，$b=12$，$c=13$ のとき，C を求めよ。

210 △ABC において，$a=\sqrt{6}$，$b=2$，$c=1+\sqrt{3}$ のとき，A を求めよ。

211 △ABC において，$b=2\sqrt{3}-2$，$c=4$，$A=120^\circ$ のとき，残りの辺の長さと角の大きさを求めよ。

JUMP 42 △ABC において，$B=60^\circ$，$b=2\sqrt{7}$，$c=6$ のとき，a を求めよ。

43 三角形の面積

例題 70 三角形の面積

$A=60^\circ$, $b=8$, $c=6$ である $\triangle$ABC の面積 S を求めよ。

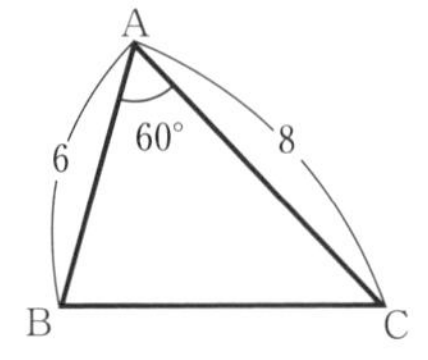

解 $S=\dfrac{1}{2}\times 8\times 6\times\sin 60^\circ$

$=\dfrac{1}{2}\times 8\times 6\times\dfrac{\sqrt{3}}{2}=\mathbf{12\sqrt{3}}$

例題 71 3 辺の長さと面積

$a=8$, $b=5$, $c=7$ である $\triangle$ABC の面積 S を求めよ。

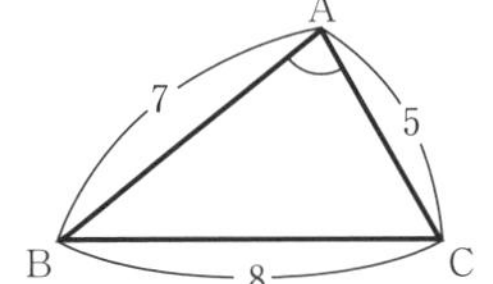

解 余弦定理より　$\cos A=\dfrac{5^2+7^2-8^2}{2\times 5\times 7}=\dfrac{1}{7}$

$\sin^2 A+\cos^2 A=1$ より

$\sin^2 A=1-\cos^2 A=1-\left(\dfrac{1}{7}\right)^2=\dfrac{48}{49}$

ここで，$\sin A>0$ であるから　$\sin A=\sqrt{\dfrac{48}{49}}=\dfrac{4\sqrt{3}}{7}$

ゆえに　$S=\dfrac{1}{2}\times 5\times 7\times\dfrac{4\sqrt{3}}{7}=\mathbf{10\sqrt{3}}$

別解 ヘロンの公式を用いると

$s=\dfrac{8+5+7}{2}=10$　より

$S=\sqrt{10(10-8)(10-5)(10-7)}=\mathbf{10\sqrt{3}}$

▶三角形の面積

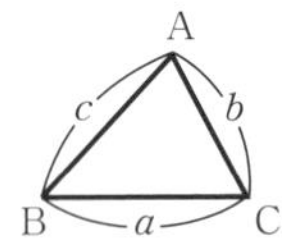

$S=\dfrac{1}{2}bc\sin A$

$S=\dfrac{1}{2}ca\sin B$

$S=\dfrac{1}{2}ab\sin C$

2 辺の長さとそのはさむ角の大きさがわかると面積 S が求められる。

▶3 辺の長さと三角形の面積

3 辺がわかっているとき

① 余弦定理で $\cos A$ を求める。

② $\cos A$ より $\sin A$ を求める。

③ $S=\dfrac{1}{2}bc\sin A$ を用いて面積を求める。

▶ヘロンの公式（発展）

$\triangle$ABC の 3 辺の長さを a, b, c とするとき，

$s=\dfrac{a+b+c}{2}$

とおくと，$\triangle$ABC の面積 S は

$S=\sqrt{s(s-a)(s-b)(s-c)}$

で求められる。これを「ヘロンの公式」という。

類題

212 $A=45^\circ$, $b=6$, $c=4$ である $\triangle$ABC の面積 S を求めよ。

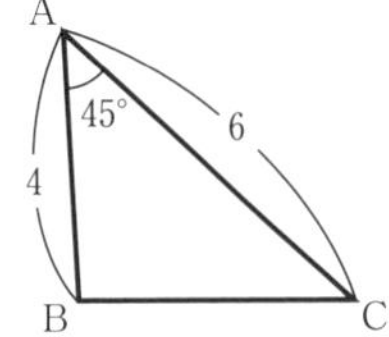

213 $a=13$, $b=8$, $c=7$ である $\triangle$ABC の面積 S を求めよ。

214 次の三角形の面積 S を求めよ。

(1) $B=60^\circ$, $a=4$, $c=7$

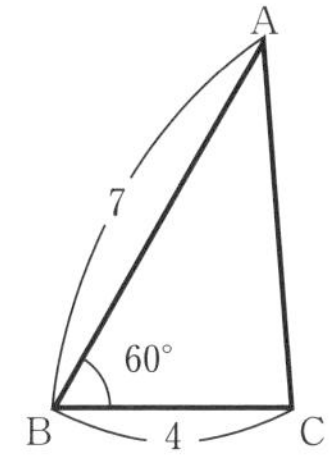

(2) $A=30^\circ$, $b=10$, $c=8$

(3) $C=135^\circ$, $a=8$, $b=7$

215 $a=9$, $b=5$, $c=7$ である △ABC の面積 S を求めよ。

216 次の図形の面積 S を求めよ。

(1) 四角形 ABCD

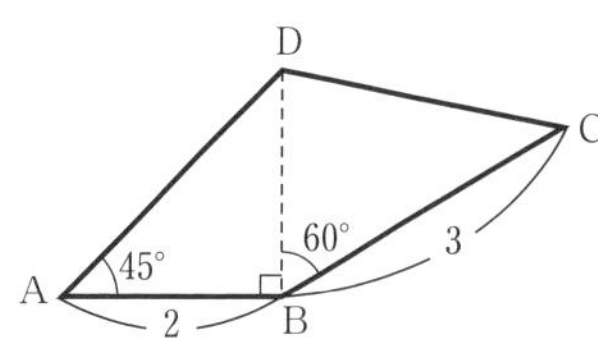

(2) △ABC

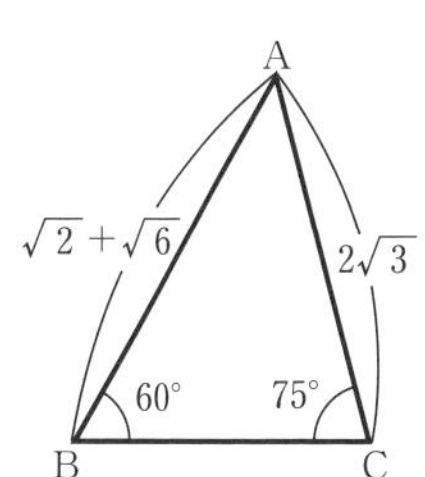

217 $a=1$, $b=\sqrt{5}$, $c=\sqrt{2}$ である △ABC の面積 S を求めよ。

JUMP 43 $AB=6$, $AC=4$, $\angle BAC=120^\circ$ の △ABC において, $\angle BAC$ の二等分線と辺 BC の交点を D とする。AD の長さを求めよ。

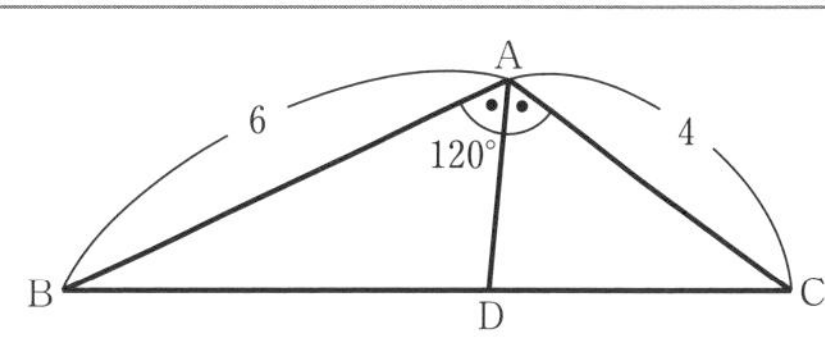

44 三角形の内接円と面積，内接四角形

例題 72 三角形の内接円と面積

$A=120°$，$b=3$，$c=5$ である $\triangle ABC$ の面積を S，内接円の半径を r として，次の問いに答えよ。

(1) a を求めよ。　(2) S および r を求めよ。

(1) 余弦定理より

$$a^2=3^2+5^2-2\times3\times5\times\cos120° \quad \leftarrow a^2=b^2+c^2-2bc\cos A$$

$$=9+25-30\times\left(-\frac{1}{2}\right)=49$$

よって　$a>0$ より　$a=\mathbf{7}$

(2) $\triangle ABC$ において，$A=120°$，$b=3$，$c=5$ だから，面積 S は

$$S=\frac{1}{2}\times3\times5\times\sin120° \quad \leftarrow S=\frac{1}{2}bc\sin A$$

$$=\frac{15}{2}\times\frac{\sqrt{3}}{2}=\frac{\mathbf{15\sqrt{3}}}{\mathbf{4}}$$

ここで，$S=\frac{1}{2}r(a+b+c)$ より

$$\frac{15\sqrt{3}}{4}=\frac{1}{2}r(7+3+5)$$

よって　$r=\frac{15\sqrt{3}}{4}\div\frac{15}{2}=\frac{15\sqrt{3}}{4}\times\frac{2}{15}=\frac{\mathbf{\sqrt{3}}}{\mathbf{2}}$

▶内接円の半径と面積

$\triangle ABC$ の面積を S，内接円の半径を r とすると

$$S=\frac{1}{2}r(a+b+c)$$

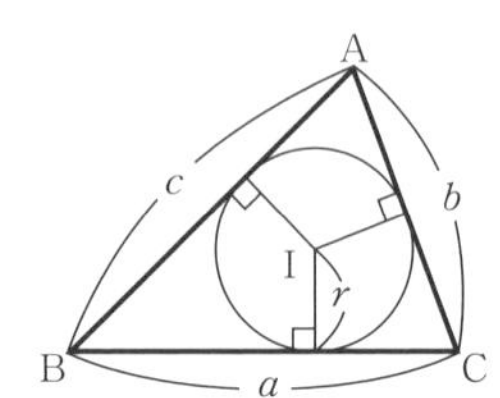

例題 73 内接四角形

円に内接する四角形 ABCD において，

$AB=8$，$CD=5$，$DA=5$，

$\angle BAD=60°$ のとき，次の問いに答えよ。

(1) 対角線 BD の長さを求めよ。

(2) 辺 BC の長さを求めよ。

(3) 四角形 ABCD の面積 S を求めよ。

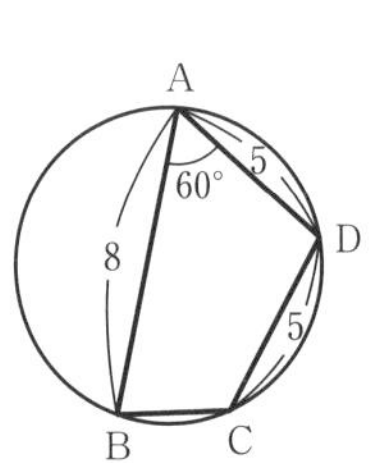

(1) $\triangle ABD$ において，余弦定理より

$$BD^2=5^2+8^2-2\times5\times8\times\cos60°=49$$

$BD>0$ より　$BD=\mathbf{7}$

(2) 四角形 ABCD は円に内接するから

$$\angle BCD=180°-60°=120°$$

$BC=x$ とすると，$\triangle BCD$ において，余弦定理より

$$7^2=5^2+x^2-2\times5\times x\times\cos120°$$

$$x^2+5x-24=0$$

$$(x+8)(x-3)=0$$

$x>0$ より　$x=3$　すなわち　$BC=\mathbf{3}$

(3) $S=\triangle ABD+\triangle BCD$

$$=\frac{1}{2}\times5\times8\times\sin60°+\frac{1}{2}\times5\times3\times\sin120°=\frac{\mathbf{55\sqrt{3}}}{\mathbf{4}}$$

▶円に内接する四角形

向かい合う内角の和は 180°

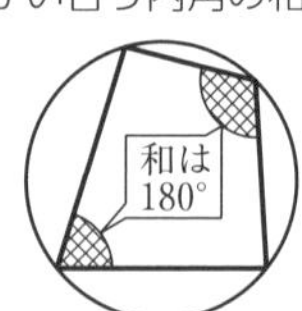

218　$A=120°$，$b=8$，$c=7$ である△ABC の面積を S，内接円の半径を r として，次の問いに答えよ。

(1)　a を求めよ。

(2)　S および r を求めよ。

219　円に内接する四角形 ABCD において，$AB=CD=\sqrt{2}$，$DA=2$，$\angle BAD=135°$ のとき，次の問いに答えよ。

(1)　対角線 BD の長さを求めよ。

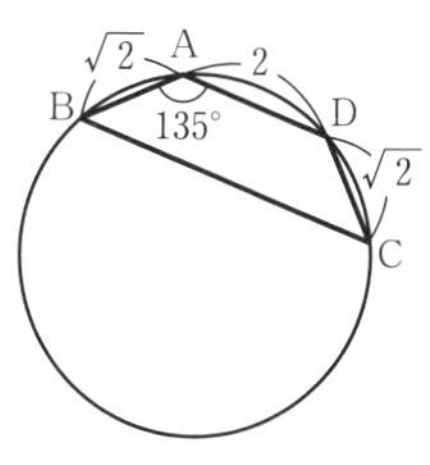

(2)　辺 BC の長さを求めよ。

(3)　四角形 ABCD の面積 S を求めよ。

220　$a=6$，$b=5$，$c=4$ である△ABC について，次のものを求めよ。

(1)　△ABC の面積 S

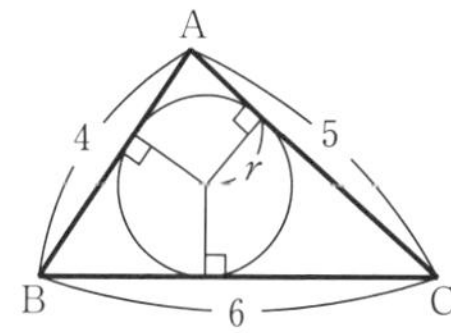

(2)　内接円の半径 r

4 章 図形と計量

JUMP 44　円に内接する四角形 ABCD において，$AB=BC=1$，$CD=2\sqrt{2}$，$DA=\sqrt{2}$ のとき，$\cos\angle BAD$ の値と四角形 ABCD の面積を求めよ。

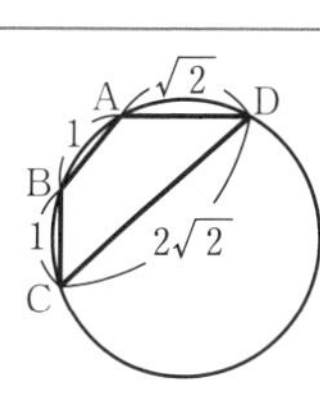

45 空間図形への応用

例題 74 空間図形への応用

右の図の四面体 ABCD において，
$\angle ADB = \angle ADC = 90°$，$\angle ABC = 45°$，
$\angle ACB = 105°$，$\angle ACD = 60°$，$BC = 10$
であるとき，AD の長さを求めよ。

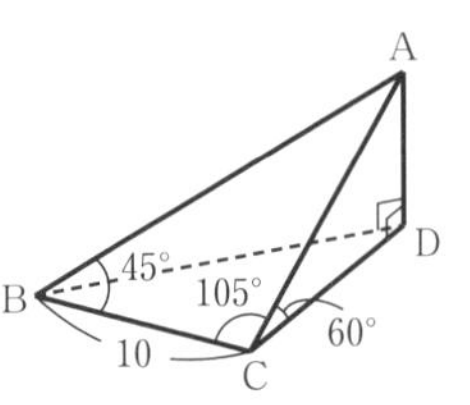

△ABC において，$\angle BAC = 180° - (45° + 105°) = 30°$
であるから，正弦定理より

$$\frac{AC}{\sin 45°} = \frac{10}{\sin 30°}$$

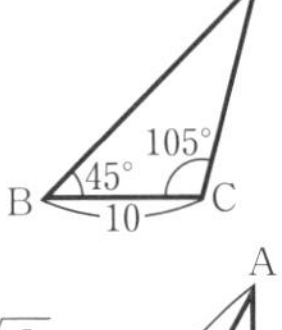

よって

$$AC = \frac{10}{\sin 30°} \times \sin 45° = 10 \div \frac{1}{2} \times \frac{1}{\sqrt{2}} = 10\sqrt{2}$$

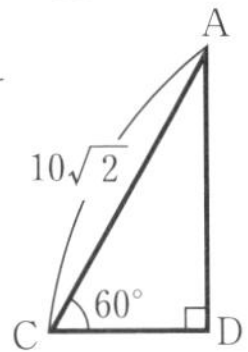

したがって，△ADC において

$$AD = AC\sin 60° = 10\sqrt{2} \times \frac{\sqrt{3}}{2} = \mathbf{5\sqrt{6}}$$

例題 75 図形の計量

右の図の四面体 ABCD は，底面が 1 辺の長さが 4 の正三角形で，$AB = AC = AD = 6$ である。
辺 BC の中点を M，$\angle AMD = \theta$ として，次の問いに答えよ。

(1) $\cos\theta$ の値を求めよ。

(2) 頂点 A から底面におろした垂線 AH の長さを求めよ。

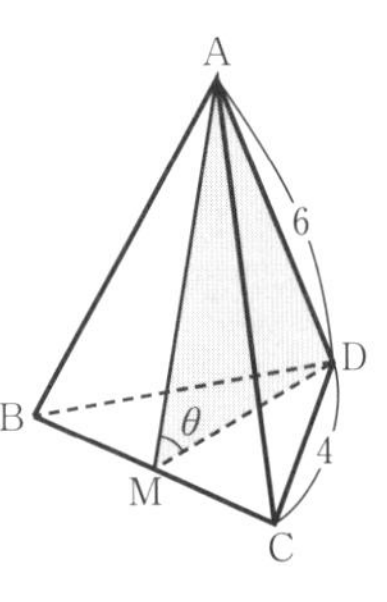

(1) M は辺 BC の中点より

$$MB = MC = \frac{1}{2}BC = 2$$

△ABM，△DCM は直角三角形だから，三平方の定理より

$$AM = \sqrt{6^2 - 2^2} = 4\sqrt{2}，DM = \sqrt{4^2 - 2^2} = 2\sqrt{3}$$

(別解)
(1)で DM は次のように求めてもよい。
△DBC は正三角形であるから

$$DM = DC\sin 60° = 4 \times \frac{\sqrt{3}}{2} = 2\sqrt{3}$$

△AMD において，余弦定理より

$$\cos\theta = \frac{(4\sqrt{2})^2 + (2\sqrt{3})^2 - 6^2}{2 \times 4\sqrt{2} \times 2\sqrt{3}} = \mathbf{\frac{\sqrt{6}}{12}}$$

(2) $\sin^2\theta + \cos^2\theta = 1$ より

$$\sin^2\theta = 1 - \cos^2\theta = 1 - \left(\frac{\sqrt{6}}{12}\right)^2 = \frac{138}{144}$$

ここで，$\sin\theta > 0$ であるから　$\sin\theta = \dfrac{\sqrt{138}}{12}$

$$AH = AM\sin\theta = 4\sqrt{2} \times \frac{\sqrt{138}}{12} = \mathbf{\frac{2\sqrt{69}}{3}}$$

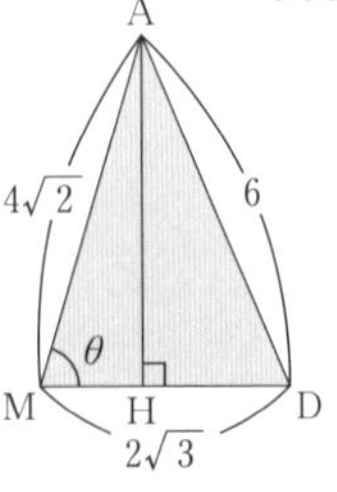

(断面図)

221 次の図の四面体 ABCD において，
$\angle ADB = \angle ADC = 90^\circ$，
$\angle ABC = 105^\circ$，$\angle ACB = 30^\circ$，
$\angle ABD = 30^\circ$，$BC = 5$
であるとき，次の問いに答えよ。

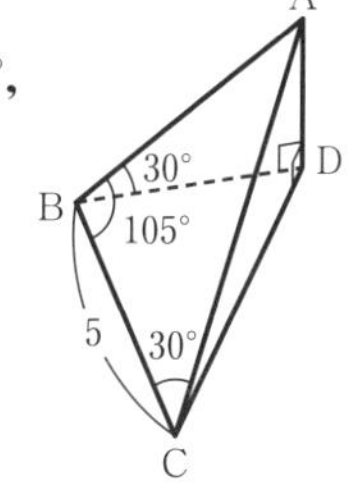

(1) $\angle BAC$ の大きさを求めよ。

(2) 辺 AB の長さを求めよ。

(3) 辺 AD の長さを求めよ。

222 次の図の四面体 ABCD において，
$AB = AC = AD = 8$，
$BC = CD = DB = 12$
とする。辺 CD の中点を M，頂点 A から線分 BM におろした垂線を AH とする。$\angle ABM$ を θ として，次の問いに答えよ。

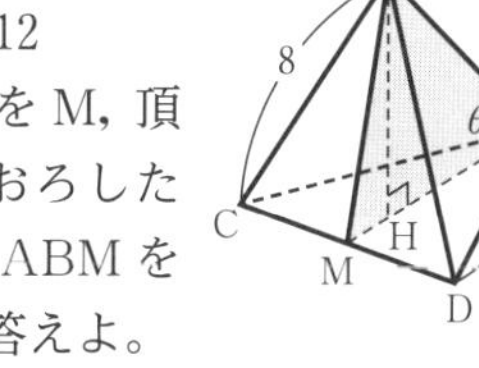

(1) $\cos\theta$ を求めよ。

(2) 線分 BH と垂線 AH の長さを求めよ。

223 次の図の四面体 ABCD において，$\angle ABC = \angle ABD = 90^\circ$，$AB = BC = 3$，$BD = 4$，$CD = \sqrt{13}$ であるとき，$\angle CAD$ の大きさを求めよ。

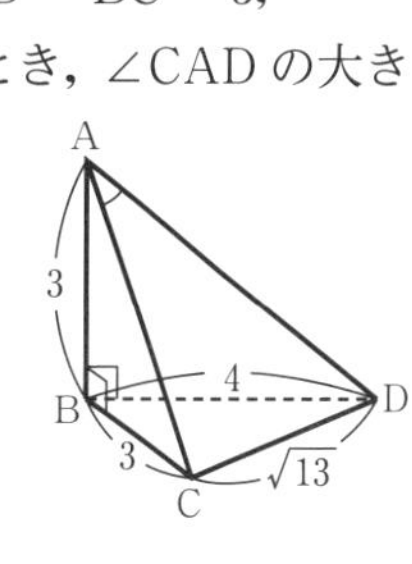

224 次の図のような，$AE = 3$，$AD = 4$，$EF = 3\sqrt{3}$ である直方体を 3 点 A，C，F を通る平面で切るとき，次のものを求めよ。

(1) $\cos\angle AFC$ の値

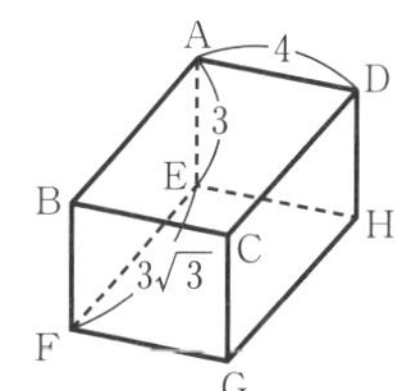

(2) $\triangle ACF$ の面積 S

JUMP 45 1 辺の長さが 3 である右の図のような立方体において，対角線 AC 上に $AP : PC = 1 : 2$ となるように点 P をとるとき，FP の長さを求めよ。

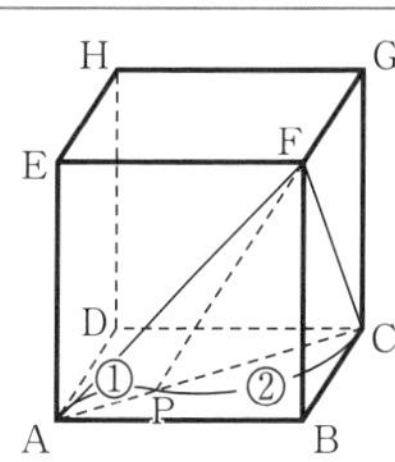

1　△ABC において，次の問いに答えよ。

(1)　$B=C=15^\circ$，$a=6$ のとき，△ABC の外接円の半径 R を求めよ。

(2)　$A=75^\circ$，$B=45^\circ$，$b=8$ のとき，c を求めよ。

(3)　$C=60^\circ$，$a=6$，$b=5$ のとき，c を求めよ。

(4)　$a=4$，$b=\sqrt{13}$，$c=3$ のとき，B を求めよ。

2　校舎をはさんで 2 地点 A，B がある。地点 P から A と B を見て ∠APB を測ると 120° で，また，P から A までの距離は 700 m，P から B までの距離は 800 m であった。A と B の間の距離 AB を求めよ。

3　△ABC において，$a=3+\sqrt{3}$，$c=2\sqrt{3}$，$B=60^\circ$ のとき，残りの辺の長さと角の大きさを求めよ。

4 △ABC において，$a=4$，$b=5$，$c=7$ のとき，次の問いに答えよ。

(1) $\cos C$ の値を求めよ。

(2) $\sin C$ の値を求め，△ABC の面積 S を求めよ。

(3) △ABC の内接円の半径 r を求めよ。

5 次の四角形 ABCD の面積 S を求めよ。

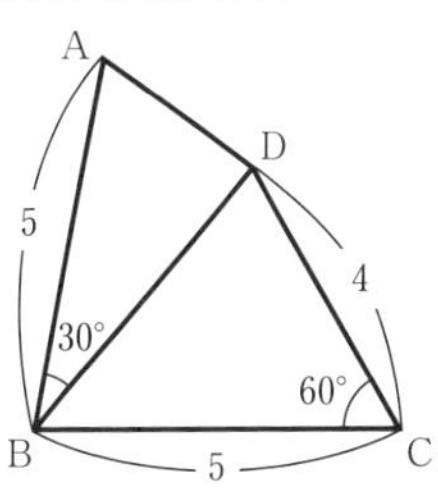

6 下の図のように，飛行機の位置を P とするとき，高度 PH を求めよ。

ただし，

$\angle PAB=75°$,

$\angle PAH=60°$,

$\angle PBA=45°$,

$AB=1000$ m とする。

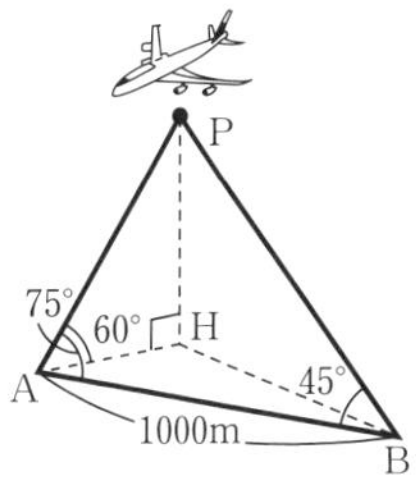

46 データの整理，代表値

例題 76　度数分布表とヒストグラム

右の度数分布表は，ある地域の 30 地点で騒音（dB）を測定した結果である。[dB（デシベル）：音の大きさを表す単位]

(1)　この度数分布表からヒストグラムをつくれ。

(2)　69 dB 以上 73 dB 未満の階級の相対度数を求めよ。

(3)　最頻値を求めよ。

階級(dB) 以上～未満	度数 (地点)
65～69	6
69～73	6
73～77	5
77～81	2
81～85	11
合計	30

解 (1)

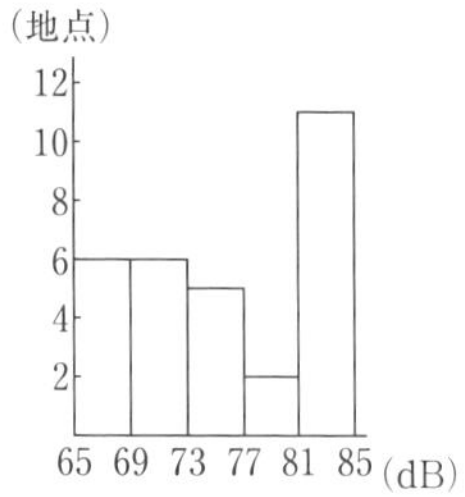

(2)　69 dB 以上 73 dB 未満の階級の相対度数は $\frac{6}{30}=\mathbf{0.2}$

(3)　最頻値は，81 dB 以上 85 dB 未満の階級値だから

$$\frac{81+85}{2}=\mathbf{83}\ \textbf{(dB)}$$

▶度数分布表
階級…範囲をいくつかに分けた区間
階級値…各階級の中央の値
度数…各階級に含まれる値の個数

▶ヒストグラム
度数分布表の階級の幅を底辺，度数を高さとする長方形で表したもの。

▶相対度数

$$\frac{度数}{度数の合計}$$

▶平均値

$$\bar{x}=\frac{1}{n}(x_1+x_2+\cdots+x_n)$$

▶最頻値（モード）
最も個数の多い値。
データを度数分布表にまとめたときは，度数が最も大きい階級の階級値

▶中央値（メジアン）
データを値の小さい順に並べたとき，その中央の値

類題

225　次のデータは，ある高校の男子 20 人の通学時間（分）の記録である。

30	42	40	12	50	21	32	45	45	27
44	25	37	55	35	40	18	52	32	48

このデータを下の度数分布表に整理し，ヒストグラムをつくれ。また，最頻値を求めよ。

階級(分) 以上～未満	階級値 (分)	度数 (人)	相対度数
10～20			
20～30			
30～40			
40～50			
50～60			

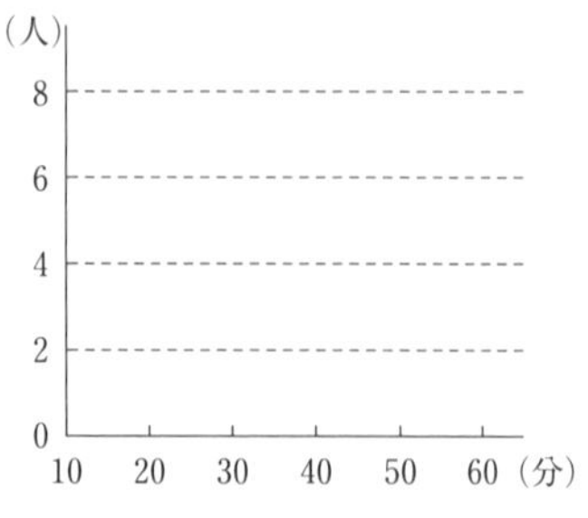

226　大きさが 7 のデータ 14，20，20，31，36，40，49 の平均値を求めよ。また，中央値を求めよ。

227 大きさが 9 のデータ 4，5，5，6，7，8，9，9，10 の平均値を求めよ。

228 次のデータについて，中央値を求めよ。

(1) 34，46，17，58，52，26，51

(2) 21，15，27，20，25，31

229 次の表は，ある靴店で 1 か月に販売された靴のサイズ（cm）を 100 人分調査した結果である。中央値および最頻値を求めよ。

サイズ	24.5	25.0	25.5	26.0	26.5	27.0	27.5	28.0	28.5	合計
人数	2	9	15	24	23	12	9	2	4	100

230 右の度数分布表は，サイコロを 1 人につき 30 回，50 人に振ってもらい 1 の目が出た回数を数えた結果である。1 人あたりの 1 の目が出た回数の平均値を求めよ。

回数	人数
2	2
3	3
4	9
5	21
6	7
7	4
8	1
9	2
10	1
合計	50

JUMP 46 下の度数分布表は，ある高校の生徒 15 人について，小テストの得点と人数をまとめたものである。次の問いに答えよ。

得点	3	4	5	6	7	8	9	計
人数	1	1	3	x	y	2	1	15

(1) 得点の平均値が 6 点のとき，x，y の値を求めよ。

(2) 得点の中央値が 6 点のとき，x のとり得る値を求めよ。

47 四分位数と四分位範囲

例題 77 四分位範囲

次の小さい順に並べられたデータの平均値は 60，中央値は 62，四分位範囲は 22 であるとき，a，b，c の値を求め，このデータの範囲を求めよ。

a　45　49　57　b　65　c　70　80

解 データの大きさが 9 であるから，中央値は左から 5 番目のデータである。よって　$b=\mathbf{62}$

第 1 四分位数を Q_1，第 3 四分位数を Q_3 とすると

$$Q_1=\frac{45+49}{2}=47,\quad Q_3=\frac{c+70}{2}$$

四分位範囲は $Q_3-Q_1=\dfrac{c+70}{2}-47=22$　　よって　$c=\mathbf{68}$

平均値が 60 であるから

$$\frac{a+45+49+57+62+65+68+70+80}{9}=60$$

よって　$a=\mathbf{44}$

したがって，求める範囲は　$80-44=\mathbf{36}$

▶範囲
(最大値)−(最小値)

▶四分位数
小さい順に並べたデータにおいて，
・第 2 四分位数 Q_2 は，中央値
・第 1 四分位数 Q_1 は，中央値で分けられたデータのうち前半のデータの中央値，第 3 四分位数 Q_3 は，後半のデータの中央値

▶四分位範囲
第 3 四分位数 Q_3 と第 1 四分位数 Q_1 との差　Q_3-Q_1

例題 78 箱ひげ図

次の小さい順に並べられたデータを箱ひげ図で表せ。

10　13　15　17　18　20　23　25　27　30

解 最大値は 30，最小値は 10

また，データの大きさが 10 であるから，中央値は $\dfrac{18+20}{2}=19$

第 1 四分位数は中央値 19 より小さい部分の中央値であるから 15　←10，13，15，17，18 の中央値

第 3 四分位数は中央値 19 より大きい部分の中央値であるから 25　←20，23，25，27，30 の中央値

よって，箱ひげ図は次のようになる。

〈箱ひげ図〉

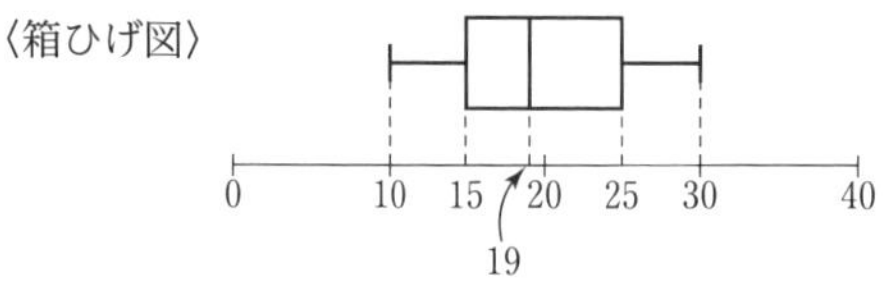

▶箱ひげ図
最大値，最小値，第 1 四分位数，第 2 四分位数（中央値），第 3 四分位数を用いて，次のような図で表し，データの散らばりのようすを表す。

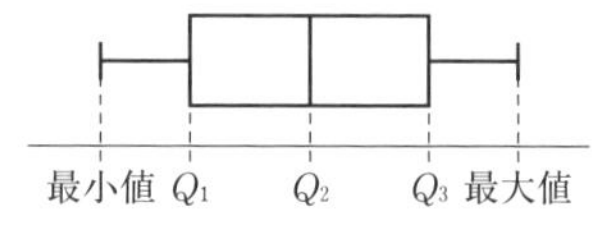

類題

231 次の小さい順に並べられた 9 個のデータについて，範囲，平均値，中央値，第 1 四分位数，第 3 四分位数および四分位範囲を求めよ。

35　39　45　55　60　65　75　85　90

232 次の小さい順に並べられたデータの第1四分位数は48，平均値は59，中央値は60であるとき，a，b，cの値を求めよ。また，このデータの範囲を求めよ。

25　31　a　52　b　63　c　69　88　92

233 次の小さい順に並べられたデータについて，最大値，最小値および四分位数を求め，箱ひげ図で表せ。

6　8　10　12　15　17　18　20　25　30

234 次の図は，中学生，高校生各々50人ずつの睡眠時間のデータを箱ひげ図に表したものである。2つの箱ひげ図から正しいと判断できるものを，次の①～⑤からすべて選べ。

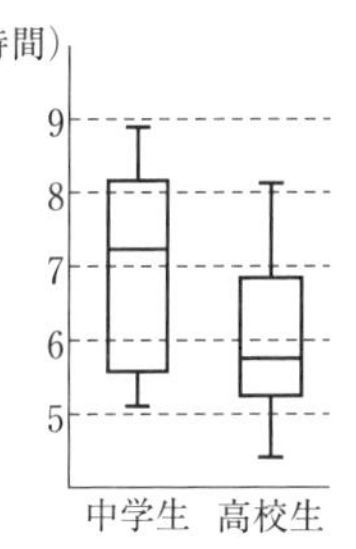

① 四分位範囲は高校生の方が大きい。

② 中学生は全員，睡眠時間が5時間以上である。

③ 高校生の25人以上が，睡眠時間6時間以下である。

④ 中学生の中央値の方が高校生の第3四分位数より小さい。

⑤ 高校生では睡眠時間が7時間以上である人数は13人である。

235 次の図は，ある高校の生徒35人の100m走の結果をヒストグラムにまとめたものである。このデータの箱ひげ図としてヒストグラムと矛盾しないものを，次の㋐～㋒から選べ。

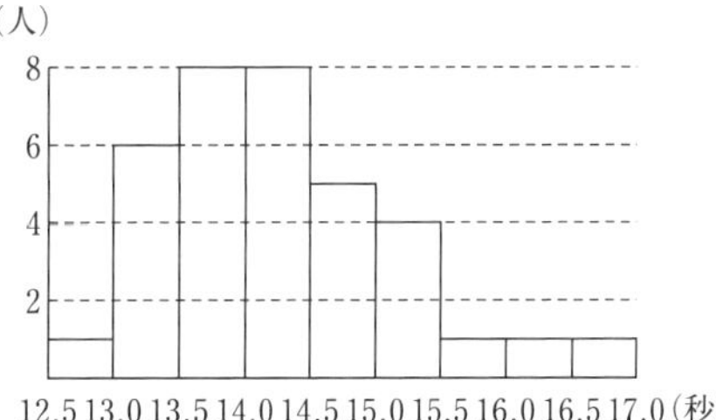

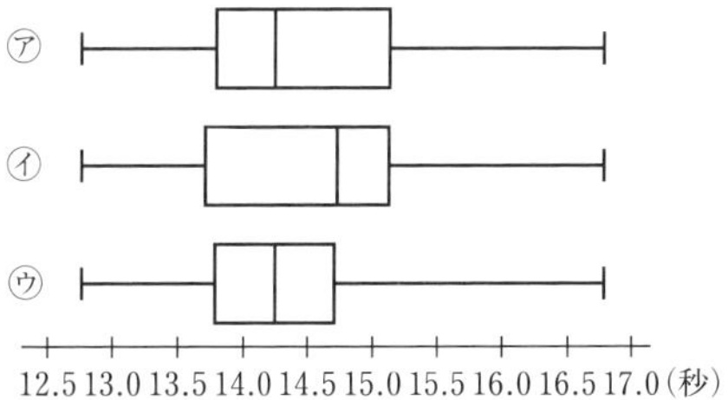

JUMP 47 a_1からa_9まで小さい順に並べられたデータを箱ひげ図で表すと右のようになった。ただし，a_1，a_2，…，a_9はすべて異なる整数とする。

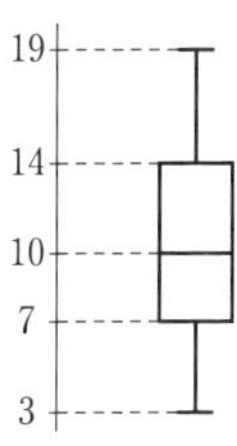

(1) a_1，a_5，a_9の値を求めよ。

(2) a_4のとりうる値を求めよ。

(3) 平均値と中央値の大小について正しいものを，次の①～③から選べ。

①平均値は中央値より小さい　②平均値は中央値より大きい

③このデータからは決定できない

48 分散と標準偏差

例題 79 分散と標準偏差

大きさが5のデータ

4, 6, 7, 8, 10

の分散 s^2 と標準偏差 s を求めよ。

解 5個のデータの平均値は

$$\frac{4+6+7+8+10}{5}=7$$ ←$\overline{x}=\frac{1}{n}(x_1+x_2+\cdots+x_n)=\frac{x_1+x_2+\cdots+x_n}{n}$

であるから，分散は

$$s^2=\frac{(4-7)^2+(6-7)^2+(7-7)^2+(8-7)^2+(10-7)^2}{5}$$

←分散(1)の公式

$$=\frac{20}{5}=\mathbf{4}$$

また，標準偏差は $s=\sqrt{4}=\mathbf{2}$

別解 $s^2=\frac{4^2+6^2+7^2+8^2+10^2}{5}-\left(\frac{4+6+7+8+10}{5}\right)^2$ ←分散(2)の公式

$$=\frac{265}{5}-7^2=53-49=\mathbf{4}$$

▶分散と標準偏差

[分散(1)]

$s^2=\frac{1}{n}\{(x_1-\overline{x})^2+(x_2-\overline{x})^2+\cdots+(x_n-\overline{x})^2\}$

$x_1-\overline{x}$, $x_2-\overline{x}$, …, $x_n-\overline{x}$ を平均値からの偏差または単に偏差という。

[分散(2)]

$$s^2=\frac{1}{n}(x_1{}^2+x_2{}^2+\cdots+x_n{}^2)-\left\{\frac{1}{n}(x_1+x_2+\cdots+x_n)\right\}^2=\overline{x^2}-(\overline{x})^2$$

[標準偏差] …分散の正の平方根

$$s=\sqrt{\frac{1}{n}\{(x_1-\overline{x})^2+(x_2-\overline{x})^2+\cdots+(x_n-\overline{x})^2\}}=\sqrt{\overline{x^2}-(\overline{x})^2}$$

類題

236 大きさが5のデータ 20, 21, 17, 19, 23 について，次のものを求めよ。

(1) 平均値 $\overline{x}$

(2) 分散 s^2（分散(1)の公式を用いる）

(3) 標準偏差 s

237 大きさが5のデータ 20, 21, 17, 19, 23 について，分散(2)の公式により，分散 s^2 と標準偏差 s を求めよ。

238 2つのデータ x, y について，それぞれの標準偏差を求めて散らばりの度合いを比較せよ。
x：1, 4, 7, 10, 13　　y：3, 5, 7, 9, 11

239 データが下の度数分布表で与えられているとき，次のものを求めよ。

階級値	1	2	3	4	計
度数	2	4	3	1	10

(1) 分散 s^2

(2) 標準偏差 s

JUMP 48 度数分布表が下のように与えられている。このとき，平均値が2となるように a, b の値を定めて，分散 s^2 と標準偏差 s を求めよ。

階級値	1	2	3	4	計
度数	a	a	b	b	8

49 データの相関

例題 80　相関係数

下の表はある町のハンバーガーショップ5店のハンバーガーの価格設定と1日の販売個数の関係を示したものである。価格（円）を x，販売個数（千個）を y として，x と y の相関係数 r を求めよ。ただし，小数第3位を四捨五入せよ。

	A店	B店	C店	D店	E店
価格(円)	80	160	320	200	140
個数(千個)	36	20	18	12	24

▶相関係数

相関係数 $r=\dfrac{s_{xy}}{s_x s_y}$

s_{xy} は共分散，s_x，s_y は標準偏差。

$$s_{xy}=\frac{1}{n}\{(x_1-\overline{x})(y_1-\overline{y})+(x_2-\overline{x})(y_2-\overline{y})+\cdots+(x_n-\overline{x})(y_n-\overline{y})\}$$

$$s_x=\sqrt{\frac{1}{n}\{(x_1-\overline{x})^2+(x_2-\overline{x})^2+\cdots+(x_n-\overline{x})^2\}}$$

$$s_y=\sqrt{\frac{1}{n}\{(y_1-\overline{y})^2+(y_2-\overline{y})^2+\cdots+(y_n-\overline{y})^2\}}$$

 x，y の平均値 $\overline{x}$，$\overline{y}$ は

$$\overline{x}=\frac{1}{5}(80+160+320+200+140)$$
$$=180$$
$$\overline{y}=\frac{1}{5}(36+20+18+12+24)$$
$$=22$$

より次の表ができる。

店名	x_k	y_k	$x_k-\overline{x}$	$y_k-\overline{y}$	$(x_k-\overline{x})^2$	$(y_k-\overline{y})^2$	$(x_k-\overline{x})(y_k-\overline{y})$
A店	80	36	−100	14	10000	196	−1400
B店	160	20	−20	−2	400	4	40
C店	320	18	140	−4	19600	16	−560
D店	200	12	20	−10	400	100	−200
E店	140	24	−40	2	1600	4	−80
合計	900	110	0	0	32000	320	−2200

▶相関と散布図

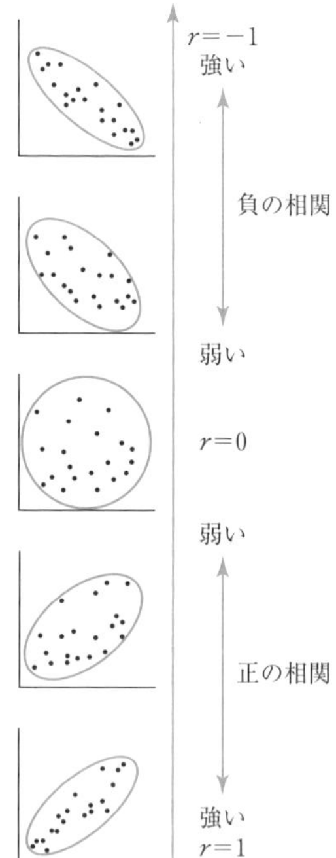

x，y の標準偏差 s_x，s_y は

$$s_x=\sqrt{\frac{1}{5}\times 32000}=\sqrt{6400}=80$$
$$s_y=\sqrt{\frac{1}{5}\times 320}=\sqrt{64}=8$$

共分散 s_{xy} は　$s_{xy}=\dfrac{1}{5}\times(-2200)=-440$

したがって，x と y の相関係数 r は

$$r=\frac{-440}{80\times 8}=-0.6875\fallingdotseq \mathbf{-0.69}$$

240 次の(1)~(5)の散布図において，X と Y の値の相関として最も適切なものを，下の①~⑤から 1 つずつ選べ。
ただし，横軸を X，縦軸を Y とする。

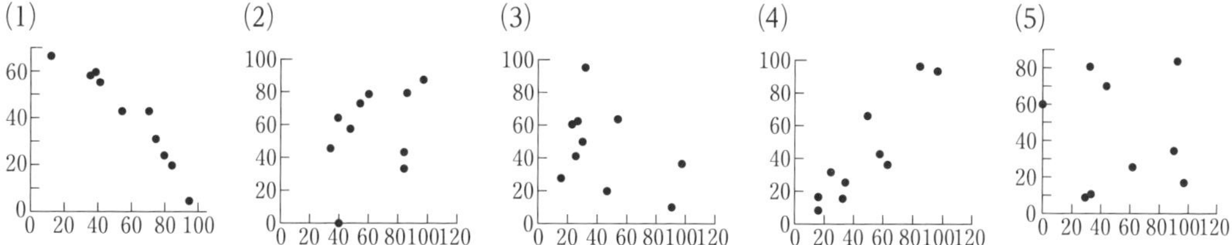

① 強い正の相関　② 弱い正の相関　③ 相関はない
④ 弱い負の相関　⑤ 強い負の相関

241 右の表は，ある高校の生徒 4 人に行った 2 回のテストの得点である。1 回目のテストの得点を x，2 回目のテストの得点を y として，次の問いに答えよ。

生徒	①	②	③	④
x	4	7	3	6
y	4	8	6	10

(1) x，y の平均値 $\overline{x}$，$\overline{y}$ をそれぞれ計算せよ。

(2) 共分散 s_{xy} を計算せよ。

生徒	x	y	$x-\overline{x}$	$y-\overline{y}$	$(x-\overline{x})(y-\overline{y})$
①	4	4			
②	7	8			
③	3	6			
④	6	10			
計					

242 次の表は，A~F の 6 つの地域のある小売業の店舗数と人口の関係を示したものである。店舗数（百店）を x，人口（十万人）を y として，x と y の相関係数 r を求めよ。ただし，小数第 3 位を四捨五入せよ。

地域	A	B	C	D	E	F
店舗数(百店)	25	33	13	7	15	27
人口(十万人)	46	50	22	34	26	38

地域	x_k	y_k	$x_k-\overline{x}$	$y_k-\overline{y}$	$(x_k-\overline{x})^2$	$(y_k-\overline{y})^2$	$(x_k-\overline{x})(y_k-\overline{y})$
A	25	46					
B	33	50					
C	13	22					
D	7	34					
E	15	26					
F	27	38					
合計							

50 データの外れ値，仮説検定の考え方

例題 81 データの外れ値

第1四分位数が12，第3四分位数が18のデータについて，次の①～④のうち，外れ値である値をすべて選べ。

① 2　② 3　③ 25　④ 30

$Q_1=12$，$Q_3=18$ より

$Q_3+1.5(Q_3-Q_1)=18+1.5(18-12)=27$

$Q_1-1.5(Q_3-Q_1)=12-1.5(18-12)=3$

よって，外れ値は，3以下または27以上の値である。

したがって，外れ値である値は①，②，④である。

▶外れ値

データの第1四分位数を Q_1，第3四分位数を Q_3 とするとき，

$Q_1-1.5(Q_3-Q_1)$ 以下

または

$Q_3+1.5(Q_3-Q_1)$ 以上

の値を外れ値とする。

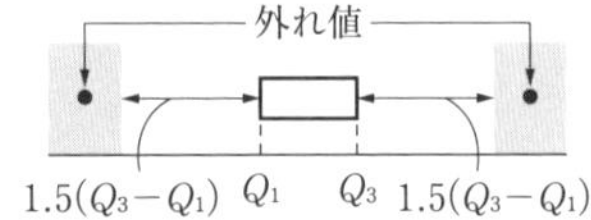

例題 82 仮説検定

実力が同じという評判の将棋棋士A，Bが5番勝負をしたところ，Aが5勝した。右の度数分布表は，表裏の出方が同様に確からしいコイン1枚を5回投げる操作を1000セット行った結果である。

これを用いて，「A，Bの実力が同じ」という仮説が誤りかどうか，基準となる確率を5％として仮説検定を行え。

表の枚数	セット数
5	27
4	157
3	313
2	328
1	138
0	37
合計	1000

度数分布表より，コインを5回投げたとき，表が5回出る相対度数は $\dfrac{27}{1000}=0.027$ である。

よって，Aが5勝する確率は2.7％と考えられ，基準となる確率の5％より小さい。

したがって，**「A，Bの実力が同じ」という仮説が誤り**と判断する。

すなわち，Aが5勝したときは，Aの方が強いといえる。

▶仮説検定

実際に起こったことがらについて，ある仮説のもとで起こる確率が，

(i) 5％以下であれば，仮説が誤りと判断する。

(ii) 5％より大きければ，仮説が誤りとはいえないと判断する。

類題

243 第1四分位数が22，第3四分位数が30のデータについて，次の①～④のうち，外れ値である値をすべて選べ。

① 8　② 11　③ 40　④ 42

244 第1四分位数が32，第3四分位数が44のデータについて，次の①～④のうち，外れ値である値をすべて選べ。

① 10　② 13
③ 59　④ 66

245 次の表は，10人の高校生が行った懸垂の回数である。

生徒	①	②	③	④	⑤	⑥	⑦	⑧	⑨	⑩
回数	3	8	12	6	0	6	7	6	8	9

(1) 第1四分位数 Q_1，第3四分位数 Q_3 の値を求めよ。

(2) 外れ値である生徒の番号をすべて選べ。

246 実力が同じという評判の囲碁棋士A，Bが6番勝負をしたところ，Aが6勝した。
右の度数分布表は，表裏の出方が同様に確からしいコイン1枚を6回投げる操作を1000セット行った結果である。これを用いて，「A，Bの実力は同じ」という仮説が誤りかどうか，基準となる確率を5％として仮説検定を行え。

表の枚数	セット数
6	13
5	91
4	238
3	314
2	231
1	96
0	17
合計	1000

JUMP 50 Exercise 246において，結果がAの5勝1敗であったとき，「A，Bの実力が同じ」という仮説が誤りかどうか，基準となる確率を5％として仮説検定を行え。

51 変量の変換

例題 83 変量の変換

下の表は，生徒5人が受けたテストの数学の得点 x（点）と英語の得点 y（点）をまとめたものである。ここで，数学の得点 x を5倍して10点を加えた点数を u とする。すなわち，

$$u = 5x + 10$$

とする。

生徒	①	②	③	④	⑤	平均値	分散
x	6	8	7	10	9	8	2
y	3	9	5	7	6	6	4
$u = 5x + 10$	40	50	45	60	55		

(1) 変量 u の平均値 $\overline{u}$ と分散 $s_u{}^2$ を求めよ。

(2) 変量 x と変量 y の共分散 s_{xy} と相関係数 r_{xy}，変量 u と変量 y の共分散 s_{uy} と相関係数 r_{uy} の値を求めて比較せよ。

▶変量の変換
a，b を定数として変量 x を
$u = ax + b$
で変換した変量 u について，x，u の平均値，分散をそれぞれ $\overline{x}$，$\overline{u}$，$s_x{}^2$，$s_u{}^2$ とすると，
$\boldsymbol{\overline{u} = a\overline{x} + b}$
$\boldsymbol{s_u{}^2 = a^2 s_x{}^2}$

解 (1) $\overline{u} = 5\overline{x} + 10 = 5 \times 8 + 10 = \mathbf{50}$

$s_u{}^2 = 5^2 s_x{}^2 = 25 \times 2 = \mathbf{50}$

(2)
$$s_{xy} = \frac{1}{5}\{(6-8)(3-6) + (8-8)(9-6) + (7-8)(5-6) + (10-8)(7-6) + (9-8)(6-6)\}$$
$$= 1.8$$

$\leftarrow s_{xy} = \dfrac{1}{n}\{(x_1 - \overline{x})(y_1 - \overline{y}) + (x_2 - \overline{x})(y_2 - \overline{y}) + \cdots\cdots + (x_n - \overline{x})(y_n - \overline{y})$

$$s_{uy} = \frac{1}{5}\{(40-50)(3-6) + (50-50)(9-6) + (45-50)(5-6) + (60-50)(7-6) + (55-50)(6-6)\}$$
$$= \frac{45}{5} = 9$$

次に，相関係数 r_{xy} は

$$r_{xy} = \frac{s_{xy}}{s_x s_y} = \frac{1.8}{\sqrt{2} \times 2} = \frac{9\sqrt{2}}{20}$$

相関係数 r_{uy} は

$$r_{uy} = \frac{s_{uy}}{s_u s_y} = \frac{9}{\sqrt{50} \times 2} = \frac{9\sqrt{2}}{20}$$

であるから，**共分散 s_{uy} は s_{xy} の5倍になるが，相関係数 r_{uy} は r_{xy} と変わらない。**

別解 $u - \overline{u} = 5x + 10 - (5\overline{x} + 10) = 5(x - \overline{x})$ であるから

$$s_{uy} = \frac{1}{5}\{5(6-8)(3-6) + 5(8-8)(9-6) + 5(7-8)(5-6) + 5(10-8)(7-6) + 5(9-8)(6-6)\}$$
$$= 5s_{xy} = 5 \times 1.8 = 9$$

次に，相関係数 r_{uy} は

$$r_{uy} = \frac{s_{uy}}{s_u s_y} = \frac{5s_{xy}}{5s_x s_y} = \frac{s_{xy}}{s_x s_y} = r_{xy} = \frac{9\sqrt{2}}{20}$$

であるから，**共分散 s_{uy} は s_{xy} の5倍になるが，相関係数 r_{uy} は r_{xy} と変わらない。**

247 下の表は，生徒 4 人が受けたテストの物理の得点 x（点）と化学の得点 y（点）をまとめたものである。ここで，物理の得点 x を 10 倍して 20 点を加えた点数を u とする。すなわち，

$u=10x+20$

とする。

生徒	①	②	③	④	平均値	分散
x	6	6	10	6	7	3
y	7	5	5	7	6	1
$u=10x+20$	80	80	120	80		

(1) 変量 u の平均値 $\overline{u}$ と分散 $s_u{}^2$ を求めよ。

(2) 変量 x と変量 y の共分散 s_{xy} と相関係数 r_{xy}，変量 u と変量 y の共分散 s_{uy} と相関係数 r_{uy} の値を求めて比較せよ。

248 変量 x と変量 y の平均値，標準偏差，共分散，相関係数が下の表のようである。このとき，変量 $3x+2$ を u とする。x，y，u の平均値をそれぞれ $\overline{x}$，$\overline{y}$，$\overline{u}$，標準偏差をそれぞれ s_x，s_y，s_u とし，x と y の共分散を s_{xy}，相関係数を r_{xy}，u と y の共分散を s_{uy}，相関係数を r_{uy} とするとき，次の問いに答えよ。

変量	x	y
平均値	5	4
標準偏差	2	3
共分散	1.8	
相関係数	0.3	

(1) $\overline{u}$，s_u を求めよ。

(2) s_{uy}，r_{uy} を求めよ。

5 章 データの分析

JUMP 51 右の 2 つの変量 x，y について，

$u=3x+1$，$v=5y+2$

で定まる変量 u，v を考える。u，v の共分散 s_{uv} を x，y の共分散 s_{xy} で表せ。

x	y	$u=3x+1$	$v=5y+2$
x_1	y_1	u_1	v_1
x_2	y_2	u_2	v_2
x_3	y_3	u_3	v_3

1 次のデータは，20 個の充電電池の一定の基準を満たす使用可能回数をテストしたものである。次の問いに答えよ。

（回）

504	492	483	514	516
510	497	503	516	498
510	508	506	505	501
503	497	498	517	495

(1) データの値を小さい順に並べ，中央値を求めよ。

(2) 使用回数の度数分布表，相対度数分布表を作成せよ。

階級(回) 以上～未満	階級値 (回)	度数 (個)	相対度数
483～490			
490～497			
497～504			
504～511			
511～518			
合計			

(3) (2)の度数分布表より，最頻値を求めよ。

(4) 最大値，最小値および四分位数を求めよ。

(5) 範囲と四分位範囲を求めよ。

(6) 使用回数のデータについて，箱ひげ図を作成せよ。

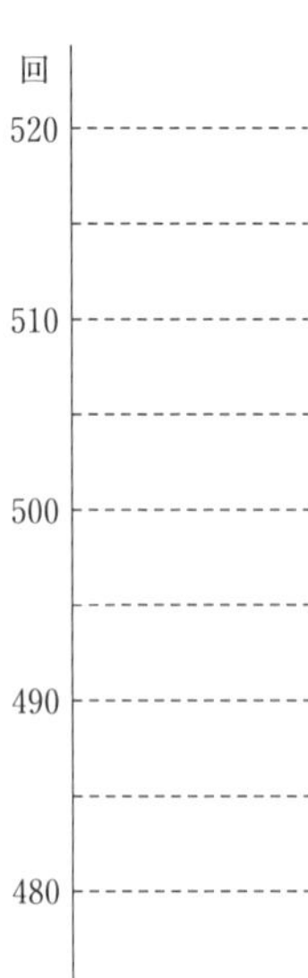

2 次のデータは，ある工場で作られた電球の耐用時間をテストしたものである。分散 s^2 と標準偏差 s を求めよ。

76，68，80，72，74（単位：百時間）

3 大きさが 8 の次のデータの分散 s^2 を公式

$$s^2 = \frac{1}{n}(x_1{}^2 + x_2{}^2 + \cdots + x_n{}^2) - (\overline{x})^2$$

を用いて求めよ。

3，6，2，7，3，8，6，5

4 大きさが 11 の小さい順に並んだ次のデータにおいて，外れ値を求めよ。

14，21，23，23，24，26，27，27，29，40，51

5 次の資料は，ある自動販売機で売れる清涼飲料水の本数と気温の関係を調査したものである。気温（℃）を x，本数を y として，x と y の相関係数 r を求めよ。ただし，小数第 3 位を四捨五入せよ。

気温(℃)	10	15	20	25	30
本数	34	36	30	52	48

	x_k	y_k	$x_k - \overline{x}$	$y_k - \overline{y}$	$(x_k - \overline{x})^2$	$(y_k - \overline{y})^2$	$(x_k - \overline{x})(y_k - \overline{y})$
1							
2							
3							
4							
5							
合計							

こたえ

▶第1章◀　数と式

1　(1)　次数は 4，係数は $4a^2b^3$

(2)　次数は 1，係数は $-x^2y^5$

2　(1)　$3x^2-2x+1$

(2)　$(b+c)a^2+(b^2+bc+c^2)a$

3　(1)　$-5x^2+4x-2$　(2)　$-7x^2+4x+6$

4　(1)　次数は 5，係数は $-5a^3c^2$

(2)　次数は 2，係数は $-\frac{3}{2}a^3by^4$

5　(1)　$3x^2-3x-4$　(2)　$-x^2+6x-9$

6　(1)　$6x^2-5x-6$　(2)　$14x^2-13x-13$

7　(1)　$2x^2+(y+1)x+(-3y^2+2y-5)$

x の 1 次の項の係数は $y+1$，

定数項は $-3y^2+2y-5$

(2)　$(y+1)x^2+(yz-y+z)x-2yz$

x の 1 次の項の係数は $yz-y+z$，定数項は $-2yz$

8　(1)　$-2x^2-6x$　(2)　$8x^2-6x+11$

JUMP 1　$3x^2-6xy-2y^2$

9　(1)　a^5b^7　(2)　$-8x^8y^{13}$

10　(1)　$2x^3y+4x^2y^2+6xy^3$　(2)　$4x^3-x+12$

11　(1)　$15a^{11}$　(2)　a^{17}　(3)　$72x^8$

(4)　$-4x^6y^4$

12　(1)　$12x^4+8x^3-4x^2$

(2)　$6x^3-10x^2+9x-15$

(3)　$4x^3-17x^2+8x-16$

13　(1)　a^4b^6　(2)　$-4a^{10}b^5$

(3)　$-72x^7y^8$　(4)　$4x^9y^{11}z^7$

14　(1)　$-x^3y-2x^2y^2+3xy^3$

(2)　$3x^3-2x^2+x+12$　(3)　$8x^3-y^3$

JUMP 2　(1)　$4x^4-5x^3y+8x^2y^2+5xy^3+6y^4$

(2)　$a^3+b^3+c^3-3abc$

15　(1)　$4x^2+4x+1$　(2)　$4x^2+28xy+49y^2$

(3)　$9x^2-12x+4$　(4)　$81x^2-72xy+16y^2$

(5)　x^2-25　(6)　$9x^2-49y^2$

(7)　$x^2+4x-12$　(8)　$x^2-3xy-18y^2$

(9)　$6x^2+7x+2$　(10)　$8x^2+6xy-9y^2$

16　(1)　$16x^2+8x+1$　(2)　$a^2-4ab+4b^2$

(3)　x^2-16　(4)　$4a^2-b^2$　(5)　$x^2-3x-28$

(6)　$a^2+ab-20b^2$　(7)　$8x^2-14x+5$

17　(1)　$x^2y^2+4xy+4$　(2)　$9a^2b^2-42ab+49$

(3)　$9x^2y^2-4$　(4)　$16a^2-b^2c^2$

(5)　$x^2-11xy+24y^2$　(6)　$x^2y^2-3xy-40$

(7)　$12a^2-ab-20b^2$

JUMP 3　(1)　$-14x^2-12xy$　(2)　x^4-13x^2+36

18　(1)　$a^2+b^2+4c^2+2ab+4bc+4ca$

(2)　$a^2+2ab+b^2-1$

(3)　$x^2+4xy+4y^2+2x+4y-8$

(4)　x^4-18x^2+81

19　(1)　$a^2+b^2+c^2-2ab+2bc-2ca$

(2)　$a^2+2ab+b^2-4a-4b+4$

(3)　$4x^2+12xy+9y^2-4$

(4)　x^4-16y^4

(5)　$16x^4-8x^2+1$

20　(1)　$4a^2+b^2+9c^2-4ab-6bc+12ca$

(2)　$4a^2-b^2+12a+9$

(3)　$x^2-6y^2+z^2+xy-yz-2zx$

(4)　x^4-256

(5)　$81a^4-72a^2b^2+16b^4$

JUMP 4　(1)　x^8-y^8

(2)　$x^4+10x^3+35x^2+50x+24$

21　(1)　$3a(b+4c)$　(2)　$2ab(ab+2b+3)$

(3)　$(2a+b)(x+y)$　(4)　$(a-2)(b+c)$

(5)　$(x+3)^2$　(6)　$(x-4y)^2$　(7)　$(x+9)(x-9)$

(8)　$(7x+3y)(7x-3y)$

22　(1)　$2a^2bc(ab+3c)$　(2)　$(2a-3b)(x-y)$

(3)　$(a-3)(x+3)(x-3)$　(4)　$(7x-1)^2$

(5)　$(5x+2y)^2$　(6)　$(a+4b)(a-4b)$

23　(1)　$3xyz(x-2y-3z)$

(2)　$(a+b)(a-b)(x+1)(x-1)$

(3)　$(2a-b-c)(x^2+16y^2)$　(4)　$(2x+1)^2$

(5)　$(3x-4y)^2$　(6)　$(7xy+6z)(7xy-6z)$

JUMP 5　(1)　$(a+1)(b+1)$　(2)　$\left(x+\frac{3}{2}\right)^2$

24　(1)　$(x+4)(x+5)$　(2)　$(x-3y)(x-9y)$

(3)　$(x+1)(2x+1)$　(4)　$(x-3)(3x-4)$

(5)　$(x+3y)(5x+3y)$　(6)　$(2x-3y)(2x+5y)$

25　(1)　$(x+2)(x-8)$　(2)　$(x+3y)(x-11y)$

(3)　$(x+2)(3x+1)$　(4)　$(x-1)(2x+7)$

(5)　$(x-2)(4x-1)$　(6)　$(x+2y)(6x-5y)$

(7)　$(2x+y)(4x-9y)$

26　(1)　$(x+2)(x-12)$　(2)　$(x+10y)(x-4y)$

(3)　$(3x-2)(3x-4)$　(4)　$(2x+1)(3x-7)$

(5)　$(4x+3)(6x-5)$　(6)　$(3a-2b)(4a+5b)$

(7)　$(4a-3b)(5a-8b)$

JUMP 6　(1)　$2xy(x+3y)(3x-2y)$

(2)　$(a+b)(b+c)(c+a)$

27　(1)　$(x-2y-2)(x-2y-3)$

(2)　$(2x+3y)(2x+3y-3)$

(3)　$(x+3)(x-3)(x^2+3)$

(4)　$(x+3)(x-2)(x^2+x+2)$

28　(1)　$(x+3)(x+6)$

(2)　$(x-y+8)(x-y-6)$

(3)　$(x^2+1)(x^2+5)$

(4)　$(x+3)(x-3)(x^2+9)$

(5)　$(x+3)(x-2)(x^2+x-3)$

29　(1)　$(2a+b-2)(6a+3b+4)$

(2)　$(2x+6y-5)(3x+9y+2)$

(3)　$(x+2)(x-2)(x+3)(x-3)$

(4)　$(2x+1)(2x-1)(4x^2+1)$

(5)　$(x+1)(x-3)(x+2)(x-4)$

JUMP 7　(1)　$(x+2)(x-3)(x^2-x-8)$

(2)　$(x^2+x+1)(x^2-x+1)$

30 (1) $(a+2c)(a+b-2c)$　(2) $(a+b)(a+b+2c)$
(3) $(x+y+1)(x+y+2)$
(4) $(x+y-3)(x+3y+2)$

31 (1) $(2a-b)(2a-b+c)$　(2) $(x+2)(x+y-2)$
(3) $(x+y+2)(x+y+5)$
(4) $(x+y-3)(3x+y+2)$

32 (1) $(b-c)(a+b-3c)$　(2) $(x+2)(x-2)(y-1)$
(3) $(x+y-1)(2x+3y-2)$
(4) $(x-2y+1)(3x+3y+2)$

JUMP 8 (1) $(x+y)(x-y)(y-z)$
(2) $(x-z^2)(x^2-xz^2+y)$

33 (1) x^3+3x^2+3x+1　(2) x^3+1

34 (1) $(3x+y)(9x^2-3xy+y^2)$
(2) $(2x-5)(4x^2+10x+25)$

35 (1) $x^3+9x^2+27x+27$　(2) $8x^3-12x^2+6x-1$
(3) $8x^3+1$　(4) x^3-64y^3

36 (1) $(x+1)(x^2-x+1)$
(2) $(3x-4y)(9x^2+12xy+16y^2)$

37 (1) $8x^3-36x^2y+54xy^2-27y^3$
(2) $x^3y^3+12x^2y^2+48xy+64$　(3) $27x^3-125y^3$
(4) $x^3y^3+z^3$

38 (1) $xy(x+y)(x^2-xy+y^2)$
(2) $3(2x-y)(4x^2+2xy+y^2)$

JUMP 9 (1) $x^6-3x^4+3x^2-1$　(2) x^6-64

まとめの問題　数と式①

1 (1) $2x^3+5yx^2+(4y-6)x+(y^2-1)$,
x の 1 次の項の係数は $4y-6$，定数項は y^2-1
(2) $y^2+(5x^2+4x)y+(2x^3-6x-1)$,
y の 1 次の項の係数は $5x^2+4x$,
定数項は $2x^3-6x-1$

2 (1) $18a^8b^7$　(2) $-4x^{10}y^{19}$

3 (1) $2x^3y+6x^2y^2+8xy^3$　(2) x^4-1
(3) $a^2x^2+2abxy+b^2y^2$　(4) a^2b^2-1
(5) $12a^2+ab-63b^2$
(6) $4a^2+b^2+c^2+4ab-2bc-4ca$
(7) $x^2-y^2+z^2+2xz$
(8) $81a^4-18a^2b^2c^2+b^4c^4$

4 (1) $x(x-4)$　(2) $(a+b)(a-b)(2x-3y)$
(3) $(x-6y)^2$　(4) $(x+2)(4x-3)$
(5) $(4x+3y)(9x-8y)$
(6) $(a-b+2)(a-b+5)$
(7) $(x+2)(x-2)(x^2+3)$
(8) $(x+y)(xz-yz+1)$
(9) $(x+2y+1)(2x+2y-3)$

5 $64x^3-144x^2y+108xy^2-27y^3$

6 $2(x-3y)(x^2+3xy+9y^2)$

39 (1) 3　(2) $\sqrt{7}-\sqrt{6}$　(3) $\sqrt{6}-2$

40 (1) $\pm\sqrt{3}$　(2) 8　(3) 2

41 (1) $0.2\dot{6}$　(2) $0.\dot{1}8\dot{9}$　(3) $5.\dot{2}8571\dot{4}$

42 (1) $\sqrt{9}$, $\dfrac{16}{4}$
(2) 0, $\sqrt{9}$, -2, $\dfrac{16}{4}$
(3) 0, $-\dfrac{1}{3}$, 3.14, $\sqrt{9}$, -2, 0.333…, $\dfrac{16}{4}$
(4) $\sqrt{5}$, π

43 (1) $\dfrac{20}{3}$　(2) $3-\sqrt{5}$　(3) $3-2\sqrt{2}$

44 (1) ±7　(2) $\pm\dfrac{1}{3}$　(3) -10　(4) $\dfrac{1}{8}$

JUMP 10 (1) 12　(2) 9　(3) $5-\sqrt{3}$

45 (1) $2\sqrt{7}$　(2) $3\sqrt{7}$　(3) $\sqrt{6}$
(4) $7\sqrt{2}$　(5) $-3\sqrt{2}+3\sqrt{5}$　(6) $14+10\sqrt{3}$
(7) $7+2\sqrt{10}$　(8) 3

46 (1) 18　(2) $2\sqrt{3}$　(3) $3\sqrt{5}$
(4) $13+2\sqrt{30}$　(5) 5

47 (1) $6\sqrt{5}$　(2) $-14\sqrt{3}+18\sqrt{6}$
(3) $30-12\sqrt{6}$　(4) 69　(5) $\sqrt{2}-5\sqrt{30}$

JUMP 11 (1) $2\sqrt{10}$　(2) $-4\sqrt{2}-4\sqrt{6}$

48 (1) $\sqrt{2}$　(2) $\dfrac{\sqrt{15}}{6}$　(3) $\dfrac{\sqrt{15}+\sqrt{6}}{3}$

49 (1) $\dfrac{\sqrt{5}-\sqrt{2}}{3}$　(2) $\sqrt{6}-\sqrt{2}$　(3) $4+\sqrt{15}$

50 (1) $\dfrac{4\sqrt{6}}{9}$　(2) $\dfrac{\sqrt{7}+\sqrt{3}}{2}$　(3) $-5+2\sqrt{6}$
(4) $5-3\sqrt{3}$

51 (1) $2\sqrt{6}$　(2) $2\sqrt{3}$　(3) $13-2\sqrt{42}$

JUMP 12 $\dfrac{2\sqrt{3}+3\sqrt{2}-\sqrt{30}}{12}$

52 (1) 4　(2) 1　(3) 14

53 (1) $\sqrt{7}+\sqrt{2}$　(2) $\sqrt{7}-1$　(3) $\dfrac{\sqrt{14}+\sqrt{2}}{2}$

54 (1) 10　(2) 1　(3) 98　(4) 970　(5) 98

55 (1) $\sqrt{7}+\sqrt{3}$　(2) $2+\sqrt{3}$　(3) $3-\sqrt{6}$
(4) $2\sqrt{2}-\sqrt{3}$　(5) $\dfrac{\sqrt{14}-\sqrt{10}}{2}$

JUMP 13 (1) 12　(2) $16\sqrt{5}$　(3) 112
(4) $160\sqrt{5}$

56 (1) $-\dfrac{a}{4}<-\dfrac{b}{4}$　(2) $2a+5>2b+5$

57 (1) $x\geqq3$　(2) $x\geqq4$　(3) $x<5$
(4) $x>-\dfrac{10}{3}$

58 (1) $x+6<3x$　(2) $70x+300\geqq1000$

59 (1) $\dfrac{3}{2}a\leqq\dfrac{3}{2}b$　(2) $-2a-7\geqq-2b-7$

60 (1) $x>1$　(2) $x\geqq-1$　(3) $x\leqq-4$

61 (1) $x>2$　(2) $x>0$　(3) $x\geqq2$
(4) $x<-\dfrac{5}{2}$　(5) $x\geqq\dfrac{10}{3}$

JUMP 14 1, 2, 3, 4, 5, 6, 7

62 $3<x<5$

63 $2<x<5$

64 (1) $-5<x\leqq2$　(2) $x\leqq-\dfrac{10}{3}$

65 50 円のお菓子を 7 個，80 円のお菓子を 8 個

66 (1) $1\leqq x\leqq\dfrac{12}{5}$　(2) $x\geqq3$

67 $8\leqq x\leqq\frac{55}{4}$

JUMP 15　$-1<a<2$

まとめの問題　数と式②

1 (1)　2.5　(2)　$\sqrt{3}-1$

2 (1)　42　(2)　$3\sqrt{2}$　(3)　$12\sqrt{2}$

(4)　$9-6\sqrt{2}$　(5)　$-2-2\sqrt{5}$

3 (1)　$\frac{3\sqrt{6}}{2}$　(2)　$\frac{\sqrt{6}+\sqrt{3}}{3}$

4 (1)　$7+4\sqrt{3}$　(2)　7

5 (1)　$x>-1$　(2)　$x>\frac{1}{11}$

6 (1)　$-3<x\leqq\frac{1}{5}$　(2)　$x\leqq\frac{1}{2}$

7 $2<x<7$

8 (1)　$x+y=2,\ xy=\frac{1}{2}$　(2)　3　(3)　5

▶第2章◀　集合と論証

68 (1)　$A\cup B=\{1,\ 2,\ 5,\ 7,\ 8,\ 10\}$

(2)　$A\cap B=\{5,\ 8\}$

69 (1)　$A\cup B=\{1,\ 2,\ 3,\ 4,\ 6,\ 8,\ 10,\ 12\}$

(2)　$A\cap B=\{2,\ 4,\ 6,\ 12\}$

(3)　$\overline{A\cup B}=\{5,\ 7,\ 9,\ 11\}$

(4)　$\overline{A}\cap\overline{B}=\{5,\ 7,\ 9,\ 11\}$

70 (1)　$A=\{2,\ 3,\ 5,\ 7,\ 11,\ 13,\ 17\}$

$B=\{1,\ 4,\ 7,\ 10,\ 13,\ 16\}$

$C=\{1,\ 2,\ 3,\ 6,\ 9,\ 18\}$

(2)　①　$A\cup B=\{1,\ 2,\ 3,\ 4,\ 5,\ 7,\ 10,\ 11,\ 13,\ 16,\ 17\}$

②　$A\cap B=\{7,\ 13\}$

③　$\overline{A}\cap\overline{C}=\{4,\ 8,\ 10,\ 12,\ 14,\ 15,\ 16\}$

④　$\overline{A}\cup\overline{B}=\{1,\ 2,\ 3,\ 4,\ 5,\ 6,\ 8,\ 9,\ 10,\ 11,\ 12,\ 14,\ 15,\ 16,\ 17,\ 18\}$

71 (1)　$A\cap B=\{x\mid 2<x\leqq 4,\ x$ は実数$\}$

(2)　$A\cup B=\{x\mid -1\leqq x<7,\ x$ は実数$\}$

72 (1)　$A\cap B=\{12\}$

(2)　$A\cup B=\{4,\ 6,\ 8,\ 12,\ 16,\ 18,\ 20\}$

(3)　$\overline{A}=\{1,\ 2,\ 3,\ 5,\ 6,\ 7,\ 9,\ 10,\ 11,\ 13,\ 14,\ 15,\ 17,\ 18,\ 19\}$

(4)　$A\cap\overline{B}=\{4,\ 8,\ 16,\ 20\}$

JUMP 16　$a=2,\ A\cup B=\{-4,\ 2,\ 4,\ 5\}$

73 (1)　十分条件　(2)　必要条件

74 (1)　$x<2$ または $y\geqq 0$

(2)　m は偶数 かつ 3 の倍数でない

75 (1)　真　(2)　偽，反例は $x=-2$

(3)　真

76 (1)　$x<1$ かつ $y\geqq 3$

(2)　$x\leqq 0$ または $x+y\leqq 0$

(3)　$x,\ y$ のうち少なくとも一方は 0 以下

77 (1)　①　(2)　④　(3)　③　(4)　②　(5)　①

JUMP 17　必要条件

78 命題「$x>1\Longrightarrow x>0$」は真

逆「$x>0\Longrightarrow x>1$」…偽

裏「$x\leqq 1\Longrightarrow x\leqq 0$」…偽

対偶「$x\leqq 0\Longrightarrow x\leqq 1$」…真

79 略

80 命題「n は偶数 $\Longrightarrow$ n は 4 の倍数」は偽

逆「n は 4 の倍数 $\Longrightarrow$ n は偶数」…真

裏「n は奇数 $\Longrightarrow$ n は 4 の倍数でない」…真

対偶「n は 4 の倍数でない $\Longrightarrow$ n は奇数」…偽

81 命題「$x=1$ かつ $y=1\Longrightarrow x+y=2$」は真

逆「$x+y=2\Longrightarrow x=1$ かつ $y=1$」…偽

裏「$x\neq 1$ または $y\neq 1\Longrightarrow x+y\neq 2$」…偽

対偶「$x+y\neq 2\Longrightarrow x\neq 1$ または $y\neq 1$」…真

82，83 略

JUMP 18　略

まとめの問題　集合と論証

1 (1)　$C=\{1,\ 2,\ 3,\ 4,\ 5,\ 6,\ 10,\ 12,\ 15,\ 20,\ 30\}$

$D=\{2,\ 3,\ 5,\ 7,\ 11,\ 13,\ 17,\ 19,\ 23,\ 29\}$

(2)　①　$A\cap\overline{B}=\{6,\ 12,\ 18,\ 24,\ 30\}$

②　$A\cup\overline{B}=\{2,\ 3,\ 4,\ 6,\ 8,\ 9,\ 10,\ 12,\ 14,\ 15,\ 16,\ 18,\ 20,\ 21,\ 22,\ 24,\ 26,\ 27,\ 28,\ 30\}$

③　$\overline{A}\cap B=\{1,\ 5,\ 7,\ 11,\ 13,\ 17,\ 19,\ 23,\ 25,\ 29\}$

④　$C\cap\overline{D}(=\overline{D}\cap C)=\{1,\ 4,\ 6,\ 10,\ 12,\ 15,\ 20,\ 30\}$

2 $\varnothing$，$\{1\}$，$\{3\}$，$\{5\}$，$\{9\}$，$\{1,\ 3\}$，$\{1,\ 5\}$，$\{1,\ 9\}$，$\{3,\ 5\}$，$\{3,\ 9\}$，$\{5,\ 9\}$，$\{1,\ 3,\ 5\}$，$\{1,\ 3,\ 9\}$，$\{1,\ 5,\ 9\}$，$\{3,\ 5,\ 9\}$，$\{1,\ 3,\ 5,\ 9\}$

3 (1)　③　(2)　④　(3)　①　(4)　②

4 (1)　$x+y<5$　(2)　$x\neq 0$ または $y=1$

(3)　$x<2$ かつ $y\geqq -3$

(4)　$m,\ n$ はともに 5 の倍数でない

5 命題「n は 3 の倍数 $\Longrightarrow$ n は 6 の倍数」は偽

逆「n は 6 の倍数 $\Longrightarrow$ n は 3 の倍数」…真

裏「n は 3 の倍数でない $\Longrightarrow$ n は 6 の倍数でない」…真

対偶「n は 6 の倍数でない $\Longrightarrow$ n は 3 の倍数でない」…偽

6 略

▶第3章◀　2 次関数

84 (1)　8　(2)　14　(3)　a^2-a+8

85 値域は $-1\leqq y\leqq 11$，$x=3$ のとき最大値 11，$x=-3$ のとき最小値 -1

86 (1)　-7　(2)　38　(3)　5　(4)　a^2-8a+5

87 値域は $-19\leqq y\leqq 13$，$x=5$ のとき最大値 13，$x=-3$ のとき最小値 -19

88 (1)　1　(2)　-29　(3)　$-a^2-3a-1$

(4)　$-a^2+a+1$

89 値域は $-12\leqq y\leqq 4$，$x=-6$ のとき最大値 4，$x=2$ のとき最小値 -12

JUMP 19　$a=2,\ b=0$ または $a=-2,\ b=4$

90 (1)　軸…y 軸，頂点 $(0,\ -1)$，グラフ略

(2)　軸…直線 $x=2$，頂点 $(2,\ 0)$，グラフ略

(3)　軸…y 軸，頂点 $(0,\ 5)$，グラフ略

(4)　軸…直線 $x=-3$，頂点 $(-3,\ 0)$，グラフ略

91 (1)　軸…y 軸，頂点 $(0,\ 2)$，グラフ略

(2)　軸…直線 $x=4$，頂点 $(4,\ 0)$，グラフ略

92 (1)　軸…y 軸，頂点 $(0,\ -2)$，グラフ略

(2)　軸…直線 $x=5$，頂点 $(5,\ 0)$，グラフ略

93 (1) 軸…y 軸，頂点 $(0,\ -2)$，グラフ略
(2) 軸…直線 $x=-2$，頂点 $(-2,\ 0)$，グラフ略
94 (1) 軸…y 軸，頂点 $(0,\ -4)$，グラフ略
(2) 軸…直線 $x=4$，頂点 $(4,\ 0)$，グラフ略
JUMP 20　$y=-2(x-10)^2$
95 (1) 軸…直線 $x=-1$，頂点 $(-1,\ 2)$，グラフ略
(2) 軸…直線 $x=2$，頂点 $(2,\ -1)$，グラフ略
96 (1) 軸…直線 $x=2$，頂点 $(2,\ 1)$，グラフ略
(2) 軸…直線 $x=-2$，頂点 $(-2,\ -4)$，グラフ略
97 (1) 軸…直線 $x=1$，頂点 $(1,\ 4)$，グラフ略
(2) 軸…直線 $x=-3$，頂点 $(-3,\ -2)$，グラフ略
(3) 軸…直線 $x=1$，頂点 $(1,\ 2)$，グラフ略
98 (1) 軸…直線 $x=1$，頂点 $(1,\ 4)$，グラフ略
(2) 軸…直線 $x=3$，頂点 $(3,\ 8)$，グラフ略
(3) 軸…直線 $x=-1$，頂点 $(-1,\ 3)$，グラフ略
JUMP 21　$q=27$
99 (1) $y=(x+1)^2+3$
(2) $y=-3(x-2)^2+13$
100 軸…直線 $x=1$，頂点 $(1,\ 3)$，グラフ略
101 (1) $y=(x-2)^2+1$
(2) $y=-2(x-1)^2+3$
102 軸…直線 $x=1$，頂点 $(1,\ -2)$，グラフ略
103 (1) $y=\left(x+\frac{3}{2}\right)^2-\frac{1}{4}$
(2) $y=-2\left(x-\frac{3}{2}\right)^2+\frac{7}{2}$
104 軸… $x=2$，頂点 $(2,\ 3)$，グラフ略
JUMP 22　$a=-6$，$b=7$
105 最大値 7，最小値はない
106 最小値 -1，最大値はない
107 (1) 最小値 4，　最大値はない
(2) 最小値 1，最大値はない
(3) 最小値 -3，最大値はない
108 (1) 最大値 2，最小値はない
(2) 最大値 $-\frac{11}{4}$，最小値はない
(3) 最大値 1，最小値はない
JUMP 23　$c=1$
109 最大値 8，最小値 0
110 最大値 2，最小値 -1
111 (1) 最大値 7，最小値 -2
(2) 最大値 18，最小値 10
112 (1) 最大値 8，最小値 -1
(2) 最大値 8，最小値 0
113 (1) 最大値 0，最小値 -3
(2) 最大値 5，最小値 -3
114 $3\sqrt{2}$
JUMP 24　$0<a<2$ のとき a^2-4a，$2\leqq a$ のとき -4
115 $y=2(x-2)^2+1$
116 $y=-3(x-4)^2+10$
117 $y=3(x-1)^2+3$
118 $y=-2(x-2)^2+8$
119 $y=-(x-2)^2+4$
120 $y=\frac{1}{2}(x+2)^2-3$
121 $y=-\frac{1}{3}(x+1)^2+\frac{22}{3}$
JUMP 25　$a=4$，$b=-3$ または $a=-8$，$b=21$
122 $y=x^2-3x+2$
123 $y=2x^2+3x-1$
124 $y=-2x^2+4x+3$
125 $a=2$，$b=3$，$c=3$
126 $y=x^2-2x-1$
127 $y=-x^2+2x+5$
JUMP 26　$y=(x-3)^2$，$y=\frac{1}{9}(x+1)^2$

まとめの問題　2 次関数①

1 (1) 軸…y 軸，頂点 $(0,\ 9)$，グラフ略
(2) 軸…直線 $x=-1$，頂点 $(-1,\ 2)$，グラフ略
(3) 軸…直線 $x=3$，頂点 $(3,\ -1)$，グラフ略
(4) 軸…直線 $x=1$，頂点 $\left(1,\ \frac{1}{2}\right)$，グラフ略
2 (1) 最小値 -2，最大値はない
(2) 最小値 $\frac{31}{8}$，最大値はない
3 (1) 最大値 1，最小値 -3
(2) 最大値 2，最小値 -6
4 $\frac{5}{2}(=2.5)$ m
5 (1) $y=(x-2)^2-3$　(2) $y=-(x-2)^2+3$
(3) $y=2x^2+4x+1$
128 (1) $x=-4,\ 3$　(2) $x=2,\ 3$　(3) $x=0,\ -3$
129 (1) $x=\frac{-3\pm\sqrt{5}}{2}$　(2) $x=\frac{1\pm\sqrt{13}}{6}$
(3) $x=-1\pm\sqrt{2}$
130 (1) $x=2,\ 1$　(2) $x=-2,\ 2$　(3) $x=-3$
(4) $x=-1,\ -\frac{1}{2}$　(5) $x=-\frac{1}{2},\ \frac{4}{3}$
131 (1) $x=\frac{5\pm\sqrt{17}}{2}$　(2) $x=\frac{-9\pm\sqrt{41}}{4}$
(3) $x=2\pm\sqrt{3}$　(4) $x=\frac{-3\pm2\sqrt{3}}{3}$
(5) $x=\frac{4\pm\sqrt{10}}{2}$
JUMP 27　(1) $x=-a,\ -2a$　(2) $x=-a,\ 1$
132 (1) 2 個　(2) 1 個　(3) 0 個
133 $m=-4,\ 4$
$m=-4$ のとき $x=1$
$m=4$ のとき $x=-3$
134 (1) 2 個　(2) 1 個　(3) 0 個
135 $m<\frac{9}{8}$
136 (1) 2 個　(2) 0 個　(3) 1 個
137 $m\leqq\frac{1}{3}$
JUMP 28　$-\frac{9}{8}\leqq m\leqq\frac{5}{2}$
138 (1) $-6,\ 2$　(2) 3
139 (1) 2 個　(2) 0 個
140 (1) $-3,\ 5$　(2) $-4,\ 4$　(3) $\frac{2}{3}$

(4) $\frac{-3+\sqrt{17}}{2}$, $\frac{-3-\sqrt{17}}{2}$

141 (1) 2 個　(2) 1 個　(3) 2 個　(4) 0 個

JUMP 29 (1) $1+\sqrt{3}$, $1-\sqrt{3}$　(2) $2\sqrt{3}$

142 $m<\frac{2}{3}$

143 $(1,\ -2)$

144 $m=-3$

145 (1) $(1,\ -3)$, $(5,\ 5)$　(2) $(3,\ 5)$

146 (1) $m<3$　(2) $m=3$　(3) $m>3$

147 $m=2,\ 6$

JUMP 30 $m=2$

148 (1) $-3<x<1$　(2) $x<-4$, $-1<x$
(3) $x<-2$, $5<x$　(4) $0\leqq x\leqq 2$
(5) $\frac{5-\sqrt{13}}{6}<x<\frac{5+\sqrt{13}}{6}$　(6) $x<-1$, $3<x$

149 (1) $-3\leqq x\leqq 4$　(2) $x<-4$, $5<x$
(3) $x<-2$, $2<x$　(4) $\frac{1}{2}<x<2$
(5) $\frac{1-\sqrt{3}}{2}<x<\frac{1+\sqrt{3}}{2}$

150 (1) $-3<x<5$　(2) $x\leqq 0$, $1\leqq x$
(3) $-2<x<3$　(4) $-3\leqq x\leqq -\frac{1}{3}$
(5) $x\leqq\frac{-3-\sqrt{17}}{4}$, $\frac{-3+\sqrt{17}}{4}\leqq x$

JUMP 31 $a=-1$, $b=-2$

151 (1) $x=2$ 以外のすべての実数　(2) 解はない
(3) すべての実数　(4) 解はない
(5) すべての実数　(6) $x=\frac{1}{2}$

152 (1) $x=5$ 以外のすべての実数　(2) 解はない
(3) すべての実数　(4) 解はない

153 (1) $x=\sqrt{2}$ 以外のすべての実数
(2) すべての実数　(3) 解はない
(4) すべての実数

JUMP 32 $2-2\sqrt{3}\leqq k\leqq 2+2\sqrt{3}$

154 (1) $x\leqq 0$
(2) $-3\leqq x\leqq -2$, $1\leqq x\leqq 3$

155 (1) $x\leqq 2$, $4\leqq x<5$　(2) $1<x\leqq 2$, $3\leqq x<5$
(3) $4\leqq x\leqq 5$　(4) $1<x<2$

156 5 cm 以上 10 cm 未満

JUMP 33 $3<a\leqq 4$

まとめの問題　2 次関数②

1 (1) $x=-6,\ 3$　(2) $x=\frac{5\pm\sqrt{13}}{2}$

2 (1) 2 個　(2) 1 個

3 (1) $-5,\ 3$　(2) $0,\ 6$

4 (1) $m<-5-2\sqrt{3}$, $-5+2\sqrt{3}<m$
(2) $m=-5\pm 2\sqrt{3}$
(3) $-5-2\sqrt{3}<m<-5+2\sqrt{3}$

5 $m=\pm 1$

6 (1) $0\leqq x\leqq 6$　(2) 解はない
(3) $x<4-2\sqrt{2}$, $4+2\sqrt{2}<x$

7 (1) $-\frac{1}{3}<x\leqq\frac{5}{3}$　(2) $-1\leqq x<1$

8 4 m 以上 6 m 以下

▶第4章◀　図形と計量

157 $\sin A=\frac{3}{4}$, $\cos A=\frac{\sqrt{7}}{4}$, $\tan A=\frac{3}{\sqrt{7}}$

158 $\sin 45^\circ=\frac{1}{\sqrt{2}}$, $\cos 45^\circ=\frac{1}{\sqrt{2}}$, $\tan 45^\circ=1$

159 (1) $\sin A=\frac{3}{5}$, $\cos A=\frac{4}{5}$, $\tan A=\frac{3}{4}$
(2) $\sin A=\frac{3}{\sqrt{13}}$, $\cos A=\frac{2}{\sqrt{13}}$, $\tan A=\frac{3}{2}$

160 (1) $\sin A=\frac{1}{\sqrt{10}}$, $\cos A=\frac{3}{\sqrt{10}}$, $\tan A=\frac{1}{3}$
(2) $\sin A=\frac{8}{17}$, $\cos A=\frac{15}{17}$, $\tan A=\frac{8}{15}$

161 (1) $\sin A=\frac{1}{\sqrt{5}}$, $\cos A=\frac{2}{\sqrt{5}}$, $\tan A=\frac{1}{2}$
(2) $\sin A=\frac{1}{3}$, $\cos A=\frac{2\sqrt{2}}{3}$, $\tan A=\frac{1}{2\sqrt{2}}$
(3) $\sin A=\frac{2\sqrt{6}}{7}$, $\cos A=\frac{5}{7}$, $\tan A=\frac{2\sqrt{6}}{5}$

162

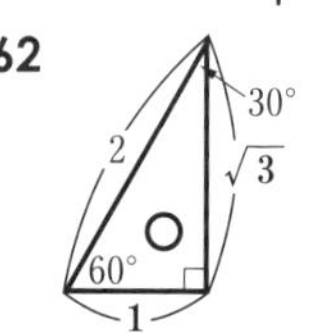

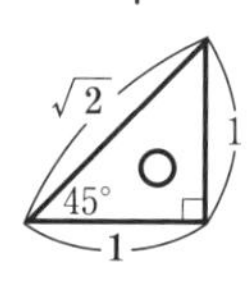

A	30°	45°	60°
$\sin A$	$\frac{1}{2}$	$\frac{1}{\sqrt{2}}$	$\frac{\sqrt{3}}{2}$
$\cos A$	$\frac{\sqrt{3}}{2}$	$\frac{1}{\sqrt{2}}$	$\frac{1}{2}$
$\tan A$	$\frac{1}{\sqrt{3}}$	1	$\sqrt{3}$

JUMP 34 $x=\sqrt{3}+1$, $\sin 15^\circ=\frac{\sqrt{6}-\sqrt{2}}{4}$

163 AC=5.4 m, BC=5.9 m

164 BC=14.3

165 (1) 0.4067　(2) 0.3907　(3) 0.2679

166 347 m

167 240.0 m

168 (1) 44　(2) 72　(3) 80

169 (1) $\sin A=\frac{2}{3}$, $\cos A=\frac{\sqrt{5}}{3}$　(2) 42°

170 $x=27.475$, $\angle\mathrm{BDC}\fallingdotseq 80^\circ$

JUMP 35 17.9 m

171 $\cos A=\frac{3}{5}$, $\tan A=\frac{4}{3}$

172 (1) $\cos 18^\circ$　(2) $\sin 31^\circ$

173 $\sin A=\frac{\sqrt{3}}{2}$, $\tan A=\sqrt{3}$

174 $\cos A=\frac{12}{13}$, $\tan A=\frac{5}{12}$

175 (1) 0.8192　(2) 0.5736

176 $\sin A=\dfrac{\sqrt{2}}{\sqrt{3}}$，$\cos A=\dfrac{1}{\sqrt{3}}$

177 $\sin A=\dfrac{1}{\sqrt{10}}$，$\cos A=\dfrac{3}{\sqrt{10}}$

JUMP 36 (1) 2　(2) 1

178

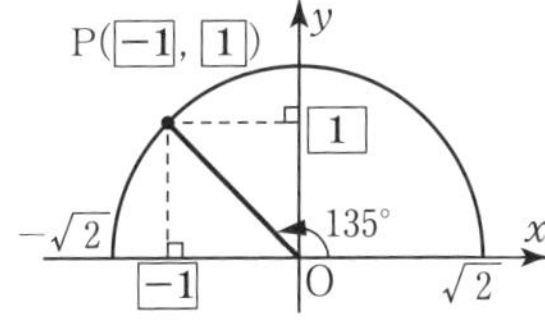

$\sin 135^\circ=\dfrac{1}{\sqrt{2}}$，$\cos 135^\circ=-\dfrac{1}{\sqrt{2}}$，$\tan 135^\circ=-1$

179 (1) $\sin 0^\circ=0$，$\cos 0^\circ=1$，$\tan 0^\circ=0$

(2) $\sin 180^\circ=0$，$\cos 180^\circ=-1$，$\tan 180^\circ=0$

180

θ	0°	90°	120°	135°	150°	180°
$\sin\theta$	0	1	$\dfrac{\sqrt{3}}{2}$	$\dfrac{1}{\sqrt{2}}$	$\dfrac{1}{2}$	0
$\cos\theta$	1	0	$-\dfrac{1}{2}$	$-\dfrac{1}{\sqrt{2}}$	$-\dfrac{\sqrt{3}}{2}$	-1
$\tan\theta$	0	／	$-\sqrt{3}$	-1	$-\dfrac{1}{\sqrt{3}}$	0

181 $\sin\theta=\dfrac{4}{5}$，$\cos\theta=-\dfrac{3}{5}$，$\tan\theta=-\dfrac{4}{3}$

182 $\sin\theta=\dfrac{1}{2}$，$\cos\theta=-\dfrac{\sqrt{3}}{2}$，$\tan\theta=-\dfrac{1}{\sqrt{3}}$

183 $\sin\theta=\dfrac{\sqrt{15}}{4}$，$\cos\theta=-\dfrac{1}{4}$，$\tan\theta=-\sqrt{15}$

JUMP 37 $\mathrm{P}\left(-\dfrac{2}{3},\ \dfrac{\sqrt{5}}{3}\right)$

184 $\sin 162^\circ=0.3090$，$\cos 162^\circ=-0.9511$，
$\tan 162^\circ=-0.3249$

185 $\sin 150^\circ=\dfrac{1}{2}$，$\cos 150^\circ=-\dfrac{\sqrt{3}}{2}$，$\tan 150^\circ=-\dfrac{1}{\sqrt{3}}$

186

θ	0°	鋭角	90°	鈍角	180°
$\sin\theta$	0	＋	1	＋	0
$\cos\theta$	1	＋	0	－	-1
$\tan\theta$	0	＋	／	－	0

187 (1) $\sin 157^\circ=0.3907$　(2) $\cos 169^\circ=-0.9816$

(3) $\tan 119^\circ=-1.8040$　(4) $\sin 120^\circ=\dfrac{\sqrt{3}}{2}$

(5) $\cos 120^\circ=-\dfrac{1}{2}$　(6) $\tan 120^\circ=-\sqrt{3}$

188 (1) $\mathrm{Q}(\cos 33^\circ,\ \sin 33^\circ)$

(2) $\mathrm{P}(-\cos 33^\circ,\ \sin 33^\circ)$

(3) $\cos 147^\circ=-\cos 33^\circ$，$\sin 147^\circ=\sin 33^\circ$

189 $\mathrm{P}(-0.9397,\ 0.3420)$

JUMP 38 (1) 0　(2) $\dfrac{\sqrt{2}+\sqrt{6}}{4}$

190 $\theta=45^\circ$

191 (1) $\theta=30^\circ$　(2) $\theta=0^\circ$，180°

192 $\theta=30^\circ$

193 (1) $\theta=90^\circ$　(2) $\theta=120^\circ$

194 $\theta=0^\circ$，180°

JUMP 39 $\theta=60^\circ$，120°

195 $\cos\theta=-\dfrac{3}{5}$，$\tan\theta=-\dfrac{4}{3}$

196 $\sin\theta=\dfrac{5}{13}$，$\tan\theta=-\dfrac{5}{12}$

197 (1) $\cos\theta=-\dfrac{\sqrt{7}}{4}$，$\tan\theta=-\dfrac{3}{\sqrt{7}}$

(2) $\sin\theta=\dfrac{15}{17}$，$\tan\theta=-\dfrac{15}{8}$

198 $\cos\theta=-\dfrac{1}{\sqrt{17}}$，$\sin\theta=\dfrac{4}{\sqrt{17}}$

199 $0^\circ\leqq\theta<90^\circ$ のとき $\cos\theta=\dfrac{\sqrt{21}}{5}$，$\tan\theta=\dfrac{2}{\sqrt{21}}$

$90^\circ\leqq\theta\leqq180^\circ$ のとき $\cos\theta=-\dfrac{\sqrt{21}}{5}$，

$\tan\theta=-\dfrac{2}{\sqrt{21}}$

JUMP 40 (1) $\dfrac{1}{2}$　(2) 0

まとめの問題　図形と計量①

1 (1) $\sin A=\dfrac{7}{25}$，$\cos A=\dfrac{24}{25}$，$\tan A=\dfrac{7}{24}$

$\sin B=\dfrac{24}{25}$，$\cos B=\dfrac{7}{25}$，$\tan B=\dfrac{24}{7}$

(2) $\sin A=\dfrac{1}{\sqrt{2}}$，$\cos A=\dfrac{1}{\sqrt{2}}$，$\tan A=1$

$\sin B=\dfrac{1}{\sqrt{2}}$，$\cos B=\dfrac{1}{\sqrt{2}}$，$\tan B=1$

2 (1) 0.1045　(2) 2.3559　(3) 56°

(4) 34°

3 (1) 4.2　(2) 9.1　(3) 1.8

4 (1) $\cos A=\dfrac{15}{17}$，$\tan A=\dfrac{8}{15}$

(2) $\sin A=\dfrac{\sqrt{11}}{6}$，$\tan A=\dfrac{\sqrt{11}}{5}$

(3) $\sin A=\dfrac{4}{\sqrt{17}}$，$\cos A=\dfrac{1}{\sqrt{17}}$

5 (1) $\cos 38^\circ$　(2) $\sin 11^\circ$　(3) 1　(4) $\dfrac{\sin A}{\cos A}$

6

θ	0°	30°	45°	60°	90°
$\sin\theta$	0	$\dfrac{1}{2}$	$\dfrac{1}{\sqrt{2}}$	$\dfrac{\sqrt{3}}{2}$	1
$\cos\theta$	1	$\dfrac{\sqrt{3}}{2}$	$\dfrac{1}{\sqrt{2}}$	$\dfrac{1}{2}$	0
$\tan\theta$	0	$\dfrac{1}{\sqrt{3}}$	1	$\sqrt{3}$	／

θ	120°	135°	150°	180°
$\sin\theta$	$\dfrac{\sqrt{3}}{2}$	$\dfrac{1}{\sqrt{2}}$	$\dfrac{1}{2}$	0
$\cos\theta$	$-\dfrac{1}{2}$	$-\dfrac{1}{\sqrt{2}}$	$-\dfrac{\sqrt{3}}{2}$	-1
$\tan\theta$	$-\sqrt{3}$	-1	$-\dfrac{1}{\sqrt{3}}$	0

7 (1) 0.5736　(2) -0.9945

8 $\theta=150^\circ$

9 (1) $\cos\theta=-\frac{8}{17}$, $\tan\theta=-\frac{15}{8}$

(2) $\cos\theta=-\frac{2}{\sqrt{11}}$, $\sin\theta=\frac{\sqrt{7}}{\sqrt{11}}$

200 $c=\frac{5\sqrt{6}}{2}$

201 $b=6$, $R=6$

202 $c=8\sqrt{2}$

203 $A=45^\circ$

204 $b=2\sqrt{2}$, $R=2\sqrt{2}$

205 $C=60^\circ, 120^\circ$, $R=8$

JUMP 41 $A=75^\circ, 15^\circ$

206 $a=\sqrt{21}$

207 $A=60^\circ$

208 (1) $b=\sqrt{7}$ (2) $c=\sqrt{5}$

209 (1) $B=45^\circ$ (2) $C=90^\circ$

210 $A=60^\circ$

211 $a=2\sqrt{6}$, $C=45^\circ$, $B=15^\circ$

JUMP 42 $a=2$, 4

212 $6\sqrt{2}$

213 $14\sqrt{3}$

214 (1) $7\sqrt{3}$ (2) 20 (3) $14\sqrt{2}$

215 $\frac{21\sqrt{11}}{4}$

216 (1) $2+\frac{3\sqrt{3}}{2}$ (2) $\sqrt{3}+3$

217 $\frac{1}{2}$

JUMP 43 $\frac{12}{5}$

218 (1) $a=13$ (2) $S=14\sqrt{3}$, $r=\sqrt{3}$

219 (1) $BD=\sqrt{10}$ (2) $BC=4$ (3) 3

220 (1) $\frac{15\sqrt{7}}{4}$ (2) $r=\frac{\sqrt{7}}{2}$

JUMP 44 $\cos\angle BAD=-\frac{1}{\sqrt{2}}$

四角形 ABCD の面積 $\frac{3}{2}$

221 (1) 45° (2) $AB=\frac{5\sqrt{2}}{2}$ (3) $AD=\frac{5\sqrt{2}}{4}$

222 (1) $\frac{\sqrt{3}}{2}$ (2) $BH=4\sqrt{3}$, $AH=4$

223 45°

224 (1) $\frac{3}{10}$ (2) $\frac{3\sqrt{91}}{2}$

JUMP 45 $\sqrt{14}$

まとめの問題 図形と計量②

1 (1) $R=6$ (2) $c=4\sqrt{6}$ (3) $c=\sqrt{31}$
(4) $B=60^\circ$

2 1300 m

3 $b=3\sqrt{2}$, $C=45^\circ$, $A=75^\circ$

4 (1) $-\frac{1}{5}$ (2) $\sin C=\frac{2\sqrt{6}}{5}$, $S=4\sqrt{6}$

(3) $r=\frac{\sqrt{6}}{2}$

5 $5\sqrt{3}+\frac{5\sqrt{21}}{4}$

6 $500\sqrt{2}$ m

▶第5章◀ データの分析

225

階級(分) 以上～未満	階級値	度数	相対度数
10～20	15	2	0.1
20～30	25	3	0.15
30～40	35	5	0.25
40～50	45	7	0.35
50～60	55	3	0.15

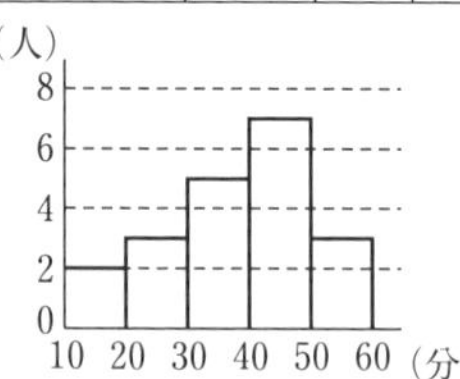

最頻値 45 分

226 平均値 30, 中央値 31

227 7

228 (1) 46 (2) 23

229 中央値 26.25 cm, 最頻値 26.0 cm

230 5.2 回

JUMP 46 (1) $x=6$, $y=1$ (2) 3, 4, 5, 6, 7

231 範囲 55, 平均値 61, 中央値 60, 第 1 四分位数 42,
第 3 四分位数 80, 四分位範囲は 38

232 $a=48$, $b=57$, $c=65$, 範囲 67

233 最大値 30, 最小値 6, 第 1 四分位数 10,
第 2 四分位数 16, 第 3 四分位数 20

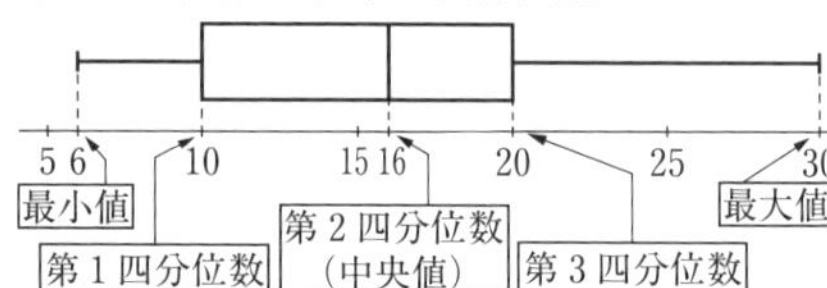

234 ②, ③

235 ㋒

JUMP 47 (1) $a_1=3$, $a_5=10$, $a_9=19$
(2) $a_4=9$
(3) ②

236 (1) 20 (2) 4 (3) 2

237 $s^2=4$, $s=2$

238 x の方が散らばりの度合いが大きい

239 (1) 0.81 (2) 0.9

JUMP 48 $a=3$, $b=1$, 分散 $s^2=1$, 標準偏差 $s=1$

240 (1) ⑤ (2) ② (3) ④ (4) ① (5) ③

241 (1) $\bar{x}=5$ $\bar{y}=7$
(2) $s_{xy}=2.5$

242 $r\fallingdotseq 0.78$

243 ①, ④

244 ①, ②, ④

245 (1) $Q_1=6$, $Q_3=8$ (2) ①, ③, ⑤

246 「A, B の実力が同じ」という仮説が誤り

JUMP 50 「A, B の実力が同じ」という仮説は誤りとはいえない

247 (1) $\overline{u}=90$，$s_u{}^2=300$

(2) $s_{xy}=-1$，$s_{uy}=-10$

$r_{xy}=-\dfrac{1}{\sqrt{3}}$，$r_{uy}=-\dfrac{1}{\sqrt{3}}$

共分散 s_{uy} は s_{xy} の 10 倍になるが，相関係数 r_{uy} は r_{xy} と変わらない

248 (1) $\overline{u}=17$，$s_u=6$

(2) $s_{uy}=5.4$，$r_{uy}=0.3$

JUMP 51　$s_{uv}=15s_{xy}$

まとめの問題　データの分析

1 (1) 503.5 回

(2)

階級(回) 以上～未満	階級値 (回)	度数 (個)	相対 度数
483～490	486.5	1	0.05
490～497	493.5	2	0.10
497～504	500.5	7	0.35
504～511	507.5	6	0.30
511～518	514.5	4	0.20
合　計		20	1.00

(3) 500.5 回

(4) 最大値 517，最小値 483，第 1 四分位数 497.5，第 2 四分位数 503.5，第 3 四分位数 510

(5) 範囲 34，四分位範囲 12.5

(6)

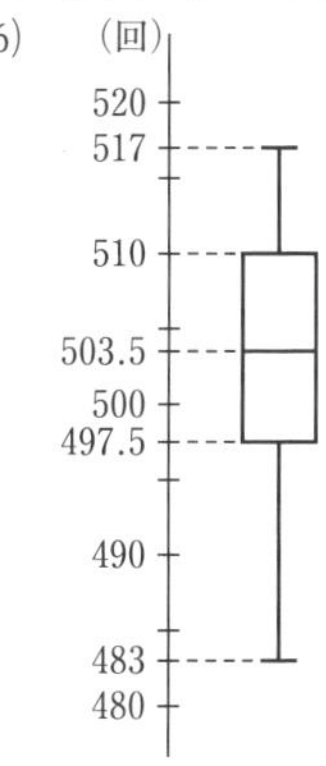

2 $s^2=16$，$s=4$（百時間）

3 $s^2=4$

4 14，40，51

5 $r \fallingdotseq 0.73$

アクセスノート　数学Ⅰ

●編　者――実教出版編修部
●発行者――小田良次
●印刷所――大日本印刷株式会社

●発行所――実教出版株式会社
〒102-8377
東京都千代田区五番町5
電 話〈営業〉(03)3238-7777
〈編修〉(03)3238-7785
〈総務〉(03)3238-7700
https://www.jikkyo.co.jp/
002302022　ISBN 978-4-407-36037-0

三角比の表

A	$\sin A$	$\cos A$	$\tan A$	A	$\sin A$	$\cos A$	$\tan A$
0°	0.0000	1.0000	0.0000	45°	0.7071	0.7071	1.0000
1°	0.0175	0.9998	0.0175	46°	0.7193	0.6947	1.0355
2°	0.0349	0.9994	0.0349	47°	0.7314	0.6820	1.0724
3°	0.0523	0.9986	0.0524	48°	0.7431	0.6691	1.1106
4°	0.0698	0.9976	0.0699	49°	0.7547	0.6561	1.1504
5°	0.0872	0.9962	0.0875	50°	0.7660	0.6428	1.1918
6°	0.1045	0.9945	0.1051	51°	0.7771	0.6293	1.2349
7°	0.1219	0.9925	0.1228	52°	0.7880	0.6157	1.2799
8°	0.1392	0.9903	0.1405	53°	0.7986	0.6018	1.3270
9°	0.1564	0.9877	0.1584	54°	0.8090	0.5878	1.3764
10°	0.1736	0.9848	0.1763	55°	0.8192	0.5736	1.4281
11°	0.1908	0.9816	0.1944	56°	0.8290	0.5592	1.4826
12°	0.2079	0.9781	0.2126	57°	0.8387	0.5446	1.5399
13°	0.2250	0.9744	0.2309	58°	0.8480	0.5299	1.6003
14°	0.2419	0.9703	0.2493	59°	0.8572	0.5150	1.6643
15°	0.2588	0.9659	0.2679	60°	0.8660	0.5000	1.7321
16°	0.2756	0.9613	0.2867	61°	0.8746	0.4848	1.8040
17°	0.2924	0.9563	0.3057	62°	0.8829	0.4695	1.8807
18°	0.3090	0.9511	0.3249	63°	0.8910	0.4540	1.9626
19°	0.3256	0.9455	0.3443	64°	0.8988	0.4384	2.0503
20°	0.3420	0.9397	0.3640	65°	0.9063	0.4226	2.1445
21°	0.3584	0.9336	0.3839	66°	0.9135	0.4067	2.2460
22°	0.3746	0.9272	0.4040	67°	0.9205	0.3907	2.3559
23°	0.3907	0.9205	0.4245	68°	0.9272	0.3746	2.4751
24°	0.4067	0.9135	0.4452	69°	0.9336	0.3584	2.6051
25°	0.4226	0.9063	0.4663	70°	0.9397	0.3420	2.7475
26°	0.4384	0.8988	0.4877	71°	0.9455	0.3256	2.9042
27°	0.4540	0.8910	0.5095	72°	0.9511	0.3090	3.0777
28°	0.4695	0.8829	0.5317	73°	0.9563	0.2924	3.2709
29°	0.4848	0.8746	0.5543	74°	0.9613	0.2756	3.4874
30°	0.5000	0.8660	0.5774	75°	0.9659	0.2588	3.7321
31°	0.5150	0.8572	0.6009	76°	0.9703	0.2419	4.0108
32°	0.5299	0.8480	0.6249	77°	0.9744	0.2250	4.3315
33°	0.5446	0.8387	0.6494	78°	0.9781	0.2079	4.7046
34°	0.5592	0.8290	0.6745	79°	0.9816	0.1908	5.1446
35°	0.5736	0.8192	0.7002	80°	0.9848	0.1736	5.6713
36°	0.5878	0.8090	0.7265	81°	0.9877	0.1564	6.3138
37°	0.6018	0.7986	0.7536	82°	0.9903	0.1392	7.1154
38°	0.6157	0.7880	0.7813	83°	0.9925	0.1219	8.1443
39°	0.6293	0.7771	0.8098	84°	0.9945	0.1045	9.5144
40°	0.6428	0.7660	0.8391	85°	0.9962	0.0872	11.4301
41°	0.6561	0.7547	0.8693	86°	0.9976	0.0698	14.3007
42°	0.6691	0.7431	0.9004	87°	0.9986	0.0523	19.0811
43°	0.6820	0.7314	0.9325	88°	0.9994	0.0349	28.6363
44°	0.6947	0.7193	0.9657	89°	0.9998	0.0175	57.2900
45°	0.7071	0.7071	1.0000	90°	1.0000	0.0000	——

図形と計量

1 鋭角の三角比（正弦・余弦・正接）

$\sin A=\dfrac{a}{c}$

$\cos A=\dfrac{b}{c}$

$\tan A=\dfrac{a}{b}$

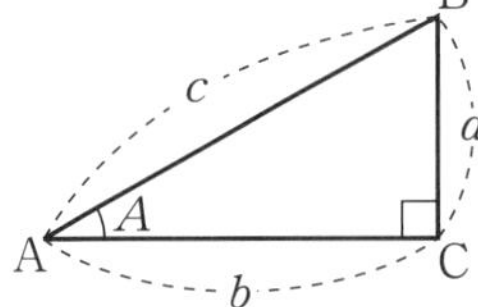

2 三角比の相互関係

$\tan A=\dfrac{\sin A}{\cos A}$

$\sin^2 A+\cos^2 A=1$

$1+\tan^2 A=\dfrac{1}{\cos^2 A}$

3 三角比の定義

半径 r の円周上に点 $\mathrm{P}(x,\ y)$ をとり，OP と x 軸の正の向きとのなす角を θ（$0°\leqq\theta\leqq 180°$）とするとき

$\sin\theta=\dfrac{y}{r}$，$\cos\theta=\dfrac{x}{r}$，$\tan\theta=\dfrac{y}{x}$

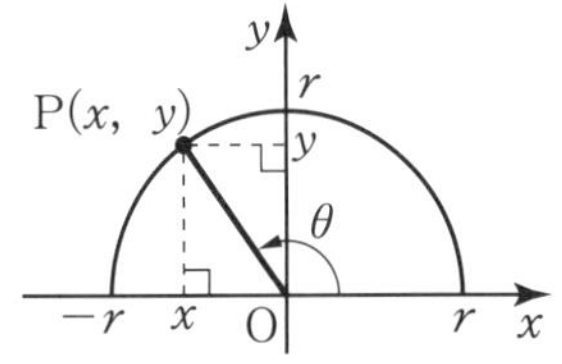

4 $90°-A$，$180°-A$ の三角比

・$\sin(90°-A)=\cos A$

$\cos(90°-A)=\sin A$

$\tan(90°-A)=\dfrac{1}{\tan A}$

・$\sin(180°-A)=\sin A$

$\cos(180°-A)=-\cos A$

$\tan(180°-A)=-\tan A$

5 特殊な角の三角比の値と符号

θ	$0°$	$\cdots$	$90°$	$\cdots$	$180°$
$\sin\theta$	0	+	1	+	0
$\cos\theta$	1	+	0	−	−1
$\tan\theta$	0	+		−	0

6 三角比の値の範囲

$0°\leqq\theta\leqq 180°$ のとき，

$0\leqq\sin\theta\leqq 1$，$-1\leqq\cos\theta\leqq 1$

$\tan\theta$ はすべての実数（ただし，$\theta\neq 90°$）

7 直線の傾きと正接

直線 $y=mx$ と x 軸の正の向きとのなす角を θ とすると

$m=\tan\theta$（$0°\leqq\theta\leqq 180°$，ただし $\theta\neq 90°$）

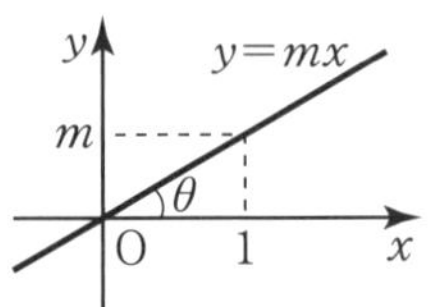

8 正弦定理

△ABC の外接円の半径を R とすると

$$\frac{a}{\sin A}=\frac{b}{\sin B}=\frac{c}{\sin C}=2R$$

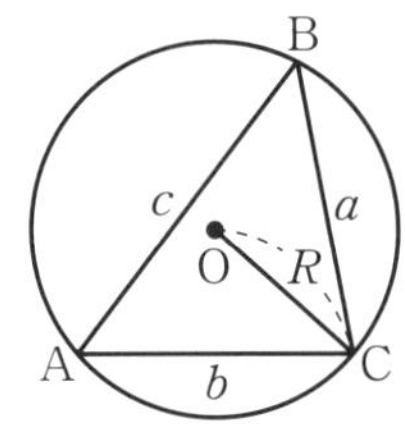

9 余弦定理

$a^2=b^2+c^2-2bc\cos A$

$b^2=c^2+a^2-2ca\cos B$

$c^2=a^2+b^2-2ab\cos C$

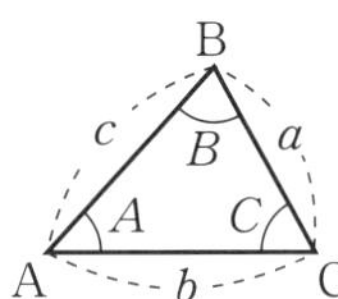

10 三角形の面積

△ABC の面積を S とすると

$$S=\frac{1}{2}bc\sin A=\frac{1}{2}ca\sin B=\frac{1}{2}ab\sin C$$

11 三角形の面積と内接円の半径

△ABC の面積を S，内接円の半径を r とすると

$$S=\frac{1}{2}r(a+b+c)$$

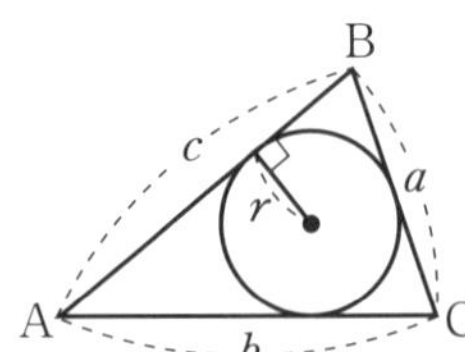

アクセスノート 数学Ⅰ 解答

実教出版

▶第1章◀ 数と式

1 整式とその加法・減法 (p.2)

1 (1) $4a^2b^3c^4$ で c に着目すると，次数は **4**，係数は $\boldsymbol{4a^2b^3}$

⬅c 以外は数と考える。

(2) $-ax^2y^5$ で a に着目すると，次数は **1**，係数は $\boldsymbol{-x^2y^5}$

⬅a 以外は数と考える。

2 (1) $x+2x^2-3x+x^2+1=2x^2+x^2+x-3x+1$
$=(2+1)x^2+(1-3)x+1$
$=\boldsymbol{3x^2-2x+1}$

(2) $a^2b+ab^2+a^2c+ac^2+abc=a^2b+a^2c+ab^2+abc+ac^2$
$=\boldsymbol{(b+c)a^2+(b^2+bc+c^2)a}$

⬅a について次数の高い項から順に並べる。

3 (1) $A+B=(-3x^2+2x+1)+(-2x^2+2x-3)$
$=-3x^2+2x+1-2x^2+2x-3$ ⬅かっこをはずす。
$=(-3-2)x^2+(2+2)x+(1-3)$ ⬅同類項をまとめる。
$=\boldsymbol{-5x^2+4x-2}$

(2) $3A-B=3(-3x^2+2x+1)-(-2x^2+2x-3)$
$=-9x^2+6x+3+2x^2-2x+3$ ⬅符号を変える。
$=(-9+2)x^2+(6-2)x+(3+3)$ ⬅同類項をまとめる。
$=\boldsymbol{-7x^2+4x+6}$

4 (1) $-5a^3b^5c^2$ で b に着目すると，次数は **5**，係数は $\boldsymbol{-5a^3c^2}$

⬅b 以外は数と考える。

(2) $-\dfrac{3}{2}a^3bx^2y^4$ で x に着目すると，次数は **2**，係数は $\boldsymbol{-\dfrac{3}{2}a^3by^4}$

⬅x 以外は数と考える。

5 (1) $2x-7+4x^2-5x-x^2+3=(4-1)x^2+(2-5)x+(-7+3)$
$=\boldsymbol{3x^2-3x-4}$

(2) $-8+x-2x^2+5x+x^2-1=(-2+1)x^2+(1+5)x+(-8-1)$
$=\boldsymbol{-x^2+6x-9}$

6 (1) $A-B=(4x^2-2x-5)-(-2x^2+3x+1)$
$=4x^2-2x-5+2x^2-3x-1$ ⬅符号を変える。
$=(4+2)x^2+(-2-3)x+(-5-1)$
$=\boldsymbol{6x^2-5x-6}$

(2) $2A-3B=2(4x^2-2x-5)-3(-2x^2+3x+1)$
$=8x^2-4x-10+6x^2-9x-3$
$=(8+6)x^2+(-4-9)x+(-10-3)$
$=\boldsymbol{14x^2-13x-13}$

⬅$2(4x^2-2x-5)=8x^2-4x-10$
$-3(-2x^2+3x+1)=6x^2-9x-3$

7 (1) $2x^2+xy-3y^2+x+2y-5=\boldsymbol{2x^2+(y+1)x+(-3y^2+2y-5)}$

⬅$2x^2+(y+1)x-3y^2+2y-5$ でも可。

x の1次の項の係数は $\boldsymbol{y+1}$，
定数項は $\boldsymbol{-3y^2+2y-5}$ ⬅x を含まない項が定数項

(2) $x^2y-xy+xz+x^2+xyz-2yz$
$=\boldsymbol{(y+1)x^2+(yz-y+z)x-2yz}$
x の1次の項の係数は $\boldsymbol{yz-y+z}$，
定数項は $\boldsymbol{-2yz}$ ⬅x を含まない項が定数項

8 (1) $A-(B+C)=A-B-C=(x^2-2x+3)-(3x^2+4)-(4x-1)$
$=x^2-2x+3-3x^2-4-4x+1$
$=(1-3)x^2+(-2-4)x+(3-4+1)$
$=\boldsymbol{-2x^2-6x}$

←まずは( )をはずす。

(2) $A-B-2C-2(A-2B)$
$=A-B-2C-2A+4B$
$=-A+3B-2C$
$=-(x^2-2x+3)+3(3x^2+4)-2(4x-1)$
$=-x^2+2x-3+9x^2+12-8x+2$
$=(-1+9)x^2+(2-8)x+(-3+12+2)$
$=\boldsymbol{8x^2-6x+11}$

←A, B, Cのまま( )をはずして整理した後に代入する。

JUMP 1

$A+2B=4x^2-9xy-y^2$
$A+2(x^2-3xy+y^2)=4x^2-9xy-y^2$
よって
$A=4x^2-9xy-y^2-2(x^2-3xy+y^2)$
$=4x^2-9xy-y^2-2x^2+6xy-2y^2$
$=2x^2-3xy-3y^2$
正しい答えは
$A+B=(2x^2-3xy-3y^2)+(x^2-3xy+y^2)$
$=\boldsymbol{3x^2-6xy-2y^2}$

考え方 与えられた条件から，まずAを求める。

2 整式の乗法(p.4)

9 (1) $a^2b^3\times a^3b^4=a^{2+3}\times b^{3+4}=\boldsymbol{a^5b^7}$
(2) $(-2x^2y^3)^3\times(-xy^2)^2=(-2)^3\times(x^2)^3\times(y^3)^3\times(-1)^2\times x^2\times(y^2)^2$
$=(-2)^3\times(-1)^2\times x^{2\times3}\times x^2\times y^{3\times3}\times y^{2\times2}$
$=(-8)\times1\times x^{6+2}\times y^{9+4}$
$=\boldsymbol{-8x^8y^{13}}$

指数法則
m，nが正の整数のとき
[1] $a^m\times a^n=a^{m+n}$
[2] $(a^m)^n=a^{mn}$
[3] $(ab)^n=a^nb^n$

10 (1) $2xy(x^2+2xy+3y^2)=2xy\times x^2+2xy\times2xy+2xy\times3y^2$
$=\boldsymbol{2x^3y+4x^2y^2+6xy^3}$

←$2xy(x^2+2xy+3y^2)$

(2) $(2x+3)(2x^2-3x+4)=2x(2x^2-3x+4)+3(2x^2-3x+4)$
$=4x^3-6x^2+8x+6x^2-9x+12$
$=\boldsymbol{4x^3-x+12}$

←$(2x+3)(2x^2-3x+4)$

11 (1) $3a^3\times5a^8=3\times5\times a^{3+8}=\boldsymbol{15a^{11}}$
(2) $(a^2)^4\times(a^3)^3=a^{2\times4}\times a^{3\times3}=a^{8+9}=\boldsymbol{a^{17}}$
(3) $(2x^2)^3\times(-3x)^2=2^3\times(x^2)^3\times(-3)^2\times x^2=2^3\times(-3)^2\times x^{2\times3}\times x^2$
$=8\times9\times x^{6+2}=\boldsymbol{72x^8}$
(4) $xy^2\times(-2xy)^2\times(-x)^3=x\times y^2\times(-2)^2\times x^2\times y^2\times(-1)^3\times x^3$
$=(-2)^2\times(-1)^3\times x^{1+2+3}\times y^{2+2}$
$=\boldsymbol{-4x^6y^4}$

12 (1) $4x^2(3x^2+2x-1)=4x^2\times3x^2+4x^2\times2x+4x^2\times(-1)$
$=\boldsymbol{12x^4+8x^3-4x^2}$

←$4x^2(3x^2+2x-1)$

(2) $(2x^2+3)(3x-5)=2x^2(3x-5)+3(3x-5)$
$=\boldsymbol{6x^3-10x^2+9x-15}$

←$(2x^2+3)(3x-5)$

(3) $(x-4)(4x^2-x+4)=x(4x^2-x+4)-4(4x^2-x+4)$

←$(x-4)(4x^2-x+4)$

$=4x^3-x^2+4x-16x^2+4x-16$

$\boldsymbol{=4x^3-17x^2+8x-16}$

13 (1) $a^3b^4\times ab^2=a^{3+1}\times b^{4+2}=\boldsymbol{a^4b^6}$

(2) $(-a^2b)^3\times(-2a^2b)^2=(-1)^3\times(a^2)^3\times b^3\times(-2)^2\times(a^2)^2\times b^2$

$=(-1)^3\times(-2)^2\times a^{2\times3}\times a^{2\times2}\times b^3\times b^2$

$=(-1)\times4\times a^{6+4}\times b^{3+2}$

$\boldsymbol{=-4a^{10}b^5}$

(3) $(-3x^2y)^2\times(2xy)^3\times(-y)^3$

$=(-3)^2\times(x^2)^2\times y^2\times2^3\times x^3\times y^3\times(-1)^3\times y^3$

$=(-3)^2\times2^3\times(-1)^3\times x^{2\times2}\times x^3\times y^2\times y^3\times y^3$

$=9\times8\times(-1)\times x^{4+3}\times y^{2+3+3}$

$\boldsymbol{=-72x^7y^8}$

(4) $(-x^2y)^3\times(2yz^2)^2\times(-xy^2z)^3$

$=(-1)^3\times(x^2)^3\times y^3\times2^2\times y^2\times(z^2)^2\times(-1)^3\times x^3\times(y^2)^3\times z^3$

$=(-1)^3\times2^2\times(-1)^3\times x^{2\times3}\times x^3\times y^3\times y^2\times y^{2\times3}\times z^{2\times2}\times z^3$

$=(-1)\times4\times(-1)\times x^{6+3}\times y^{3+2+6}\times z^{4+3}$

$\boldsymbol{=4x^9y^{11}z^7}$

14 (1) $(x^2+2xy-3y^2)(-xy)$

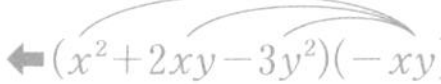

$=x^2\times(-xy)+2xy\times(-xy)+(-3y^2)\times(-xy)$

$\boldsymbol{=-x^3y-2x^2y^2+3xy^3}$

(2) $(x^2-2x+3)(3x+4)=x^2(3x+4)-2x(3x+4)+3(3x+4)$

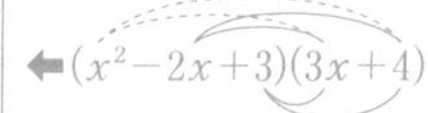

$=3x^3+4x^2-6x^2-8x+9x+12$

$\boldsymbol{=3x^3-2x^2+x+12}$

(3) $(2x-y)(4x^2+2xy+y^2)$

⬅$(2x-y)(4x^2+2xy+y^2)$

$=2x(4x^2+2xy+y^2)-y(4x^2+2xy+y^2)$

$=8x^3+4x^2y+2xy^2-4x^2y-2xy^2-y^3$

$\boldsymbol{=8x^3-y^3}$

JUMP 2

考え方 分配法則を用いて展開する。

(1) $(x^2-2xy+3y^2)(2y^2+3xy+4x^2)$

$=x^2(2y^2+3xy+4x^2)-2xy(2y^2+3xy+4x^2)$

$+3y^2(2y^2+3xy+4x^2)$

$=2x^2y^2+3x^3y+4x^4-4xy^3-6x^2y^2-8x^3y+6y^4+9xy^3+12x^2y^2$

$=4x^4+(3y-8y)x^3+(2y^2-6y^2+12y^2)x^2+(-4y^3+9y^3)x+6y^4$ ⬅同類項をまとめる。

$\boldsymbol{=4x^4-5x^3y+8x^2y^2+5xy^3+6y^4}$ ⬅x について降べきの順に整理

(2) $(a+b+c)(a^2+b^2+c^2-ab-bc-ca)$

$=a(a^2+b^2+c^2-ab-bc-ca)$

$+b(a^2+b^2+c^2-ab-bc-ca)$

$+c(a^2+b^2+c^2-ab-bc-ca)$

$=a^3+ab^2+ac^2-a^2b-abc-a^2c+a^2b+b^3+bc^2$

$-ab^2-b^2c-abc+a^2c+b^2c+c^3-abc-bc^2-ac^2$

$\boldsymbol{=a^3+b^3+c^3-3abc}$ ⬅同類項をまとめる。

3 乗法公式(p.6)

15 (1) $(2x+1)^2=(2x)^2+2\times2x\times1+1^2$

$\boldsymbol{=4x^2+4x+1}$

(2) $(2x+7y)^2=(2x)^2+2\times2x\times7y+(7y)^2$
$=\mathbf{4x^2+28xy+49y^2}$

(3) $(3x-2)^2=(3x)^2-2\times3x\times2+2^2$
$=\mathbf{9x^2-12x+4}$

(4) $(9x-4y)^2=(9x)^2-2\times9x\times4y+(4y)^2$
$=\mathbf{81x^2-72xy+16y^2}$

(5) $(x+5)(x-5)=x^2-5^2$
$=\mathbf{x^2-25}$

(6) $(3x+7y)(3x-7y)=(3x)^2-(7y)^2$
$=\mathbf{9x^2-49y^2}$

(7) $(x+6)(x-2)=x^2+\{6+(-2)\}x+6\times(-2)$
$=\mathbf{x^2+4x-12}$

(8) $(x-6y)(x+3y)=x^2+\{(-6y)+3y\}x+(-6y)\times3y$
$=\mathbf{x^2-3xy-18y^2}$

(9) $(2x+1)(3x+2)=2\times3x^2+(2\times2+1\times3)x+1\times2$
$=\mathbf{6x^2+7x+2}$

(10) $(4x-3y)(2x+3y)=4\times2x^2+\{4\times3y+(-3y)\times2\}x$
$+(-3y)\times3y$
$=\mathbf{8x^2+6xy-9y^2}$

乗法公式
[1] $(a+b)^2$
$=a^2+2ab+b^2$
$(a-b)^2$
$=a^2-2ab+b^2$
[2] $(a+b)(a-b)$
$=a^2-b^2$
[3] $(x+a)(x+b)$
$=x^2+(a+b)x+ab$
[4] $(ax+b)(cx+d)$
$=acx^2+(ad+bc)x$
$+bd$

⇐(1)〜(4) 乗法公式[1]
(5)，(6) 乗法公式[2]
(7)，(8) 乗法公式[3]
(9)，(10) 乗法公式[4]

16 (1) $(4x+1)^2=(4x)^2+2\times4x\times1+1^2=\mathbf{16x^2+8x+1}$
(2) $(a-2b)^2=a^2-2\times a\times2b+(2b)^2=\mathbf{a^2-4ab+4b^2}$
(3) $(x+4)(x-4)=x^2-4^2=\mathbf{x^2-16}$
(4) $(2a+b)(2a-b)=(2a)^2-b^2=\mathbf{4a^2-b^2}$
(5) $(x+4)(x-7)=x^2+\{4+(-7)\}x+4\times(-7)=\mathbf{x^2-3x-28}$
(6) $(a-4b)(a+5b)=a^2+\{(-4b)+5b\}a+(-4b)\times5b$
$=\mathbf{a^2+ab-20b^2}$
(7) $(2x-1)(4x-5)$
$=2\times4x^2+\{2\times(-5)+(-1)\times4\}x+(-1)\times(-5)$
$=\mathbf{8x^2-14x+5}$

⇐(1)，(2) 乗法公式[1]
(3)，(4) 乗法公式[2]
(5)，(6) 乗法公式[3]
(7) 乗法公式[4]

17 (1) $(xy+2)^2=(xy)^2+2\times xy\times2+2^2=\mathbf{x^2y^2+4xy+4}$
(2) $(3ab-7)^2=(3ab)^2-2\times3ab\times7+7^2=\mathbf{9a^2b^2-42ab+49}$
(3) $(3xy-2)(3xy+2)=(3xy)^2-2^2=\mathbf{9x^2y^2-4}$
(4) $(4a-bc)(4a+bc)=(4a)^2-(bc)^2=\mathbf{16a^2-b^2c^2}$
(5) $(x-3y)(x-8y)=x^2+\{(-3y)+(-8y)\}x+(-3y)\times(-8y)$
$=\mathbf{x^2-11xy+24y^2}$
(6) $(xy+5)(xy-8)=(xy)^2+\{5+(-8)\}xy+5\times(-8)$
$=\mathbf{x^2y^2-3xy-40}$
(7) $(4a+5b)(3a-4b)$
$=4\times3a^2+\{4\times(-4b)+5b\times3\}a+5b\times(-4b)$
$=\mathbf{12a^2-ab-20b^2}$

⇐(1)，(2) 乗法公式[1]
(3)，(4) 乗法公式[2]
(5)，(6) 乗法公式[3]
(7) 乗法公式[4]

JUMP 3

(1) $(x+2y)(x-6y)-(3x-2y)(5x+6y)$
$=x^2+\{2y+(-6y)\}x+2y\times(-6y)$
$-[3\times5x^2+\{3\times6y+(-2y)\times5\}x+(-2y)\times6y]$
$=x^2-4xy-12y^2-(15x^2+8xy-12y^2)$
$=\mathbf{-14x^2-12xy}$

(2) $(x+2)(x-2)(x+3)(x-3)$

考え方 (2)計算の順序を工夫する。

⇖乗法公式[3] [4]を用いる。

$=\{(x+2)(x-2)\}\{(x+3)(x-3)\}$
$=(x^2-2^2)(x^2-3^2)$
$=(x^2-4)(x^2-9)$
$=(x^2)^2+\{(-4)+(-9)\}x^2+(-4)\times(-9)$
$=\boldsymbol{x^4-13x^2+36}$

⬅乗法公式[2]を意識し，$(x+2)(x-2)$ と $(x+3)(x-3)$ に分けて考える。

4 展開の工夫 (p.8)

18 (1) $a+b=A$ とおくと
$(a+b+2c)^2=(A+2c)^2=A^2+4Ac+4c^2$ ⬅式の一部をひとまとめにする。
$=(a+b)^2+4(a+b)c+4c^2$ ⬅A を $a+b$ にもどす。
$=a^2+2ab+b^2+4ac+4bc+4c^2$
$=\boldsymbol{a^2+b^2+4c^2+2ab+4bc+4ca}$ ⬅ab，bc，ca の順に項を整理

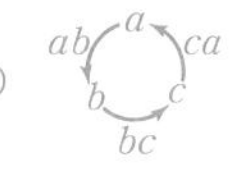

別解 $(a+b+2c)^2$
$=a^2+b^2+(2c)^2+2\times a\times b+2\times b\times 2c+2\times 2c\times a$
$=\boldsymbol{a^2+b^2+4c^2+2ab+4bc+4ca}$

⬅$(a+b+c)^2=a^2+b^2+c^2+2ab+2bc+2ca$ を利用

(2) $a+b=A$ とおくと
$(a+b+1)(a+b-1)=(A+1)(A-1)=A^2-1^2$
$=(a+b)^2-1^2$ ⬅A を $a+b$ にもどす。
$=(a+b)^2-1$
$=\boldsymbol{a^2+2ab+b^2-1}$

(3) $x+2y=A$ とおくと
$(x+2y-2)(x+2y+4)=(A-2)(A+4)$
$=A^2+2A-8$
$=(x+2y)^2+2(x+2y)-8$ ⬅A を $x+2y$ にもどす。
$=\boldsymbol{x^2+4xy+4y^2+2x+4y-8}$

(4) $(x+3)^2(x-3)^2=\{(x+3)(x-3)\}^2=(x^2-9)^2$ ⬅$a^nb^n=(ab)^n$ （指数法則[3]）
$=(x^2)^2-2\times x^2\times 9+9^2$ ⬉$(a-b)^2=a^2-2ab+b^2$ （乗法公式[1]）
$=\boldsymbol{x^4-18x^2+81}$

19 (1) $a-b=A$ とおくと
$(a-b-c)^2=(A-c)^2=A^2-2Ac+c^2$ ⬅式の一部をひとまとめにする。
$=(a-b)^2-2(a-b)c+c^2$ ⬅A を $a-b$ にもどす。
$=a^2-2ab+b^2-2ac+2bc+c^2$
$=\boldsymbol{a^2+b^2+c^2-2ab+2bc-2ca}$

別解 $(a-b-c)^2=a^2+(-b)^2+(-c)^2+2\times a\times(-b)$
$+2\times(-b)\times(-c)+2\times(-c)\times a$
$=\boldsymbol{a^2+b^2+c^2-2ab+2bc-2ca}$

⬅$(a+b+c)^2=a^2+b^2+c^2+2ab+2bc+2ca$

(2) $a+b=A$ とおくと
$(a+b-2)^2=(A-2)^2=A^2-4A+4$
$=(a+b)^2-4(a+b)+4$ ⬅A を $a+b$ にもどす。
$=\boldsymbol{a^2+2ab+b^2-4a-4b+4}$

別解 $(a+b-2)^2$
$=a^2+b^2+(-2)^2+2\times a\times b+2\times b\times(-2)+2\times(-2)\times a$
$=\boldsymbol{a^2+2ab+b^2-4a-4b+4}$

(3) $2x+3y=A$ とおくと
$(2x+3y+2)(2x+3y-2)=(A+2)(A-2)$
$=A^2-2^2$
$=(2x+3y)^2-2^2$ ⬅A を $2x+3y$ にもどす。
$=\boldsymbol{4x^2+12xy+9y^2-4}$

(4) $(x^2+4y^2)(x+2y)(x-2y)=(x^2+4y^2)\{(x+2y)(x-2y)\}$
$=(x^2+4y^2)\{x^2-(2y)^2\}$
$=(x^2+4y^2)(x^2-4y^2)$
$=(x^2)^2-(4y^2)^2=\boldsymbol{x^4-16y^4}$

⬅$(a+b)(a-b)=a^2-b^2$

(5) $(2x+1)^2(2x-1)^2=\{(2x+1)(2x-1)\}^2$
$=\{(2x)^2-1^2\}^2$
$=(4x^2-1)^2$
$=(4x^2)^2-2\times4x^2\times1+1^2$
$=\boldsymbol{16x^4-8x^2+1}$

⬅$a^nb^n=(ab)^n$ (指数法則[3])

⬅$(a-b)^2=a^2-2ab+b^2$ (乗法公式[1])

20 (1) $2a-b=A$ とおくと
$(2a-b+3c)^2=(A+3c)^2$
$=A^2+6Ac+9c^2$
$=(2a-b)^2+6(2a-b)c+9c^2$
$=4a^2-4ab+b^2+12ac-6bc+9c^2$
$=\boldsymbol{4a^2+b^2+9c^2-4ab-6bc+12ca}$

⬅式の一部をひとまとめにする。

⬅A を $2a-b$ にもどす。

別解 $(2a-b+3c)^2$
$=(2a)^2+(-b)^2+(3c)^2+2\times2a\times(-b)$
$+2\times(-b)\times3c+2\times3c\times2a$
$=\boldsymbol{4a^2+b^2+9c^2-4ab-6bc+12ca}$

⬅$(a+b+c)^2=a^2+b^2+c^2+2ab+2bc+2ca$

(2) $2a+3=A$ とおくと
$(2a+b+3)(2a-b+3)=(A+b)(A-b)$
$=A^2-b^2$
$=(2a+3)^2-b^2$
$=4a^2+12a+9-b^2$
$=\boldsymbol{4a^2-b^2+12a+9}$

⬅A を $2a+3$ にもどす。

(3) $x-z=A$ とおくと
$(x+3y-z)(x-2y-z)=(A+3y)(A-2y)$
$=A^2+Ay-6y^2$
$=(x-z)^2+(x-z)y-6y^2$
$=x^2-2xz+z^2+xy-yz-6y^2$
$=\boldsymbol{x^2-6y^2+z^2+xy-yz-2zx}$

⬅A を $x-z$ にもどす。

(4) $(x-4)(x^2+16)(x+4)=\{(x-4)(x+4)\}(x^2+16)$
$=(x^2-4^2)(x^2+16)$
$=(x^2-16)(x^2+16)$
$=(x^2)^2-16^2=\boldsymbol{x^4-256}$

⬅先に $(x-4)$ と $(x+4)$ を掛ける。

⬅$(a+b)(a-b)=a^2-b^2$

(5) $(3a-2b)^2(3a+2b)^2=\{(3a-2b)(3a+2b)\}^2$
$=\{(3a)^2-(2b)^2\}^2$
$=(9a^2-4b^2)^2$
$=(9a^2)^2-2\times9a^2\times4b^2+(4b^2)^2$
$=\boldsymbol{81a^4-72a^2b^2+16b^4}$

⬅$a^nb^n=(ab)^n$ (指数法則[3])

⬅$(a-b)^2=a^2-2ab+b^2$ (乗法公式[1])

JUMP 4

考え方 計算の順序を工夫する。

(1) $(x+y)(x^2+y^2)(x^4+y^4)(x-y)$
$=(x+y)(x-y)(x^2+y^2)(x^4+y^4)$
$=(x^2-y^2)(x^2+y^2)(x^4+y^4)$
$=\{(x^2)^2-(y^2)^2\}(x^4+y^4)$
$=(x^4-y^4)(x^4+y^4)$
$=(x^4)^2-(y^4)^2$

⬅$(x+y)(x-y)$ の積をとる。

⬅$(x^2-y^2)(x^2+y^2)$ の積をとる。

$=\boldsymbol{x^8-y^8}$

(2) $(x+1)(x+2)(x+3)(x+4)$

$=\{(x+1)(x+4)\}\times\{(x+2)(x+3)\}$

$=(x^2+5x+4)(x^2+5x+6)$

$=(x^2+5x)^2+10(x^2+5x)+24$

$=x^4+10x^3+25x^2+10x^2+50x+24$

$=\boldsymbol{x^4+10x^3+35x^2+50x+24}$

←( )( )( )( )
積をとる式の組合せを工夫すると，x^2+5x という同じ式が出てくる。
x^2+5x を A とおくと
$(A+4)(A+6)$
$=A^2+10A+24$

5 因数分解(1) (p.10)

因数分解の公式
[1] $a^2+2ab+b^2$
$=(a+b)^2$
$a^2-2ab+b^2$
$=(a-b)^2$
[2] a^2-b^2
$=(a+b)(a-b)$

21 (1) $3ab+12ac=3a\times b+3a\times 4c=\boldsymbol{3a(b+4c)}$

(2) $2a^2b^2+4ab^2+6ab=2ab\times ab+2ab\times 2b+2ab\times 3$

$=\boldsymbol{2ab(ab+2b+3)}$

(3) $(2a+b)x+(2a+b)y=\boldsymbol{(2a+b)(x+y)}$

(4) $(a-2)b-(2-a)c=(a-2)b+(a-2)c$

$=\boldsymbol{(a-2)(b+c)}$

(5) $x^2+6x+9=x^2+2\times x\times 3+3^2=\boldsymbol{(x+3)^2}$

(6) $x^2-8xy+16y^2=x^2-2\times x\times 4y+(4y)^2=\boldsymbol{(x-4y)^2}$

(7) $x^2-81=x^2-9^2=\boldsymbol{(x+9)(x-9)}$

(8) $49x^2-9y^2=(7x)^2-(3y)^2=\boldsymbol{(7x+3y)(7x-3y)}$

←$2a+b=A$ とおくと
$(2a+b)x+(2a+b)y$
$=Ax+Ay=A(x+y)$

↖$2-a=-a+2$
$=-(a-2)$

←(5)，(6) 因数分解の公式[1]
(7)，(8) 因数分解の公式[2]

22 (1) $2a^3b^2c+6a^2bc^2=2a^2bc\times ab+2a^2bc\times 3c$

$=\boldsymbol{2a^2bc(ab+3c)}$

(2) $(2a-3b)x-(2a-3b)y=\boldsymbol{(2a-3b)(x-y)}$

(3) $(a-3)x^2+9(3-a)=(a-3)x^2-9(a-3)$

$=(a-3)(x^2-9)$

$=\boldsymbol{(a-3)(x+3)(x-3)}$

(4) $49x^2-14x+1=(7x)^2-2\times 7x\times 1+1^2=\boldsymbol{(7x-1)^2}$

(5) $25x^2+20xy+4y^2=(5x)^2+2\times 5x\times 2y+(2y)^2=\boldsymbol{(5x+2y)^2}$

(6) $a^2-16b^2=a^2-(4b)^2=\boldsymbol{(a+4b)(a-4b)}$

↙$2a-3b=A$ とおくと
$(2a-3b)x-(2a-3b)y$
$=Ax-Ay=A(x-y)$

←$3-a=-a+3=-(a-3)$

←x^2-9 をさらに因数分解する。

←(4)，(5) 因数分解の公式[1]
(6) 因数分解の公式[2]

23 (1) $3x^2yz-6xy^2z-9xyz^2=3xyz\times x-3xyz\times 2y-3xyz\times 3z$

$=\boldsymbol{3xyz(x-2y-3z)}$

(2) $(a^2-b^2)x^2-a^2+b^2=(a^2-b^2)x^2-(a^2-b^2)$

$=(a^2-b^2)(x^2-1)$

$=\boldsymbol{(a+b)(a-b)(x+1)(x-1)}$

(3) $(2a-b-c)x^2-16(b+c-2a)y^2$

$=(2a-b-c)x^2+16(2a-b-c)y^2$

$=\boldsymbol{(2a-b-c)(x^2+16y^2)}$

(4) $4x^2+4x+1=(2x)^2+2\times 2x\times 1+1^2=\boldsymbol{(2x+1)^2}$

(5) $9x^2-24xy+16y^2=(3x)^2-2\times 3x\times 4y+(4y)^2=\boldsymbol{(3x-4y)^2}$

(6) $49x^2y^2-36z^2=(7xy)^2-(6z)^2=\boldsymbol{(7xy+6z)(7xy-6z)}$

←$-a^2+b^2=-(a^2-b^2)$

←a^2-b^2，x^2-1 をそれぞれさらに因数分解する。

←$b+c-2a$
$=-2a+b+c$
$=-(2a-b-c)$

←(4)，(5) 因数分解の公式[1]
(6) 因数分解の公式[2]

JUMP 5

(1) $ab+a+b+1=(ab+a)+(b+1)$

$=a(b+1)+(b+1)$

$=\boldsymbol{(a+1)(b+1)}$

考え方 1つの文字に着目して整理する。

←組合せを工夫して，共通因数をつくり出す。

(2) $x^2+3x+\frac{9}{4}=x^2+2\times x\times\frac{3}{2}+\left(\frac{3}{2}\right)^2$

$=\boldsymbol{\left(x+\frac{3}{2}\right)^2}$

⬅因数分解の公式[1]

⬉ $\frac{9}{4}=\left(\frac{3}{2}\right)^2$，$3=2\times\left(\frac{3}{2}\right)$

6 因数分解(2) (p.12)

> **因数分解の公式**
> [3] $x^2+(a+b)x+ab$
> $=(x+a)(x+b)$
> [4] $acx^2+(ad+bc)x+bd$
> $=(ax+b)(cx+d)$

24 (1) $x^2+9x+20=x^2+(4+5)x+4\times5=\boldsymbol{(x+4)(x+5)}$

(2) $x^2-12xy+27y^2=x^2+\{(-3y)+(-9y)\}x+(-3y)\times(-9y)$

$=\boldsymbol{(x-3y)(x-9y)}$

(3) $2x^2+3x+1$

$=\boldsymbol{(x+1)(2x+1)}$

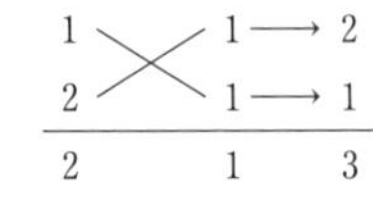

1	1 →	2
2	1 →	1
2	1	3

⬉(1)積が 20，和が 9 となる 2 数は 4 と 5

⬉(2) 積が $27y^2$，和が $-12y$ となる 2 式は $-3y$ と $-9y$

(4) $3x^2-13x+12$

$=\boldsymbol{(x-3)(3x-4)}$

1	−3 →	−9
3	−4 →	−4
3	12	−13

(5) $5x^2+18xy+9y^2$

$=\boldsymbol{(x+3y)(5x+3y)}$

1	$3y$ →	$15y$
5	$3y$ →	$3y$
5	$9y^2$	$18y$

⬅x に着目すると，x の係数は $18y$，定数項は $9y^2$

(6) $4x^2+4xy-15y^2$

$=\boldsymbol{(2x-3y)(2x+5y)}$

2	$-3y$ →	$-6y$
2	$5y$ →	$10y$
4	$-15y^2$	$4y$

⬅x に着目すると，x の係数は $4y$，定数項は $-15y^2$

25 (1) $x^2-6x-16=x^2+\{2+(-8)\}x+2\times(-8)=\boldsymbol{(x+2)(x-8)}$

(2) $x^2-8xy-33y^2=x^2+\{3y+(-11y)\}x+3y\times(-11y)$

$=\boldsymbol{(x+3y)(x-11y)}$

⬅積が -16，和が -6 となる 2 数は 2 と -8

⬉積が $-33y^2$，和が $-8y$ となる 2 式は $3y$ と $-11y$

(3) $3x^2+7x+2$

$=\boldsymbol{(x+2)(3x+1)}$

1	2 →	6
3	1 →	1
3	2	7

(4) $2x^2+5x-7$

$=\boldsymbol{(x-1)(2x+7)}$

1	−1 →	−2
2	7 →	7
2	−7	5

(5) $4x^2-9x+2$

$=\boldsymbol{(x-2)(4x-1)}$

1	−2 →	−8
4	−1 →	−1
4	2	−9

(6) $6x^2+7xy-10y^2$

$=\boldsymbol{(x+2y)(6x-5y)}$

1	$2y$ →	$12y$
6	$-5y$ →	$-5y$
6	$-10y^2$	$7y$

⬅x に着目すると，x の係数は $7y$，定数項は $-10y^2$

(7) $8x^2-14xy-9y^2$

$=\boldsymbol{(2x+y)(4x-9y)}$

2	y →	$4y$
4	$-9y$ →	$-18y$
8	$-9y^2$	$-14y$

⬅x に着目すると，x の係数は $-14y$，定数項は $-9y^2$

26 (1) $x^2-10x-24=x^2+\{2+(-12)\}x+2\times(-12)$

$=\boldsymbol{(x+2)(x-12)}$

(2) $x^2+6xy-40y^2=x^2+\{10y+(-4y)\}x+10y\times(-4y)$

$=\boldsymbol{(x+10y)(x-4y)}$

⬅積が -24，和が -10 となる 2 数は 2 と -12

⬅積が $-40y^2$，和が $6y$ となる 2 式は $10y$ と $-4y$

(3) $9x^2-18x+8$

$=\boldsymbol{(3x-2)(3x-4)}$

3	−2 →	−6
3	−4 →	−12
9	8	−18

(4) $6x^2-11x-7$
$=(\boldsymbol{2x+1})(\boldsymbol{3x-7})$

2	1 →	3
3	−7 →	−14
6	−7	−11

(5) $24x^2-2x-15$
$=(\boldsymbol{4x+3})(\boldsymbol{6x-5})$

4	3 →	18
6	−5 →	−20
24	−15	−2

(6) $12a^2+7ab-10b^2$
$=(\boldsymbol{3a-2b})(\boldsymbol{4a+5b})$

3	$-2b$ →	$-8b$
4	$5b$ →	$15b$
12	$-10b^2$	$7b$

⬅a に着目すると，a の係数は $7b$，定数項は $-10b^2$

(7) $20a^2-47ab+24b^2$
$=(\boldsymbol{4a-3b})(\boldsymbol{5a-8b})$

4	$-3b$ →	$-15b$
5	$-8b$ →	$-32b$
20	$24b^2$	$-47b$

JUMP 6

考え方 (2) a の2次式とみる。

(1) $6x^3y+14x^2y^2-12xy^3$
$=2xy(3x^2+7xy-6y^2)$ ⬅共通因数 $2xy$
$=\boldsymbol{2xy(x+3y)(3x-2y)}$

1	$3y$ →	$9y$
3	$-2y$ →	$-2y$
3	$-6y^2$	$7y$

(2) $(b+c)a^2+(b^2+2bc+c^2)a+(b+c)bc$
$=(b+c)a^2+(b+c)^2a+(b+c)bc$
$=(b+c)\{a^2+(b+c)a+bc\}$ ⬅因数分解の公式[3]
$=(b+c)(a+b)(a+c)$
$=\boldsymbol{(a+b)(b+c)(c+a)}$ ⬅$a+b$，$b+c$，$c+a$ の順に整理

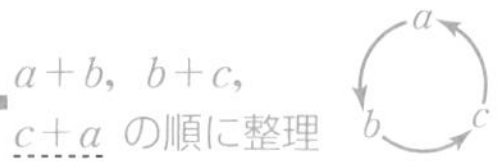

7 因数分解(3) (p.14)

27 (1) $x-2y=A$ とおくと
$(x-2y)^2-5(x-2y)+6=A^2-5A+6$ ⬅式の一部をひとまとめにする。
$=(A-2)(A-3)$
$=\boldsymbol{(x-2y-2)(x-2y-3)}$

(2) $2x+3y=A$ とおくと
$(2x+3y)^2-3(2x+3y)=A^2-3A$
$=A(A-3)$
$=(2x+3y)\{(2x+3y)-3\}$
$=\boldsymbol{(2x+3y)(2x+3y-3)}$

(3) $x^2=A$ とおくと
$x^4-6x^2-27=A^2-6A-27$ ⬅$x^4=(x^2)^2=A^2$
$=(A-9)(A+3)$
$=(x^2-9)(x^2+3)$
$=\boldsymbol{(x+3)(x-3)(x^2+3)}$ ⬅x^2-9 をさらに因数分解する。

(4) $x^2+x=A$ とおくと
$(x^2+x)^2-4(x^2+x)-12=A^2-4A-12$
$=(A-6)(A+2)$
$=(x^2+x-6)(x^2+x+2)$ ⬅x^2+x-6 をさらに因数分解する。
$=\boldsymbol{(x+3)(x-2)(x^2+x+2)}$

28 (1) $x+1=A$ とおくと
$(x+1)^2+7(x+1)+10=A^2+7A+10$ ⬅式の一部をひとまとめにする。
$=(A+2)(A+5)$
$=\{(x+1)+2\}\{(x+1)+5\}$
$=\boldsymbol{(x+3)(x+6)}$

(2) $x-y=A$ とおくと

$$(x-y)^2+2(x-y)-48=A^2+2A-48$$
$$=(A+8)(A-6)$$
$$=\{(x-y)+8\}\{(x-y)-6\}$$
$$=\boldsymbol{(x-y+8)(x-y-6)}$$

(3) $x^2=A$ とおくと

$$x^4+6x^2+5=A^2+6A+5$$
$$=(A+1)(A+5)$$
$$=\boldsymbol{(x^2+1)(x^2+5)}$$

⬅$x^4=(x^2)^2=A^2$

(4) $x^2=A$ とおくと

$$x^4-81=A^2-81$$
$$=(A-9)(A+9)$$
$$=(x^2-9)(x^2+9)$$
$$=\boldsymbol{(x+3)(x-3)(x^2+9)}$$

⬅$x^4=(x^2)^2=A^2$

⬅x^2-9 をさらに因数分解する。

(5) $x^2+x=A$ とおくと

$$(x^2+x)^2-9(x^2+x)+18=A^2-9A+18$$
$$=(A-6)(A-3)$$
$$=(x^2+x-6)(x^2+x-3)$$
$$=\boldsymbol{(x+3)(x-2)(x^2+x-3)}$$

⬅x^2+x-6 をさらに因数分解する。

29 (1) $2a+b=A$ とおくと

⬅式の一部をひとまとめにする。

$$3(2a+b)^2-2(2a+b)-8$$
$$=3A^2-2A-8$$
$$=(A-2)(3A+4)$$
$$=\{(2a+b)-2\}\{3(2a+b)+4\}$$
$$=\boldsymbol{(2a+b-2)(6a+3b+4)}$$

1	-2 ⟶	-6
3	4 ⟶	4
3	-8	-2

(2) $x+3y=A$ とおくと

$$6(x+3y)^2-11(x+3y)-10$$
$$=6A^2-11A-10$$
$$=(2A-5)(3A+2)$$
$$=\{2(x+3y)-5\}\{3(x+3y)+2\}$$
$$=\boldsymbol{(2x+6y-5)(3x+9y+2)}$$

2	-5 ⟶	-15
3	2 ⟶	4
6	-10	-11

(3) $x^2=A$ とおくと

$$x^4-13x^2+36=A^2-13A+36$$
$$=(A-4)(A-9)$$
$$=(x^2-4)(x^2-9)$$
$$=\boldsymbol{(x+2)(x-2)(x+3)(x-3)}$$

⬅$x^4=(x^2)^2=A^2$

⬅x^2-4, x^2-9 をそれぞれさらに因数分解する。

(4) $x^2=A$ とおくと

$$16x^4-1=16A^2-1$$
$$=(4A-1)(4A+1)$$
$$=(4x^2-1)(4x^2+1)$$
$$=\boldsymbol{(2x+1)(2x-1)(4x^2+1)}$$

⬅$x^4=(x^2)^2=A^2$

⬅$4x^2-1$ をさらに因数分解する。

(5) $x^2-2x=A$ とおくと

$$(x^2-2x)^2-11(x^2-2x)+24=A^2-11A+24$$
$$=(A-3)(A-8)$$
$$=(x^2-2x-3)(x^2-2x-8)$$
$$=\boldsymbol{(x+1)(x-3)(x+2)(x-4)}$$

⬅x^2-2x-3, x^2-2x-8 をそれぞれさらに因数分解する。

JUMP 7

(1) $(x-4)(x-2)(x+1)(x+3)+24$

$=\{(x-4)(x+3)\}\{(x-2)(x+1)\}+24$

$=(x^2-x-12)(x^2-x-2)+24$

$x^2-x=A$ とおくと

$(x^2-x-12)(x^2-x-2)+24=(A-12)(A-2)+24$

$=A^2-14A+48$

$=(A-6)(A-8)$

$=(x^2-x-6)(x^2-x-8)$

$=\boldsymbol{(x+2)(x-3)(x^2-x-8)}$

(2) $x^2=A$ とおくと

$x^4+x^2+1=A^2+A+1$

$=A^2+(2A-A)+1$

$=(A^2+2A+1)-A$

$=(A+1)^2-A$

$=(x^2+1)^2-x^2$

$x^2+1=B$ とおくと

$(x^2+1)^2-x^2=B^2-x^2$

$=(B+x)(B-x)$

$=\{(x^2+1)+x\}\{(x^2+1)-x\}$

$=\boldsymbol{(x^2+x+1)(x^2-x+1)}$

考え方 (1)計算の順序を工夫する。

⬅$(\ )(\ )(\ )(\ )+24$

積をとる式の組合せを工夫すると，x^2-x という同じ式が出てくる。

⬅x^2-x-6 をさらに因数分解する。

⬅$A=2A-A$ とし，$A^2+2A+1=(A+1)^2$ をつくる。

8 因数分解(4) (p.16)

30 (1) 最も次数の低い文字 b について整理すると

$a^2+ab+2bc-4c^2=(a+2c)b+(a^2-4c^2)$

$=(a+2c)b+(a+2c)(a-2c)$

$=(a+2c)\{b+(a-2c)\}$

$=\boldsymbol{(a+2c)(a+b-2c)}$

⬅a…2 次式
b…1 次式
c…2 次式

⬅$a+2c$ をくくり出す。

(2) 最も次数の低い文字 c について整理すると

$a^2+b^2+2ab+2bc+2ca=(2a+2b)c+(a^2+2ab+b^2)$

$=2(a+b)c+(a+b)^2$

$=(a+b)\{2c+(a+b)\}$

$=\boldsymbol{(a+b)(a+b+2c)}$

⬅a…2 次式
b…2 次式
c…1 次式

⬅$a+b$ をくくり出す。

(3) $x^2+(2y+3)x+(y+1)(y+2)$

$=\{x+(y+1)\}\{x+(y+2)\}$

$=\boldsymbol{(x+y+1)(x+y+2)}$

1	$y+1$ ⟶	$y+1$
1	$y+2$ ⟶	$y+2$
1	$(y+1)(y+2)$	$2y+3$

(4) $x^2+4xy+3y^2-x-7y-6$

$=x^2+(4y-1)x+(3y^2-7y-6)$

$=x^2+(4y-1)x+(y-3)(3y+2)$

$=\{x+(y-3)\}\{x+(3y+2)\}$

$=\boldsymbol{(x+y-3)(x+3y+2)}$

⬅x について降べきの順に整理

1	$y-3$ ⟶	$y-3$
1	$3y+2$ ⟶	$3y+2$
1	$(y-3)(3y+2)$	$4y-1$

31 (1) 最も次数の低い文字 c について整理すると

$4a^2-4ab+2ac-bc+b^2=(2a-b)c+(4a^2-4ab+b^2)$

$=(2a-b)c+(2a-b)^2$

$=(2a-b)\{c+(2a-b)\}$

$=\boldsymbol{(2a-b)(2a-b+c)}$

⬅a…2 次式
b…2 次式
c…1 次式

⬅$2a-b$ をくくり出す。

(2) 最も次数の低い文字 y について整理すると

$x^2+xy+2y-4=(x+2)y+(x^2-4)$

⬅x…2 次式
y…1 次式

$=(x+2)y+(x+2)(x-2)$

$=(x+2)\{y+(x-2)\}$

$=\boldsymbol{(x+2)(x+y-2)}$

⬅$x+2$ をくくり出す。

(3) $x^2+2xy+7x+y^2+7y+10$

$=x^2+(2y+7)x+y^2+7y+10$

$=x^2+(2y+7)x+(y+2)(y+5)$

$=\{x+(y+2)\}\{x+(y+5)\}$

$=\boldsymbol{(x+y+2)(x+y+5)}$

1	$y+2$ ⟶	$y+2$
1	$y+5$ ⟶	$y+5$
1	$(y+2)(y+5)$	$2y+7$

⬅x について降べきの順に整理

(4) $3x^2+4xy+y^2-7x-y-6$

$=3x^2+(4y-7)x+y^2-y-6$

$=3x^2+(4y-7)x+(y+2)(y-3)$

$=\{x+(y-3)\}\{3x+(y+2)\}$

$=\boldsymbol{(x+y-3)(3x+y+2)}$

1	$y-3$ ⟶	$3y-9$
3	$y+2$ ⟶	$y+2$
3	$(y+2)(y-3)$	$4y-7$

⬅x について降べきの順に整理

別解 $3x^2+4xy+y^2-7x-y-6$

$=y^2+(4x-1)y+3x^2-7x-6$

$=y^2+(4x-1)y+(x-3)(3x+2)$

$=\{y+(x-3)\}\{y+(3x+2)\}$

$=\boldsymbol{(x+y-3)(3x+y+2)}$

1	$x-3$ ⟶	$x-3$
1	$3x+2$ ⟶	$3x+2$
1	$(x-3)(3x+2)$	$4x-1$

⬅y について降べきの順に整理しても計算できる。

32 (1) 最も次数の低い文字 a について整理すると

$ab-4bc-ca+b^2+3c^2=(b-c)a+(b^2-4bc+3c^2)$

$=(b-c)a+(b-c)(b-3c)$

$=(b-c)\{a+(b-3c)\}$

$=\boldsymbol{(b-c)(a+b-3c)}$

⬅a…1 次式
b…2 次式
c…2 次式

⬅$b-c$ をくくり出す。

(2) 最も次数の低い文字 y について整理すると

$x^2y-x^2-4y+4=(x^2-4)y-x^2+4$

$=(x^2-4)y-(x^2-4)$

$=(x^2-4)(y-1)$

$=\boldsymbol{(x+2)(x-2)(y-1)}$

⬅x…2 次式
y…1 次式

⬅x^2-4 をさらに因数分解する。

(3) $2x^2+5xy+3y^2-4x-5y+2$

$=2x^2+(5y-4)x+(3y^2-5y+2)$

$=2x^2+(5y-4)x+(y-1)(3y-2)$

$=\{x+(y-1)\}\{2x+(3y-2)\}$

$=\boldsymbol{(x+y-1)(2x+3y-2)}$

1	$y-1$ ⟶	$2y-2$
2	$3y-2$ ⟶	$3y-2$
2	$(y-1)(3y-2)$	$5y-4$

⬅x について降べきの順に整理

(4) $3x^2-3xy-6y^2+5x-y+2$

$=3x^2-(3y-5)x-(6y^2+y-2)$

$=3x^2-(3y-5)x-(2y-1)(3y+2)$

$=\{x-(2y-1)\}\{3x+(3y+2)\}$

$=\boldsymbol{(x-2y+1)(3x+3y+2)}$

1	$-(2y-1)$ ⟶	$-6y+3$
3	$3y+2$ ⟶	$3y+2$
3	$-(2y-1)(3y+2)$	$-(3y-5)$

⬋x について降べきの順に整理

⬅定数項 $-(6y^2+y-2)$ を因数分解する（かっこの前の − は外につけたままで考える）

JUMP 8

考え方 最も次数の低い文字に着目して整理する

(1) 最も次数の低い文字 z について整理すると

$x^2y+y^2z-y^3-x^2z=(y^2-x^2)z+x^2y-y^3$

$=-(x^2-y^2)z+y(x^2-y^2)$

$=(x^2-y^2)(-z+y)$

$=\boldsymbol{(x+y)(x-y)(y-z)}$

⬅x…2 次式，y…3 次式
z…1 次式

⬉$y^2-x^2=-(x^2-y^2)$

⬉x^2-y^2 をくくり出す。

(2) 最も次数の低い文字 y について整理すると

$xy-yz^2+x^3-2x^2z^2+xz^4=(x-z^2)y+x^3-2x^2z^2+xz^4$

$=(x-z^2)y+x(x^2-2xz^2+z^4)$

⬅x…3 次式，y…1 次式
z…4 次式

$=(x-z^2)y+x(x-z^2)^2$
$=(x-z^2)\{y+x(x-z^2)\}$
$=\boldsymbol{(x-z^2)(x^2-xz^2+y)}$

⬅$x-z^2$ をくくり出す。

9 〈発展〉3次式の展開と因数分解 (p.18)

33 (1) $(x+1)^3=x^3+3\times x^2\times 1+3\times x\times 1^2+1^3$
$=\boldsymbol{x^3+3x^2+3x+1}$

(2) $(x+1)(x^2-x+1)=(x+1)(x^2-x\times 1+1^2)$
$=x^3+1^3$
$=\boldsymbol{x^3+1}$

34 (1) $27x^3+y^3=(3x)^3+y^3$
$=(3x+y)\{(3x)^2-3x\times y+y^2\}$
$=\boldsymbol{(3x+y)(9x^2-3xy+y^2)}$

(2) $8x^3-125=(2x)^3-5^3$
$=(2x-5)\{(2x)^2+2x\times 5+5^2\}$
$=\boldsymbol{(2x-5)(4x^2+10x+25)}$

35 (1) $(x+3)^3=x^3+3\times x^2\times 3+3\times x\times 3^2+3^3$
$=\boldsymbol{x^3+9x^2+27x+27}$

(2) $(2x-1)^3=(2x)^3-3\times(2x)^2\times 1+3\times 2x\times 1^2-1^3$
$=\boldsymbol{8x^3-12x^2+6x-1}$

(3) $(2x+1)(4x^2-2x+1)=(2x+1)\{(2x)^2-2x\times 1+1^2\}$
$=(2x)^3+1^3$
$=\boldsymbol{8x^3+1}$

(4) $(x-4y)(x^2+4xy+16y^2)=(x-4y)\{x^2+x\times 4y+(4y)^2\}$
$=x^3-(4y)^3$
$=\boldsymbol{x^3-64y^3}$

36 (1) $x^3+1=x^3+1^3$
$=(x+1)(x^2-x\times 1+1^2)$
$=\boldsymbol{(x+1)(x^2-x+1)}$

(2) $27x^3-64y^3=(3x)^3-(4y)^3$
$=(3x-4y)\{(3x)^2+3x\times 4y+(4y)^2\}$
$=\boldsymbol{(3x-4y)(9x^2+12xy+16y^2)}$

37 (1) $(2x-3y)^3=(2x)^3-3\times(2x)^2\times 3y+3\times 2x\times(3y)^2-(3y)^3$
$=\boldsymbol{8x^3-36x^2y+54xy^2-27y^3}$

(2) $(xy+4)^3=(xy)^3+3\times(xy)^2\times 4+3\times xy\times 4^2+4^3$
$=\boldsymbol{x^3y^3+12x^2y^2+48xy+64}$

(3) $(3x-5y)(9x^2+15xy+25y^2)$
$=(3x-5y)\{(3x)^2+3x\times 5y+(5y)^2\}$
$=(3x)^3-(5y)^3$
$=\boldsymbol{27x^3-125y^3}$

(4) $(xy+z)(x^2y^2-xyz+z^2)=(xy+z)\{(xy)^2-xy\times z+z^2\}$
$=(xy)^3+z^3$
$=\boldsymbol{x^3y^3+z^3}$

3次式の乗法公式
- $(a+b)^3$
  $=a^3+3a^2b+3ab^2+b^3$
- $(a-b)^3$
  $=a^3-3a^2b+3ab^2-b^3$
- $(a+b)(a^2-ab+b^2)$
  $=a^3+b^3$
- $(a-b)(a^2+ab+b^2)$
  $=a^3-b^3$

3次式の因数分解の公式
- a^3+b^3
  $=(a+b)(a^2-ab+b^2)$
- a^3-b^3
  $=(a-b)(a^2+ab+b^2)$

38 (1) $x^4y+xy^4=xy(x^3+y^3)$
$=\boldsymbol{xy(x+y)(x^2-xy+y^2)}$
(2) $24x^3-3y^3=3(8x^3-y^3)$
$=3(2x-y)\{(2x)^2+2x\times y+y^2\}$
$=\boldsymbol{3(2x-y)(4x^2+2xy+y^2)}$

⬅共通因数の xy をくくり出す。
⬅共通因数の 3 をくくり出す。(24=3×8 と考える)

JUMP 9

考え方 積の順序を考える。

(1) $(x+1)^3(x-1)^3=\{(x+1)(x-1)\}^3$
$=(x^2-1)^3$
$=(x^2)^3-3\times(x^2)^2\times1+3\times x^2\times1^2-1^3$
$=\boldsymbol{x^6-3x^4+3x^2-1}$
(2) $(x+2)(x-2)(x^2+2x+4)(x^2-2x+4)$
$=\{(x+2)(x^2-2x+4)\}\times\{(x-2)(x^2+2x+4)\}$
$=(x^3+8)(x^3-8)$
$=\boldsymbol{x^6-64}$

⬅$a^nb^n=(ab)^n$ (指数法則)
⬅乗法公式
⬅( )( )( )( )
積をとる式の組合せを工夫すると，乗法公式が使える。

まとめの問題 数と式①(p.20)

1 (1) $2x^3+5x^2y+4xy+y^2-6x-1$
$=\boldsymbol{2x^3+5yx^2+(4y-6)x+(y^2-1)}$
x の 1 次の項の係数は $\boldsymbol{4y-6}$,
定数項は $\boldsymbol{y^2-1}$
(2) $2x^3+5x^2y+4xy+y^2-6x-1$
$=\boldsymbol{y^2+(5x^2+4x)y+(2x^3-6x-1)}$
y の 1 次の項の係数は $\boldsymbol{5x^2+4x}$,
定数項は $\boldsymbol{2x^3-6x-1}$

⬅x を含まない項が定数項
⬅y を含まない項が定数項

2 (1) $2a^4b\times(-3a^2b^3)^2=2a^4b\times(-3)^2\times(a^2)^2\times(b^3)^2$
$=2\times(-3)^2\times a^4\times a^{2\times2}\times b\times b^{3\times2}$
$=2\times9\times a^{4+4}\times b^{1+6}$
$=\boldsymbol{18a^8b^7}$
(2) $x^2y\times(2xy^3)^2\times(-x^2y^4)^3$
$=x^2y\times2^2\times x^2\times(y^3)^2\times(-1)^3\times(x^2)^3\times(y^4)^3$
$=2^2\times(-1)^3\times x^2\times x^2\times x^{2\times3}\times y\times y^{3\times2}\times y^{4\times3}$
$=4\times(-1)\times x^{2+2+6}\times y^{1+6+12}$
$=\boldsymbol{-4x^{10}y^{19}}$

⬅$(ab)^n=a^nb^n$
⬅$(a^m)^n=a^{mn}$
⬅$a^m\times a^n=a^{m+n}$
⬅$(ab)^n=a^nb^n$
⬅$(a^m)^n=a^{mn}$
⬅$a^m\times a^n=a^{m+n}$

3 (1) $2xy(x^2+3xy+4y^2)=2xy\times x^2+2xy\times3xy+2xy\times4y^2$
$=\boldsymbol{2x^3y+6x^2y^2+8xy^3}$
(2) $(x-1)(x^3+x^2+x+1)=x(x^3+x^2+x+1)-(x^3+x^2+x+1)$
$=x^4+x^3+x^2+x-x^3-x^2-x-1$
$=\boldsymbol{x^4-1}$
(3) $(ax+by)^2=(ax)^2+2\times ax\times by+(by)^2$
$=\boldsymbol{a^2x^2+2abxy+b^2y^2}$
(4) $(ab+1)(ab-1)=(ab)^2-1^2=\boldsymbol{a^2b^2-1}$
(5) $(3a+7b)(4a-9b)$
$=3\times4a^2+\{3\times(-9b)+7b\times4\}a+7b\times(-9b)$
$=\boldsymbol{12a^2+ab-63b^2}$
(6) $2a+b=A$ とおくと
$(2a+b-c)^2=(A-c)^2$

⬅$2xy(x^2+3xy+4y^2)$
⬅$(x-1)(x^3+x^2+x+1)$
⬅$(a+b)^2=a^2+2ab+b^2$
⬅$(a+b)(a-b)=a^2-b^2$
⬅$(ax+b)(cx+d)$
$=acx^2+(ad+bc)x+bd$
⬅式の一部をひとまとめにする。

$=A^2-2Ac+c^2$
$=(2a+b)^2-2(2a+b)c+c^2$
$=4a^2+4ab+b^2-4ac-2bc+c^2$
$=\boldsymbol{4a^2+b^2+c^2+4ab-2bc-4ca}$

別解 $(2a+b-c)^2$
$=(2a)^2+b^2+(-c)^2+2\times2a\times b+2\times b\times(-c)+2\times(-c)\times2a$
$=\boldsymbol{4a^2+b^2+c^2+4ab-2bc-4ca}$

⬅A を $2a+b$ にもどす。

⬅ab, bc, ca の順に項を整理する

(7) $x+z=A$ とおくと
$(x+y+z)(x-y+z)=(A+y)(A-y)$
$=A^2-y^2$
$=(x+z)^2-y^2$
$=x^2+2xz+z^2-y^2$
$=\boldsymbol{x^2-y^2+z^2+2xz}$

⬅式の一部をひとまとめにする。

⬅A を $x+z$ にもどす。

(8) $(3a-bc)^2(3a+bc)^2=\{(3a-bc)(3a+bc)\}^2$
$=\{(3a)^2-(bc)^2\}^2$
$=(9a^2-b^2c^2)^2$
$=(9a^2)^2-2\times9a^2\times b^2c^2+(b^2c^2)^2$
$=\boldsymbol{81a^4-18a^2b^2c^2+b^4c^4}$

⬅$a^nb^n=(ab)^n$

⬅$(a-b)^2=a^2-2ab+b^2$

4 (1) $x^2-4x=\boldsymbol{x(x-4)}$

⬅共通因数 x

(2) $a^2(2x-3y)+b^2(3y-2x)=a^2(2x-3y)-b^2(2x-3y)$
$=(a^2-b^2)(2x-3y)$
$=\boldsymbol{(a+b)(a-b)(2x-3y)}$

⬅$3y-2x=-2x+3y$
$=-(2x-3y)$

⬅a^2-b^2 をさらに因数分解する。

(3) $x^2-12xy+36y^2=x^2-2\times x\times6y+(6y)^2=\boldsymbol{(x-6y)^2}$

⬅$a^2-2ab+b^2=(a-b)^2$

(4) $4x^2+5x-6$
$=\boldsymbol{(x+2)(4x-3)}$

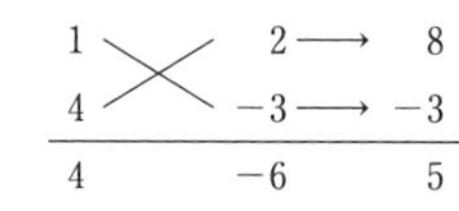

(5) $36x^2-5xy-24y^2$
$=\boldsymbol{(4x+3y)(9x-8y)}$

4	$3y$ →	$27y$
9	$-8y$ →	$-32y$
36	$-24y^2$	$-5y$

(6) $(a-b)^2-7(b-a)+10=(a-b)^2+7(a-b)+10$
ここで，$a-b=A$ とおくと
$(a-b)^2+7(a-b)+10=A^2+7A+10$
$=(A+2)(A+5)$
$=\boldsymbol{(a-b+2)(a-b+5)}$

⬅$-7(b-a)$
$=-7(-a+b)$
$=-7\{-(a-b)\}$
$=-7\times(-1)(a-b)$
$=7(a-b)$

(7) $x^2=A$ とおくと
$x^4-x^2-12=A^2-A-12$
$=(A-4)(A+3)$
$=(x^2-4)(x^2+3)$
$=\boldsymbol{(x+2)(x-2)(x^2+3)}$

⬅$x^4=(x^2)^2=A^2$

⬅x^2-4 をさらに因数分解する。

(8) 最も次数の低い文字 z について整理すると
$x^2z+x+y-y^2z=(x^2-y^2)z+(x+y)$
$=(x+y)(x-y)z+(x+y)$
$=(x+y)\{(x-y)z+1\}$
$=\boldsymbol{(x+y)(xz-yz+1)}$

⬅x は2次式，y は2次式
z は1次式

(9) x に着目して整理すると
$2x^2+6xy+4y^2-x-4y-3$
$=2x^2+(6y-1)x+(4y^2-4y-3)$

⬅x，y の次数が等しいので，どちらか1つの文字について整理

$=2x^2+(6y-1)x+(2y+1)(2y-3)$
$=\{x+(2y+1)\}\{2x+(2y-3)\}$
$=\boldsymbol{(x+2y+1)(2x+2y-3)}$

1	╲╱	$2y+1$	⟶	$4y+2$
2	╱╲	$2y-3$	⟶	$2y-3$
2		$(2y+1)(2y-3)$		$6y-1$

別解　y に着目して整理すると

$2x^2+6xy+4y^2-x-4y-3$
$=4y^2+(6x-4)y+(2x^2-x-3)$
$=4y^2+(6x-4)y+(x+1)(2x-3)$
$=\{2y+(x+1)\}\{2y+(2x-3)\}$
$=\boldsymbol{(x+2y+1)(2x+2y-3)}$

2	╲╱	$x+1$	⟶	$2x+2$
2	╱╲	$2x-3$	⟶	$4x-6$
4		$(x+1)(2x-3)$		$6x-4$

⬅y について整理しても計算できる。

5 $(4x-3y)^3=(4x)^3-3\times(4x)^2\times3y+3\times4x\times(3y)^2-(3y)^3$
$=\boldsymbol{64x^3-144x^2y+108xy^2-27y^3}$

⬅$(a-b)^3=a^3-3a^2b+3ab^2-b^3$

6 $2x^3-54y^3=2(x^3-27y^3)$
$=2\{x^3-(3y)^3\}$
$=2(x-3y)\{x^2+x\times3y+(3y)^2\}$
$=\boldsymbol{2(x-3y)(x^2+3xy+9y^2)}$

⬅共通因数の 2 でくくる。

⬅$a^3-b^3=(a-b)(a^2+ab+b^2)$

10 実数，平方根 (p.22)

39 (1) $|-3|=-(-3)=\boldsymbol{3}$

(2) $\sqrt{7}>\sqrt{6}$　であるから　$\sqrt{7}-\sqrt{6}>0$
よって　$|\sqrt{7}-\sqrt{6}|=\boldsymbol{\sqrt{7}-\sqrt{6}}$

(3) $2=\sqrt{4}$　より　$2<\sqrt{6}$　であるから　$2-\sqrt{6}<0$
よって　$|2-\sqrt{6}|=-(2-\sqrt{6})=\boldsymbol{\sqrt{6}-2}$

絶対値
$a\geqq0$ のとき $|a|=a$
$a<0$ のとき $|a|=-a$

$\sqrt{a^2}$ の値
$a\geqq0$ のとき $\sqrt{a^2}=a$
$a<0$ のとき $\sqrt{a^2}=-a$

40 (1) 2 乗すると 3 になる数だから，$\sqrt{3}$ と $-\sqrt{3}$，すなわち $\boldsymbol{\pm\sqrt{3}}$

(2) $\sqrt{64}=\boldsymbol{8}$

(3) $\sqrt{(-2)^2}=-(-2)=\boldsymbol{2}$

⬅$\sqrt{(-2)^2}=-2$ は誤り

41 (1) $\dfrac{4}{15}=4\div15=0.2666666\cdots\cdots=\boldsymbol{0.2\dot{6}}$

(2) $\dfrac{7}{37}=7\div37=0.1891891\cdots\cdots=\boldsymbol{0.\dot{1}8\dot{9}}$

(3) $\dfrac{37}{7}=37\div7=5.28571428\cdots\cdots=\boldsymbol{5.\dot{2}8571\dot{4}}$

⬅循環小数は，同じ並びの最初と最後の数字の上に記号・をつけて表す。

有理数
m，n を整数，$n\neq0$ として $\dfrac{m}{n}$ という分数の形で表される数
無理数
分数 $\dfrac{m}{n}$ の形で表せない数（有理数でない実数）

42 (1) $\sqrt{9}=3$，$\dfrac{16}{4}=4$　であるから，自然数は $\boldsymbol{\sqrt{9}}$，$\boldsymbol{\dfrac{16}{4}}$

(2) 整数は $\boldsymbol{0}$，$\boldsymbol{\sqrt{9}}$，$\boldsymbol{-2}$，$\boldsymbol{\dfrac{16}{4}}$

(3) $3.14=\dfrac{314}{100}=\dfrac{157}{50}$，$0.333\cdots\cdots=\dfrac{1}{3}$　であるから，

有理数は $\boldsymbol{0}$，$\boldsymbol{-\dfrac{1}{3}}$，$\boldsymbol{3.14}$，$\boldsymbol{\sqrt{9}}$，$\boldsymbol{-2}$，$\boldsymbol{0.333\cdots\cdots}$，$\boldsymbol{\dfrac{16}{4}}$

⬉3.14 は有限小数，0.333…… は循環小数だから，ともに有理数であると言える。

(4) 無理数は $\boldsymbol{\sqrt{5}}$，$\boldsymbol{\pi}$

43 (1) $\left|-\dfrac{20}{3}\right|=-\left(-\dfrac{20}{3}\right)=\boldsymbol{\dfrac{20}{3}}$

(2) $3=\sqrt{9}$　より　$3-\sqrt{5}>0$　であるから

$|3-\sqrt{5}|=\mathbf{3-\sqrt{5}}$

(3) $2\sqrt{2}=\sqrt{8}$, $3=\sqrt{9}$　より　$2\sqrt{2}-3<0$　であるから

$|2\sqrt{2}-3|=-(2\sqrt{2}-3)=\mathbf{3-2\sqrt{2}}$

44 (1) 2乗すると49になる数だから，7と -7，すなわち $\pm\mathbf{7}$

(2) 2乗すると $\frac{1}{9}$ になる数だから，$\frac{1}{3}$ と $-\frac{1}{3}$，すなわち $\pm\mathbf{\frac{1}{3}}$

(3) $-\sqrt{100}=-\sqrt{10^2}=\mathbf{-10}$

(4) $\sqrt{\left(-\frac{1}{8}\right)^2}=-\left(-\frac{1}{8}\right)=\mathbf{\frac{1}{8}}$

⬅ $\sqrt{\left(-\frac{1}{8}\right)^2}=-\frac{1}{8}$ は誤り

JUMP 10

考え方　絶対値の中の符号を確認する。

絶対値
$a\geqq0$ のとき $|a|=a$
$a<0$ のとき $|a|=-a$

(1) $x=5$ のとき

$$\begin{aligned}|x+1|+2|x-2|&=|5+1|+2|5-2|\\&=|6|+2|3|\\&=6+2\times3\\&=\mathbf{12}\end{aligned}$$

(2) $x=-2$ のとき

$$\begin{aligned}|x+1|+2|x-2|&=|-2+1|+2|-2-2|\\&=|-1|+2|-4|\\&=1+2\times4\\&=\mathbf{9}\end{aligned}$$

(3) $x=\sqrt{3}$ のとき，$\sqrt{3}+1>0$，$\sqrt{3}-2<0$ であるから

$$\begin{aligned}|x+1|+2|x-2|&=|\sqrt{3}+1|+2|\sqrt{3}-2|\\&=(\sqrt{3}+1)-2(\sqrt{3}-2)\\&=\mathbf{5-\sqrt{3}}\end{aligned}$$

⬅ $\sqrt{3}<2$ より $\sqrt{3}-2<0$

11 根号を含む式の計算(p.24)

平方根の積と商
$a>0$，$b>0$ のとき
[1] $\sqrt{a}\sqrt{b}=\sqrt{ab}$
[2] $\frac{\sqrt{a}}{\sqrt{b}}=\sqrt{\frac{a}{b}}$

平方根の性質
$a>0$，$k>0$ のとき
$\sqrt{k^2a}=k\sqrt{a}$

45 (1) $\sqrt{28}=\sqrt{2^2\times7}=\mathbf{2\sqrt{7}}$

(2) $\sqrt{3}\times\sqrt{21}=\sqrt{3\times21}=\sqrt{3^2\times7}=\mathbf{3\sqrt{7}}$

(3) $\frac{\sqrt{48}}{\sqrt{8}}=\sqrt{\frac{48}{8}}=\mathbf{\sqrt{6}}$

(4)
$$\begin{aligned}2\sqrt{8}-\sqrt{18}+\sqrt{72}&=2\times2\sqrt{2}-3\sqrt{2}+6\sqrt{2}\\&=(4-3+6)\sqrt{2}\\&=\mathbf{7\sqrt{2}}\end{aligned}$$

(5)
$$\begin{aligned}(2\sqrt{2}-\sqrt{5})-(5\sqrt{2}-4\sqrt{5})&=2\sqrt{2}-\sqrt{5}-5\sqrt{2}+4\sqrt{5}\\&=(2-5)\sqrt{2}+(-1+4)\sqrt{5}\\&=\mathbf{-3\sqrt{2}+3\sqrt{5}}\end{aligned}$$

(6) $(\sqrt{6}+2\sqrt{2})(3\sqrt{6}-\sqrt{2})$

$=3(\sqrt{6})^2-\sqrt{6}\times\sqrt{2}+2\sqrt{2}\times3\sqrt{6}-2(\sqrt{2})^2$

$=3\times6-\sqrt{12}+6\sqrt{12}-2\times2$

$=18-2\sqrt{3}+6\times2\sqrt{3}-4$

$=14+(-2+12)\sqrt{3}$

$=\mathbf{14+10\sqrt{3}}$

(7)
$$\begin{aligned}(\sqrt{2}+\sqrt{5})^2&=(\sqrt{2})^2+2\times\sqrt{2}\times\sqrt{5}+(\sqrt{5})^2\\&=2+2\sqrt{10}+5\\&=\mathbf{7+2\sqrt{10}}\end{aligned}$$

⬅ $(a+b)^2=a^2+2ab+b^2$

1章　数と式

(8) $(\sqrt{6}+\sqrt{3})(\sqrt{6}-\sqrt{3})=(\sqrt{6})^2-(\sqrt{3})^2$
$=6-3$
$=\mathbf{3}$

⬅$(a+b)(a-b)=a^2-b^2$

46 (1) $\sqrt{3}\times\sqrt{6}\times\sqrt{18}=\sqrt{3\times6\times18}=\sqrt{3^2\times3^2\times2^2}=3\times3\times2=\mathbf{18}$

別解 $\sqrt{3}\times\sqrt{6}\times\sqrt{18}=\sqrt{18}\times\sqrt{18}=(\sqrt{18})^2=\mathbf{18}$

(2) $\sqrt{60}\div\sqrt{5}=\dfrac{\sqrt{60}}{\sqrt{5}}=\sqrt{\dfrac{60}{5}}=\sqrt{12}=\sqrt{2^2\times3}=\mathbf{2\sqrt{3}}$

(3) $\sqrt{20}-\sqrt{45}+\sqrt{80}=2\sqrt{5}-3\sqrt{5}+4\sqrt{5}$
$=(2-3+4)\sqrt{5}$
$=\mathbf{3\sqrt{5}}$

(4) $(\sqrt{10}+\sqrt{3})^2=(\sqrt{10})^2+2\times\sqrt{10}\times\sqrt{3}+(\sqrt{3})^2$
$=10+2\sqrt{30}+3$
$=\mathbf{13+2\sqrt{30}}$

⬅$(a+b)^2=a^2+2ab+b^2$

(5) $(\sqrt{7}+\sqrt{2})(\sqrt{7}-\sqrt{2})=(\sqrt{7})^2-(\sqrt{2})^2$
$=7-2$
$=\mathbf{5}$

⬅$(a+b)(a-b)=a^2-b^2$

47 (1) $4\sqrt{6}\times\sqrt{15}\div2\sqrt{2}=4\sqrt{6\times15}\div2\sqrt{2}$
$=4\sqrt{3^2\times2\times5}\div2\sqrt{2}$
$=4\times3\sqrt{10}\div2\sqrt{2}$
$=12\sqrt{10}\div2\sqrt{2}$
$=\dfrac{12\sqrt{10}}{2\sqrt{2}}=6\sqrt{\dfrac{10}{2}}=\mathbf{6\sqrt{5}}$

平方根の積と商
$a>0$, $b>0$ のとき
[1] $\sqrt{a}\sqrt{b}=\sqrt{ab}$
[2] $\dfrac{\sqrt{a}}{\sqrt{b}}=\sqrt{\dfrac{a}{b}}$

平方根の性質
$a>0$, $k>0$ のとき
$\sqrt{k^2a}=k\sqrt{a}$

(2) $\sqrt{12}+2\sqrt{54}-(4\sqrt{48}-3\sqrt{96})=2\sqrt{3}+2\times3\sqrt{6}$
$-(4\times4\sqrt{3}-3\times4\sqrt{6})$
$=2\sqrt{3}+6\sqrt{6}-16\sqrt{3}+12\sqrt{6}$
$=(2-16)\sqrt{3}+(6+12)\sqrt{6}$
$=\mathbf{-14\sqrt{3}+18\sqrt{6}}$

(3) $(3\sqrt{2}-2\sqrt{3})^2=(3\sqrt{2})^2-2\times3\sqrt{2}\times2\sqrt{3}+(2\sqrt{3})^2$
$=9\times2-12\sqrt{6}+4\times3$
$=\mathbf{30-12\sqrt{6}}$

⬅$(a-b)^2=a^2-2ab+b^2$

(4) $(4\sqrt{6}+3\sqrt{3})(4\sqrt{6}-3\sqrt{3})=(4\sqrt{6})^2-(3\sqrt{3})^2$
$=16\times6-9\times3=\mathbf{69}$

⬅$(a+b)(a-b)=a^2-b^2$

(5) $(\sqrt{10}-\sqrt{54})(\sqrt{20}+\sqrt{3})$
$=(\sqrt{10}-3\sqrt{6})(2\sqrt{5}+\sqrt{3})$
$=\sqrt{10}\times2\sqrt{5}+\sqrt{10}\times\sqrt{3}-3\sqrt{6}\times2\sqrt{5}-3\sqrt{6}\times\sqrt{3}$
$=2\sqrt{50}+\sqrt{30}-6\sqrt{30}-3\sqrt{18}$
$=2\times5\sqrt{2}+\sqrt{30}-6\sqrt{30}-3\times3\sqrt{2}$
$=10\sqrt{2}+\sqrt{30}-6\sqrt{30}-9\sqrt{2}$
$=(10-9)\sqrt{2}+(1-6)\sqrt{30}$
$=\mathbf{\sqrt{2}-5\sqrt{30}}$

⬅$\sqrt{\ }$ 内をできるだけ小さい数にしてから展開する。

JUMP 11

考え方 (1)式の一部をひとまとめにする。

(1) $(\sqrt{2}+\sqrt{5}+\sqrt{7})(\sqrt{2}+\sqrt{5}-\sqrt{7})$
$=\{(\sqrt{2}+\sqrt{5})+\sqrt{7}\}\{(\sqrt{2}+\sqrt{5})-\sqrt{7}\}$
$=(\sqrt{2}+\sqrt{5})^2-(\sqrt{7})^2$

⬅$\sqrt{2}+\sqrt{5}=A$ とおくと
$(A+\sqrt{7})(A-\sqrt{7})$
$=A^2-(\sqrt{7})^2$

$=(2+2\sqrt{10}+5)-7$
$=\mathbf{2\sqrt{10}}$

(2) $(1-\sqrt{2}+\sqrt{3})^2-(1+\sqrt{2}+\sqrt{3})^2$
$=\{(1-\sqrt{2}+\sqrt{3})+(1+\sqrt{2}+\sqrt{3})\}\{(1-\sqrt{2}+\sqrt{3})-(1+\sqrt{2}+\sqrt{3})\}$
$=(2+2\sqrt{3})(-2\sqrt{2})$
$=\mathbf{-4\sqrt{2}-4\sqrt{6}}$

⬅$1-\sqrt{2}+\sqrt{3}=A$, $1+\sqrt{2}+\sqrt{3}=B$ とおくと $A^2-B^2=(A+B)(A-B)$

別解 $(1-\sqrt{2}+\sqrt{3})^2-(1+\sqrt{2}+\sqrt{3})^2$
$=\{(1+\sqrt{3})-\sqrt{2}\}^2-\{(1+\sqrt{3})+\sqrt{2}\}^2$
$=\{(1+\sqrt{3})^2-2\times(1+\sqrt{3})\times\sqrt{2}+(\sqrt{2})^2\}-\{(1+\sqrt{3})^2+2\times(1+\sqrt{3})\times\sqrt{2}+(\sqrt{2})^2\}$
$=(1+\sqrt{3})^2-2\sqrt{2}(1+\sqrt{3})+2-(1+\sqrt{3})^2-2\sqrt{2}(1+\sqrt{3})-2$
$=-2\sqrt{2}(1+\sqrt{3})-2\sqrt{2}(1+\sqrt{3})$
$=-4\sqrt{2}(1+\sqrt{3})$
$=\mathbf{-4\sqrt{2}-4\sqrt{6}}$

⬅$1+\sqrt{3}=A$ とおくと $(A-\sqrt{2})^2-(A+\sqrt{2})^2$ $=\{(A-\sqrt{2})+(A+\sqrt{2})\}\{(A-\sqrt{2})-(A+\sqrt{2})\}$ $=2A\times(-2\sqrt{2})$

12 分母の有理化 (p.26)

48 (1) $\dfrac{2}{\sqrt{2}}=\dfrac{2\times\sqrt{2}}{\sqrt{2}\times\sqrt{2}}=\dfrac{2\sqrt{2}}{2}=\mathbf{\sqrt{2}}$

⬅分母と分子に $\sqrt{2}$ を掛ける。

(2) $\dfrac{\sqrt{5}}{\sqrt{12}}=\dfrac{\sqrt{5}}{2\sqrt{3}}=\dfrac{\sqrt{5}\times\sqrt{3}}{2\sqrt{3}\times\sqrt{3}}=\dfrac{\sqrt{15}}{2\times3}=\mathbf{\dfrac{\sqrt{15}}{6}}$

⬅$\sqrt{}$ 内をできるだけ小さい数にしてから計算する。分母と分子に $\sqrt{3}$ を掛ける。

別解 $\dfrac{\sqrt{5}}{\sqrt{12}}=\dfrac{\sqrt{5}\times\sqrt{12}}{\sqrt{12}\times\sqrt{12}}=\dfrac{\sqrt{60}}{12}=\dfrac{2\sqrt{15}}{12}=\mathbf{\dfrac{\sqrt{15}}{6}}$

(3) $\dfrac{\sqrt{5}+\sqrt{2}}{\sqrt{3}}=\dfrac{(\sqrt{5}+\sqrt{2})\times\sqrt{3}}{\sqrt{3}\times\sqrt{3}}=\dfrac{\sqrt{5}\times\sqrt{3}+\sqrt{2}\times\sqrt{3}}{3}$
$=\mathbf{\dfrac{\sqrt{15}+\sqrt{6}}{3}}$

⬅分母と分子に $\sqrt{3}$ を掛ける。

49 (1) $\dfrac{1}{\sqrt{5}+\sqrt{2}}=\dfrac{\sqrt{5}-\sqrt{2}}{(\sqrt{5}+\sqrt{2})(\sqrt{5}-\sqrt{2})}=\dfrac{\sqrt{5}-\sqrt{2}}{(\sqrt{5})^2-(\sqrt{2})^2}$
$=\dfrac{\sqrt{5}-\sqrt{2}}{5-2}=\mathbf{\dfrac{\sqrt{5}-\sqrt{2}}{3}}$

⬅分母と分子に $\sqrt{5}-\sqrt{2}$ を掛ける。

(2) $\dfrac{4}{\sqrt{6}+\sqrt{2}}=\dfrac{4(\sqrt{6}-\sqrt{2})}{(\sqrt{6}+\sqrt{2})(\sqrt{6}-\sqrt{2})}=\dfrac{4(\sqrt{6}-\sqrt{2})}{(\sqrt{6})^2-(\sqrt{2})^2}$
$=\dfrac{4(\sqrt{6}-\sqrt{2})}{6-2}=\dfrac{4(\sqrt{6}-\sqrt{2})}{4}=\mathbf{\sqrt{6}-\sqrt{2}}$

⬅分母と分子に $\sqrt{6}-\sqrt{2}$ を掛ける。

⬅4 で約分（分子のかっこをはずさない方が約分しやすい）

(3) $\dfrac{\sqrt{5}+\sqrt{3}}{\sqrt{5}-\sqrt{3}}=\dfrac{(\sqrt{5}+\sqrt{3})^2}{(\sqrt{5}-\sqrt{3})(\sqrt{5}+\sqrt{3})}=\dfrac{5+2\sqrt{15}+3}{(\sqrt{5})^2-(\sqrt{3})^2}$
$=\dfrac{8+2\sqrt{15}}{5-3}=\dfrac{2(4+\sqrt{15})}{2}=\mathbf{4+\sqrt{15}}$

⬅分母と分子に $\sqrt{5}+\sqrt{3}$ を掛ける。

⬉2 で約分

50 (1) $\dfrac{8}{3\sqrt{6}}=\dfrac{8\times\sqrt{6}}{3\sqrt{6}\times\sqrt{6}}=\dfrac{8\sqrt{6}}{3\times6}=\dfrac{2\times4\sqrt{6}}{3\times3\times2}=\mathbf{\dfrac{4\sqrt{6}}{9}}$

⬅分母と分子に $\sqrt{6}$ を掛ける。

(2) $\dfrac{2}{\sqrt{7}-\sqrt{3}}=\dfrac{2(\sqrt{7}+\sqrt{3})}{(\sqrt{7}-\sqrt{3})(\sqrt{7}+\sqrt{3})}=\dfrac{2(\sqrt{7}+\sqrt{3})}{(\sqrt{7})^2-(\sqrt{3})^2}$
$=\dfrac{2(\sqrt{7}+\sqrt{3})}{7-3}=\dfrac{2(\sqrt{7}+\sqrt{3})}{4}=\mathbf{\dfrac{\sqrt{7}+\sqrt{3}}{2}}$

⬅分母と分子に $\sqrt{7}+\sqrt{3}$ を掛ける。

⬅2 で約分（分子のかっこをはずさない方が約分しやすい）

(3) $\dfrac{2-\sqrt{6}}{2+\sqrt{6}}=\dfrac{(2-\sqrt{6})^2}{(2+\sqrt{6})(2-\sqrt{6})}=\dfrac{4-4\sqrt{6}+6}{2^2-(\sqrt{6})^2}$

$=\dfrac{10-4\sqrt{6}}{4-6}=\dfrac{2(5-2\sqrt{6})}{-2}=\mathbf{-5+2\sqrt{6}}$

⬅分母と分子に $2-\sqrt{6}$ を掛ける。

⬅2 で約分

(4) $\dfrac{1-\sqrt{3}}{2+\sqrt{3}}=\dfrac{(1-\sqrt{3})(2-\sqrt{3})}{(2+\sqrt{3})(2-\sqrt{3})}=\dfrac{2-\sqrt{3}-2\sqrt{3}+3}{2^2-(\sqrt{3})^2}$

$=\dfrac{5-3\sqrt{3}}{4-3}=\mathbf{5-3\sqrt{3}}$

⬅分母と分子に $2-\sqrt{3}$ を掛ける。

51 (1) $\dfrac{6\sqrt{3}}{\sqrt{2}}-\dfrac{6\sqrt{2}}{\sqrt{3}}+\dfrac{6}{\sqrt{6}}=\dfrac{6\sqrt{3}\times\sqrt{2}}{\sqrt{2}\times\sqrt{2}}-\dfrac{6\sqrt{2}\times\sqrt{3}}{\sqrt{3}\times\sqrt{3}}+\dfrac{6\times\sqrt{6}}{\sqrt{6}\times\sqrt{6}}$

$=\dfrac{6\sqrt{6}}{2}-\dfrac{6\sqrt{6}}{3}+\dfrac{6\sqrt{6}}{6}$

$=3\sqrt{6}-2\sqrt{6}+\sqrt{6}=\mathbf{2\sqrt{6}}$

⬅まずは，それぞれの分数の分母を有理化する。

(2) $\dfrac{1}{\sqrt{3}-\sqrt{2}}+\dfrac{1}{\sqrt{3}+\sqrt{2}}$

$=\dfrac{\sqrt{3}+\sqrt{2}}{(\sqrt{3}-\sqrt{2})(\sqrt{3}+\sqrt{2})}+\dfrac{\sqrt{3}-\sqrt{2}}{(\sqrt{3}+\sqrt{2})(\sqrt{3}-\sqrt{2})}$

$=\dfrac{\sqrt{3}+\sqrt{2}}{3-2}+\dfrac{\sqrt{3}-\sqrt{2}}{3-2}$

$=(\sqrt{3}+\sqrt{2})+(\sqrt{3}-\sqrt{2})=\mathbf{2\sqrt{3}}$

⬅1つ目の分数は，分母と分子に $\sqrt{3}+\sqrt{2}$，2つ目の分数は分母と分子に $\sqrt{3}-\sqrt{2}$ を掛ける。この場合，通分していると考えても同じ式変形になる。

(3) $\left(\dfrac{1}{\sqrt{7}+\sqrt{6}}\right)^2=\left\{\dfrac{\sqrt{7}-\sqrt{6}}{(\sqrt{7}+\sqrt{6})(\sqrt{7}-\sqrt{6})}\right\}^2=\left(\dfrac{\sqrt{7}-\sqrt{6}}{7-6}\right)^2$

$=(\sqrt{7}-\sqrt{6})^2=7-2\sqrt{42}+6=\mathbf{13-2\sqrt{42}}$

⬅まずは，分数の分母を有理化する。

JUMP 12

考え方　式の一部をひとまとめにする。

$(\sqrt{2}+\sqrt{3}+\sqrt{5})(\sqrt{2}+\sqrt{3}-\sqrt{5})$

$=\{(\sqrt{2}+\sqrt{3})+\sqrt{5}\}\{(\sqrt{2}+\sqrt{3})-\sqrt{5}\}$

$=(\sqrt{2}+\sqrt{3})^2-(\sqrt{5})^2$

$=2+2\sqrt{6}+3-5=2\sqrt{6}$

よって

$\dfrac{1}{\sqrt{2}+\sqrt{3}+\sqrt{5}}=\dfrac{\sqrt{2}+\sqrt{3}-\sqrt{5}}{(\sqrt{2}+\sqrt{3}+\sqrt{5})(\sqrt{2}+\sqrt{3}-\sqrt{5})}$

$=\dfrac{\sqrt{2}+\sqrt{3}-\sqrt{5}}{2\sqrt{6}}$

$=\dfrac{(\sqrt{2}+\sqrt{3}-\sqrt{5})\times\sqrt{6}}{2\sqrt{6}\times\sqrt{6}}$

$=\mathbf{\dfrac{2\sqrt{3}+3\sqrt{2}-\sqrt{30}}{12}}$

⬅分母と分子に $\sqrt{2}+\sqrt{3}-\sqrt{5}$ を掛ける。

⬅1回で有理化は完了しない。分母と分子に $\sqrt{6}$ を掛ける。

13 〈発展〉式の値，二重根号 (p.28)

52 (1) $x+y=(2+\sqrt{3})+(2-\sqrt{3})=\mathbf{4}$

(2) $xy=(2+\sqrt{3})(2-\sqrt{3})=2^2-(\sqrt{3})^2=4-3=\mathbf{1}$

(3) $x^2+y^2=(x+y)^2-2xy$

$=4^2-2\times1=16-2=\mathbf{14}$

x^2+y^2 と x^3+y^3 の式の値

x^2+y^2
$=(x+y)^2-2xy$

x^3+y^3
$=(x+y)^3-3xy(x+y)$

53 (1) $\sqrt{9+2\sqrt{14}}=\sqrt{(7+2)+2\sqrt{7\times2}}$
$=\sqrt{(\sqrt{7}+\sqrt{2})^2}=\sqrt{7}+\sqrt{2}$

(2) $\sqrt{8-\sqrt{28}}=\sqrt{8-2\sqrt{7}}=\sqrt{(7+1)-2\sqrt{7\times1}}$
$=\sqrt{(\sqrt{7}-\sqrt{1})^2}=\sqrt{7}-\sqrt{1}=\sqrt{7}-1$

(3) $\sqrt{4+\sqrt{7}}=\sqrt{\dfrac{8+2\sqrt{7}}{2}}$
$=\dfrac{\sqrt{(7+1)+2\sqrt{7\times1}}}{\sqrt{2}}=\dfrac{\sqrt{(\sqrt{7}+\sqrt{1})^2}}{\sqrt{2}}$
$=\dfrac{\sqrt{7}+\sqrt{1}}{\sqrt{2}}=\dfrac{\sqrt{14}+\sqrt{2}}{2}$

二重根号
$a>0$, $b>0$ のとき
$\sqrt{(a+b)+2\sqrt{ab}}$
$=\sqrt{a}+\sqrt{b}$
$a>b>0$ のとき
$\sqrt{(a+b)-2\sqrt{ab}}$
$=\sqrt{a}-\sqrt{b}$

↖(2) 中の $\sqrt{}$ の前を2にする。

↖(3) 中の $\sqrt{}$ の前を2にするため，分母と分子に2を掛ける。

54 (1) $x+y=\dfrac{\sqrt{3}+\sqrt{2}}{\sqrt{3}-\sqrt{2}}+\dfrac{\sqrt{3}-\sqrt{2}}{\sqrt{3}+\sqrt{2}}$
$=\dfrac{(\sqrt{3}+\sqrt{2})^2}{(\sqrt{3}-\sqrt{2})(\sqrt{3}+\sqrt{2})}+\dfrac{(\sqrt{3}-\sqrt{2})^2}{(\sqrt{3}+\sqrt{2})(\sqrt{3}-\sqrt{2})}$
$=\dfrac{3+2\sqrt{6}+2}{3-2}+\dfrac{3-2\sqrt{6}+2}{3-2}$
$=(5+2\sqrt{6})+(5-2\sqrt{6})=10$

←まずは，x，y それぞれの分母を有理化する。この場合，通分していると考えても同じ式変形になる。

(2) $xy=\dfrac{\sqrt{3}+\sqrt{2}}{\sqrt{3}-\sqrt{2}}\times\dfrac{\sqrt{3}-\sqrt{2}}{\sqrt{3}+\sqrt{2}}=1$

←x と y は互いにもう一方の逆数となっているので，約分できる。(積は1)

(3) $x^2+y^2=(x+y)^2-2xy$
$=10^2-2\times1=100-2=98$

(4) $x^3+y^3=(x+y)^3-3xy(x+y)$
$=10^3-3\times1\times10=1000-30=970$

別解 $x^3+y^3=(x+y)(x^2-xy+y^2)$
$=(x+y)\{(x^2+y^2)-xy\}=10\times(98-1)=970$

←別解は因数分解の公式より。

(5) $x^3y+xy^3=xy(x^2+y^2)=1\times98=98$

←共通因数の xy でくくる。

55 (1) $\sqrt{10+2\sqrt{21}}=\sqrt{(7+3)+2\sqrt{7\times3}}$
$=\sqrt{(\sqrt{7}+\sqrt{3})^2}=\sqrt{7}+\sqrt{3}$

(2) $\sqrt{7+\sqrt{48}}=\sqrt{7+2\sqrt{12}}=\sqrt{(4+3)+2\sqrt{4\times3}}$
$=\sqrt{(\sqrt{4}+\sqrt{3})^2}=\sqrt{4}+\sqrt{3}=2+\sqrt{3}$

←中の $\sqrt{}$ の前を2にする。

(3) $\sqrt{15-6\sqrt{6}}=\sqrt{15-2\times3\sqrt{6}}=\sqrt{15-2\sqrt{3^2\times6}}=\sqrt{15-2\sqrt{54}}$
$=\sqrt{(9+6)-2\sqrt{9\times6}}=\sqrt{(\sqrt{9}-\sqrt{6})^2}$
$=\sqrt{9}-\sqrt{6}=3-\sqrt{6}$

←中の $\sqrt{}$ の前を2にする。
$a>0$，$k>0$ のとき
$k\sqrt{a}=\sqrt{k^2a}$

(4) $\sqrt{11-\sqrt{96}}=\sqrt{11-\sqrt{2^2\times24}}=\sqrt{11-2\sqrt{24}}$
$=\sqrt{(8+3)-2\sqrt{8\times3}}=\sqrt{(\sqrt{8}-\sqrt{3})^2}$
$=\sqrt{8}-\sqrt{3}=2\sqrt{2}-\sqrt{3}$

←中の $\sqrt{}$ の前を2にする。

(5) $\sqrt{6-\sqrt{35}}=\sqrt{\dfrac{12-2\sqrt{35}}{2}}=\dfrac{\sqrt{(7+5)-2\sqrt{7\times5}}}{\sqrt{2}}$
$=\dfrac{\sqrt{(\sqrt{7}-\sqrt{5})^2}}{\sqrt{2}}=\dfrac{\sqrt{7}-\sqrt{5}}{\sqrt{2}}=\dfrac{\sqrt{14}-\sqrt{10}}{2}$

←中の $\sqrt{}$ の前を2にするため，分母と分子に2を掛ける。

JUMP 13

$x+y=(\sqrt{5}+1)+(\sqrt{5}-1)=2\sqrt{5}$，$xy=(\sqrt{5}+1)(\sqrt{5}-1)=4$
であることを用いる。

考え方 求めたい式を，$x+y$ と xy で表す。

(1)　$x^2+y^2=(x+y)^2-2xy=(2\sqrt{5})^2-2\times4=\mathbf{12}$

(2)　$x^3+y^3=(x+y)^3-3xy(x+y)$
$=(2\sqrt{5})^3-3\times4\times2\sqrt{5}=\mathbf{16\sqrt{5}}$

別解　$x^3+y^3=(x+y)(x^2-xy+y^2)$
$=(x+y)\{(x^2+y^2)-xy\}$
$=2\sqrt{5}\times(12-4)=\mathbf{16\sqrt{5}}$

(3)　$(x^2+y^2)^2=x^4+2x^2y^2+y^4$　より
$x^4+y^4=(x^2+y^2)^2-2x^2y^2$
$=(x^2+y^2)^2-2(xy)^2$
$=12^2-2\times4^2=\mathbf{112}$

←$(x^2+y^2)^2$ を展開した式の中に，x^4+y^4 が表れる。

(4)　$(x^2+y^2)(x^3+y^3)=x^5+x^2y^3+x^3y^2+y^5$　より
$x^5+y^5=(x^2+y^2)(x^3+y^3)-x^2y^3-x^3y^2$
$=(x^2+y^2)(x^3+y^3)-(xy)^2(x+y)$
$=12\times16\sqrt{5}-4^2\times2\sqrt{5}=\mathbf{160\sqrt{5}}$

←$(x^2+y^2)(x^3+y^3)$ を展開した式の中に，x^5+y^5 が表れる。

↖$-x^2y^3-x^3y^2$
$=-x^2y^2(y+x)$
$=-(xy)^2(x+y)$

14 不等式の性質，1 次不等式 (p.30)

56 (1)　$a>b$ の両辺を -4 で割ると　$-\dfrac{a}{4}<-\dfrac{b}{4}$

(2)　$a>b$ の両辺に 2 を掛けると　$2a>2b$
この両辺に 5 を加えると　$\mathbf{2a+5>2b+5}$

不等式の性質
$a<b$ のとき
[1]　$a+c<b+c$
$a-c<b-c$
[2]　$c>0$ ならば
$ac<bc$，$\dfrac{a}{c}<\dfrac{b}{c}$
[3]　$c<0$ ならば
$ac>bc$，$\dfrac{a}{c}>\dfrac{b}{c}$

57 (1)　$3x-2\geqq7$
$3x\geqq7+2$
$3x\geqq9$
両辺を 3 で割って　$\mathbf{x\geqq3}$

(2)　$x+4\leqq3x-4$
$x-3x\leqq-4-4$
$-2x\leqq-8$
両辺を -2 で割って　$\mathbf{x\geqq4}$

←-2（負の数）で割ると，不等号の向きが逆になる。

(3)　$-2(2x-1)<9(-x+3)$
$-4x+2<-9x+27$
$-4x+9x<27-2$
$5x<25$
両辺を 5 で割って　$\mathbf{x<5}$

(4)　$\dfrac{1}{3}x-1<\dfrac{5}{6}x+\dfrac{2}{3}$
両辺に 6 を掛けると
$6\left(\dfrac{1}{3}x-1\right)<6\left(\dfrac{5}{6}x+\dfrac{2}{3}\right)$
$6\times\dfrac{1}{3}x-6\times1<6\times\dfrac{5}{6}x+6\times\dfrac{2}{3}$
$2x-6<5x+4$
$2x-5x<4+6$
$-3x<10$
両辺を -3 で割って　$\mathbf{x>-\dfrac{10}{3}}$

←分母 3，6 の最小公倍数である 6 を両辺に掛ける。

←-3（負の数）で割ると，不等号の向きが逆になる。

58 (1)　$\mathbf{x+6<3x}$
(2)　$\mathbf{70x+300\geqq1000}$

59 (1) $a \leqq b$ の両辺に $\frac{3}{2}$ を掛けると $\boldsymbol{\frac{3}{2}a \leqq \frac{3}{2}b}$

(2) $a \leqq b$ の両辺に -2 を掛けると $-2a \geqq -2b$
この両辺から 7 を引くと $\boldsymbol{-2a-7 \geqq -2b-7}$

不等式の性質
$a<b$ のとき
[1] $a+c<b+c$
$a-c<b-c$
[2] $c>0$ ならば
$ac<bc$, $\frac{a}{c}<\frac{b}{c}$
[3] $c<0$ ならば
$ac>bc$, $\frac{a}{c}>\frac{b}{c}$

60 (1) $3x-1>2$
$3x>2+1$
$3x>3$
両辺を 3 で割って $\boldsymbol{x>1}$

(2) $-2x-5 \leqq 3x$
$-2x-3x \leqq 5$
$-5x \leqq 5$
両辺を -5 で割って $\boldsymbol{x \geqq -1}$

⬅ -5（負の数）で割ると，不等号の向きが逆になる。

(3) $3(x+2) \leqq x-2$
$3x+6 \leqq x-2$
$3x-x \leqq -2-6$
$2x \leqq -8$
両辺を 2 で割って $\boldsymbol{x \leqq -4}$

61 (1) $4x+1>2x+5$
$4x-2x>5-1$
$2x>4$
両辺を 2 で割って $\boldsymbol{x>2}$

(2) $-2x+1<-(x-1)$
$-2x+1<-x+1$
$-2x+x<1-1$
$-x<0$
両辺を -1 で割って $\boldsymbol{x>0}$

⬅ $\frac{-x}{-1}>\frac{0}{-1}$ より $x>0$
$\left(\frac{0}{-1}=0\right.$ に注意$\left.\right)$

(3) $\frac{3}{4}x-\frac{1}{2} \leqq 2x-3$
両辺に 4 を掛けると

⬅ 分母 4，2 の最小公倍数である 4 を両辺に掛ける。

$$4\left(\frac{3}{4}x-\frac{1}{2}\right) \leqq 4(2x-3)$$
$$4\times\frac{3}{4}x-4\times\frac{1}{2} \leqq 4\times 2x-4\times 3$$
$$3x-2 \leqq 8x-12$$
$$-5x \leqq -10$$
両辺を -5 で割って $\boldsymbol{x \geqq 2}$

⬅ -5（負の数）で割ると，不等号の向きが逆になる。

(4) $\frac{2}{3}x-\frac{1}{4}(6x+5)>\frac{5}{6}$
両辺に 12 を掛けると

⬅ 分母 3，4，6 の最小公倍数である 12 を両辺に掛ける。

$$12\left\{\frac{2}{3}x-\frac{1}{4}(6x+5)\right\}>12\times\frac{5}{6}$$
$$12\times\frac{2}{3}x-12\times\frac{1}{4}(6x+5)>10$$
$$8x-18x-15>10$$
$$-10x>25$$
両辺を -10 で割って $\boldsymbol{x<-\frac{5}{2}}$

⬅ -10（負の数）で割ると，不等号の向きが逆になる。

(5) $0.4x+1.5 \leqq 0.7x+0.5$
両辺に 10 を掛けると

$4x+15 \leqq 7x+5$
$-3x \leqq -10$
両辺を -3 で割って　$\boldsymbol{x \geqq \dfrac{10}{3}}$

←係数をすべて整数にする。

←-3（負の数）で割ると，不等号の向きが逆になる。

JUMP 14

考え方　無理数を連続する2整数ではさむ。

$2x-3 \leqq \sqrt{3}x-1$
$2x-\sqrt{3}x \leqq -1+3$
$(2-\sqrt{3})x \leqq 2$

両辺を $2-\sqrt{3}$ で割って　$x \leqq \dfrac{2}{2-\sqrt{3}}$

←$2>\sqrt{3}$ より $2-\sqrt{3}>0$ したがって，$2-\sqrt{3}$ で割っても不等号の向きは変わらない。

分母を有理化すると　$x \leqq \dfrac{2(2+\sqrt{3})}{(2-\sqrt{3})(2+\sqrt{3})}$

$x \leqq 4+2\sqrt{3}$

$3<2\sqrt{3}<4$ であるから　$3+4<2\sqrt{3}+4<4+4$
すなわち　$7<4+2\sqrt{3}<8$

←$\sqrt{9}<\sqrt{12}<\sqrt{16}$ であるから $3<2\sqrt{3}<4$ となる。あるいは，$\sqrt{3} \fallingdotseq 1.732$ より $2\sqrt{3} \fallingdotseq 3.464$ としてもよい

よって，$x \leqq 4+2\sqrt{3}$ を満たす自然数 x の値は
$x=\mathbf{1,\ 2,\ 3,\ 4,\ 5,\ 6,\ 7}$

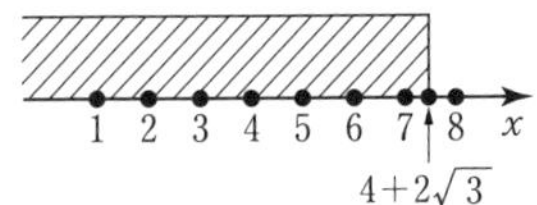

←自然数＝正の整数（0は含まない）

15 連立不等式，不等式の応用（p.32）

62　$3x-7<8$ を解くと　$3x<15$　より
$x<5$ ……①
$2x-11>1-2x$ を解くと　$4x>12$　より
$x>3$ ……②
①，②より，連立不等式の解は　$\boldsymbol{3<x<5}$

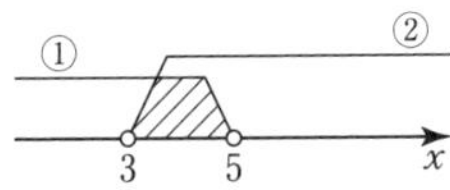

←①，②の共通の範囲を求める。

63　与えられた不等式は $\begin{cases} 3<4x-5 \\ 4x-5<15 \end{cases}$ と表される。

$3<4x-5$ を解くと　$-4x<-8$　より
$x>2$ ……①
$4x-5<15$ を解くと　$4x<20$　より
$x<5$ ……②
①，②より，$\boldsymbol{2<x<5}$

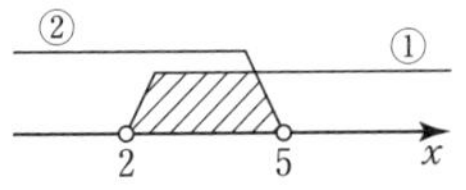

別解　$3<4x-5<15$
各辺に5を足して
$8<4x<20$
各辺を4で割って
$\boldsymbol{2<x<5}$

64　(1)　$3x+1>2x-4$ を解くと
$x>-5$ ……①
$x-1 \leqq -x+3$ を解くと　$2x \leqq 4$　より
$x \leqq 2$ ……②
①，②より，連立不等式の解は　$\boldsymbol{-5<x \leqq 2}$

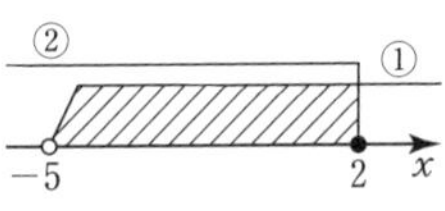

←①，②の共通の範囲を求める。

(2)　$2x+3 \leqq \dfrac{1}{2}x-2$ を解くと　$4x+6 \leqq x-4$
$3x \leqq -10$

$$x \leqq -\frac{10}{3} \cdots\cdots ①$$

$x-3 \geqq 6x+7$ を解くと

$-5x \geqq 10$

$x \leqq -2 \cdots\cdots ②$

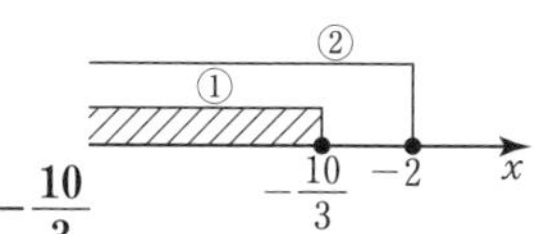

①, ②より, 連立不等式の解は　$\boldsymbol{x \leqq -\frac{10}{3}}$

65　80 円のお菓子を x 個買うとすると, 50 円のお菓子は $(15-x)$ 個であるから

⬅求めるものを x とおく。

$0 \leqq x \leqq 15 \cdots\cdots ①$

⬅$x \geqq 0$ かつ $15-x \geqq 0$

このとき, 合計金額について, 次の不等式が成り立つ。

$80x+50(15-x) \leqq 1000$

⬅左辺は 80 円と 50 円のお菓子の合計金額

$30x \leqq 250$

$x \leqq \frac{25}{3} \cdots\cdots ②$

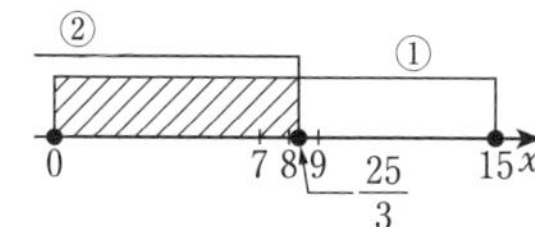

よって, ①, ②より　$0 \leqq x \leqq \frac{25}{3}$

⬅$\frac{25}{3} = 25 \div 3 = 8.333\cdots$

この範囲における最大の整数は 8 であるから,

50 円のお菓子を 7 個, 80 円のお菓子を 8 個 買えばよい。

⬅50 円のお菓子は $(15-x)$ 個

66　(1)　与えられた不等式は $\begin{cases} -4 \leqq -5x+8 \\ -5x+8 \leqq 3 \end{cases}$ と表される。

$-4 \leqq -5x+8$ を解くと　$5x \leqq 12$　より

$x \leqq \frac{12}{5} \cdots\cdots ①$

$-5x+8 \leqq 3$ を解くと　$-5x \leqq -5$　より

$x \geqq 1 \cdots\cdots ②$

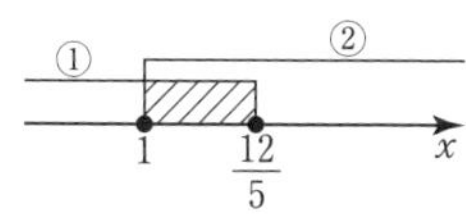

①, ②より, 与えられた不等式の解は　$\boldsymbol{1 \leqq x \leqq \frac{12}{5}}$

別解　$-4 \leqq -5x+8 \leqq 3$

各辺から 8 を引いて

$-12 \leqq -5x \leqq -5$

各辺を -5 で割って

$\frac{12}{5} \geqq x \geqq 1$

すなわち　$\boldsymbol{1 \leqq x \leqq \frac{12}{5}}$

(2)　与えられた不等式は $\begin{cases} -4(x-1) < 2x+1 \\ 2x+1 \leqq 4x-5 \end{cases}$ と表される。

$-4(x-1) < 2x+1$ を解くと　$-4x+4 < 2x+1$

$-6x < -3$

$x > \frac{1}{2} \cdots\cdots ①$

$2x+1 \leqq 4x-5$ を解くと　$-2x \leqq -6$

$x \geqq 3 \cdots\cdots ②$

①, ②より, 与えられた不等式の解は　$\boldsymbol{x \geqq 3}$

67　A から B に水を x L 移すと, A, B の水量はそれぞれ $(100-x)$ L, $(15+x)$ L となるから

$3(15+x) \leqq 100-x \leqq 4(15+x)$

これは $\begin{cases} 3(15+x) \leqq 100-x & \cdots\cdots① \\ 100-x \leqq 4(15+x) & \cdots\cdots② \end{cases}$ と表される。

←(B の水量の 3 倍) ≦(A の水量) ≦(B の水量の 4 倍)

①の不等式を解くと　$45+3x \leqq 100-x$

$4x \leqq 55$

$x \leqq \dfrac{55}{4}$ ……③

②の不等式を解くと　$100-x \leqq 60+4x$

$-5x \leqq -40$

$x \geqq 8$ ……④

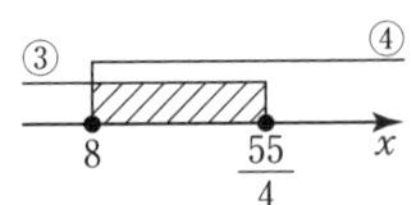

③，④より　$\boldsymbol{8 \leqq x \leqq \dfrac{55}{4}}$

←$8 \leqq x \leqq 13.75$ としてもよい。

JUMP 15

考え方　1 次方程式の解（a を含む式）の範囲を考える。

$5x-4a=2x+1$　より

$3x=4a+1$

$x=\dfrac{4a+1}{3}$

←まず，x について解いて方程式の解を求める。

これが -1 より大きく 3 より小さいことより

$-1<\dfrac{4a+1}{3}<3$

これは $\begin{cases} -1<\dfrac{4a+1}{3} & \cdots\cdots① \\ \dfrac{4a+1}{3}<3 & \cdots\cdots② \end{cases}$ と表される。

①の不等式を解くと　$-3<4a+1$

$-4a<4$

$a>-1$ ……③

②の不等式を解くと　$4a+1<9$

$4a<8$

$a<2$ ……④

③，④より　$\boldsymbol{-1<a<2}$

←次のようにして解くこともできる。

$-1<\dfrac{4a+1}{3}<3$ より

各辺に 3 を掛けて

$-3<4a+1<9$

各辺から 1 を引いて

$-4<4a<8$

各辺を 4 で割って

$-1<a<2$

まとめの問題　数と式②（p.34）

1 (1)　$|4-1.5|=|2.5|=\boldsymbol{2.5}$

←$a \geqq 0$ のとき，$|a|=a$

(2)　$1<\sqrt{3}$ であるから　$1-\sqrt{3}<0$

よって　$|1-\sqrt{3}|=-(1-\sqrt{3})=\boldsymbol{\sqrt{3}-1}$

←$a<0$ のとき，$|a|=-a$

2 (1)　$\sqrt{28}\times\sqrt{63}=\sqrt{28\times63}=\sqrt{(2^2\times7)\times(3^2\times7)}$

$=\sqrt{2^2\times3^2\times7^2}=2\times3\times7=\boldsymbol{42}$

別解　$\sqrt{28}\times\sqrt{63}=\sqrt{2^2\times7}\times\sqrt{3^2\times7}=2\sqrt{7}\times3\sqrt{7}$

$=2\times3\times(\sqrt{7})^2=2\times3\times7=\boldsymbol{42}$

(2)　$\dfrac{\sqrt{54}}{\sqrt{3}}=\sqrt{\dfrac{54}{3}}=\sqrt{18}=\sqrt{3^2\times2}=\boldsymbol{3\sqrt{2}}$

(3)　$\sqrt{18}-3(2\sqrt{8}-\sqrt{98})=3\sqrt{2}-3(2\times2\sqrt{2}-7\sqrt{2})$

$=3\sqrt{2}-12\sqrt{2}+21\sqrt{2}=\boldsymbol{12\sqrt{2}}$

(4)　$(\sqrt{6}-\sqrt{3})^2=(\sqrt{6})^2-2\times\sqrt{6}\times\sqrt{3}+(\sqrt{3})^2$

$=6-2\sqrt{18}+3=9-2\times3\sqrt{2}=\boldsymbol{9-6\sqrt{2}}$

←$(a-b)^2=a^2-2ab+b^2$

(5)　$(\sqrt{10}+2\sqrt{2})(\sqrt{10}-3\sqrt{2})$

$=(\sqrt{10})^2-\sqrt{10}\times3\sqrt{2}+2\sqrt{2}\times\sqrt{10}-2\sqrt{2}\times3\sqrt{2}$
$=10-3\sqrt{20}+2\sqrt{20}-6\times2$
$=10-6\sqrt{5}+4\sqrt{5}-12$
$=\mathbf{-2-2\sqrt{5}}$

3 (1) $\dfrac{9\sqrt{2}}{2\sqrt{3}}=\dfrac{9\sqrt{2}\times\sqrt{3}}{2\sqrt{3}\times\sqrt{3}}=\dfrac{9\sqrt{6}}{2\times3}=\dfrac{\cancel{3}\times3\sqrt{6}}{2\times\cancel{3}}=\mathbf{\dfrac{3\sqrt{6}}{2}}$

⬅分母と分子に $\sqrt{3}$ を掛ける。

(2) $\dfrac{\sqrt{2}}{2\sqrt{3}-\sqrt{6}}=\dfrac{\sqrt{2}(2\sqrt{3}+\sqrt{6})}{(2\sqrt{3}-\sqrt{6})(2\sqrt{3}+\sqrt{6})}=\dfrac{2\sqrt{6}+\sqrt{12}}{(2\sqrt{3})^2-(\sqrt{6})^2}$

$=\dfrac{2\sqrt{6}+2\sqrt{3}}{12-6}=\dfrac{2(\sqrt{6}+\sqrt{3})}{6}=\mathbf{\dfrac{\sqrt{6}+\sqrt{3}}{3}}$

⬅分母と分子に $2\sqrt{3}+\sqrt{6}$ を掛ける。

⬅2 で約分

4 (1) $\left(\dfrac{\sqrt{3}+1}{\sqrt{3}-1}\right)^2=\left\{\dfrac{(\sqrt{3}+1)^2}{(\sqrt{3}-1)(\sqrt{3}+1)}\right\}^2=\left\{\dfrac{3+2\sqrt{3}+1}{(\sqrt{3})^2-1^2}\right\}^2$

$=\left(\dfrac{4+2\sqrt{3}}{3-1}\right)^2=\left\{\dfrac{2(2+\sqrt{3})}{2}\right\}^2$

$=(2+\sqrt{3})^2=4+4\sqrt{3}+3=\mathbf{7+4\sqrt{3}}$

⬅まず，分数の分母を有理化する（分母と分子に $\sqrt{3}+1$ を掛ける）。

(2) $\dfrac{3+\sqrt{5}}{3-\sqrt{5}}+\dfrac{3-\sqrt{5}}{3+\sqrt{5}}=\dfrac{(3+\sqrt{5})^2}{(3-\sqrt{5})(3+\sqrt{5})}+\dfrac{(3-\sqrt{5})^2}{(3+\sqrt{5})(3-\sqrt{5})}$

$=\dfrac{9+6\sqrt{5}+5}{9-5}+\dfrac{9-6\sqrt{5}+5}{9-5}$

$=\dfrac{14+6\sqrt{5}}{4}+\dfrac{14-6\sqrt{5}}{4}$

$=\dfrac{(14+6\sqrt{5})+(14-6\sqrt{5})}{4}$

$=\dfrac{28}{4}=\mathbf{7}$

⬅1 つ目の分数は分母と分子に $3+\sqrt{5}$ を，2 つ目の分数は分母と分子に $3-\sqrt{5}$ を掛けている。通分していると考えてもよい。

⬅どちらの分母も 4 だから，分子どうしの計算をすればよい。

5 (1) $x-1>-2(x+2)$
$x-1>-2x-4$
$3x>-3$
$\boldsymbol{x>-1}$

(2) $-\dfrac{3}{2}x+1<\dfrac{1}{3}x+\dfrac{5}{6}$

両辺に 6 を掛けると

$6\left(-\dfrac{3}{2}x+1\right)<6\left(\dfrac{1}{3}x+\dfrac{5}{6}\right)$

$-9x+6<2x+5$
$-11x<-1$
$\boldsymbol{x>\dfrac{1}{11}}$

⬅分母 2，3，6 の最小公倍数である 6 を両辺に掛ける。

⬅-11（負の数）で割ると，不等号の向きが変わる。

6 (1) $-2x\geqq3x-1$ を解くと　$-5x\geqq-1$

$x\leqq\dfrac{1}{5}$ ……①

$2x+1<5(x+2)$ を解くと　$2x+1<5x+10$
$-3x<9$
$x>-3$ ……②

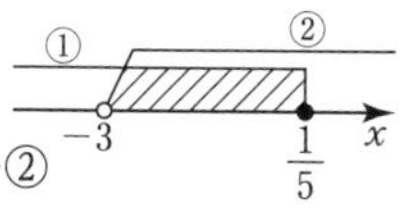

①，②より，連立不等式の解は　$\boldsymbol{-3<x\leqq\dfrac{1}{5}}$

⬅①，②の共通の範囲を求める。

(2) $-x+2>x-4$ を解くと　$-2x>-6$

$x<3$ ……①

$0.2x \leqq -0.8x+0.5$ を解くと $2x \leqq -8x+5$

$10x \leqq 5$

$x \leqq \dfrac{1}{2}$ ……②

①，②より，連立不等式の解は $\boldsymbol{x \leqq \dfrac{1}{2}}$

⬅両辺に10を掛け，係数をすべて整数にする。

7 与えられた不等式は $\begin{cases} 3x-8<2x-1 \\ 2x-1<5x-7 \end{cases}$ と表される。

$3x-8<2x-1$ を解くと $x<7$ ……①

$2x-1<5x-7$ を解くと $-3x<-6$

$x>2$ ……②

①，②より，与えられた不等式の解は $\boldsymbol{2<x<7}$

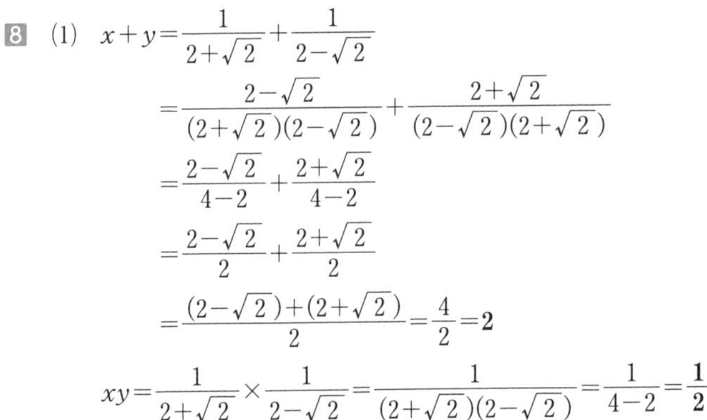

8 (1) $x+y=\dfrac{1}{2+\sqrt{2}}+\dfrac{1}{2-\sqrt{2}}$

$=\dfrac{2-\sqrt{2}}{(2+\sqrt{2})(2-\sqrt{2})}+\dfrac{2+\sqrt{2}}{(2-\sqrt{2})(2+\sqrt{2})}$

$=\dfrac{2-\sqrt{2}}{4-2}+\dfrac{2+\sqrt{2}}{4-2}$

$=\dfrac{2-\sqrt{2}}{2}+\dfrac{2+\sqrt{2}}{2}$

$=\dfrac{(2-\sqrt{2})+(2+\sqrt{2})}{2}=\dfrac{4}{2}=\boldsymbol{2}$

$xy=\dfrac{1}{2+\sqrt{2}}\times\dfrac{1}{2-\sqrt{2}}=\dfrac{1}{(2+\sqrt{2})(2-\sqrt{2})}=\dfrac{1}{4-2}=\boldsymbol{\dfrac{1}{2}}$

(2) $x^2+y^2=(x+y)^2-2xy=2^2-2\times\dfrac{1}{2}=4-1=\boldsymbol{3}$

(3) $x^3+y^3=(x+y)^3-3xy(x+y)=2^3-3\times\dfrac{1}{2}\times2=8-3=\boldsymbol{5}$

⬅まず，x，y それぞれの分母を有理化する。通分していると考えてもよい。

x^2+y^2 と x^3+y^3 の式の値
1. x^2+y^2
$=(x+y)^2-2xy$
2. x^3+y^3
$=(x+y)^3-3xy(x+y)$

▶**第2章**◀ **集合と論証**

16 集合(p.36)

68 $A=\{1, 5, 8, 10\}$，$B=\{2, 5, 7, 8\}$ より

(1) $A \cup B=\boldsymbol{\{1, 2, 5, 7, 8, 10\}}$

(2) $A \cap B=\boldsymbol{\{5, 8\}}$

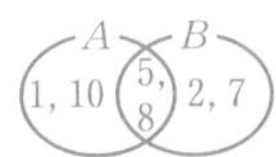

69 $A=\{2, 4, 6, 8, 10, 12\}$，$B=\{1, 2, 3, 4, 6, 12\}$ より

(1) $A \cup B=\boldsymbol{\{1, 2, 3, 4, 6, 8, 10, 12\}}$

(2) $A \cap B=\boldsymbol{\{2, 4, 6, 12\}}$

(3) $\overline{A \cup B}=\boldsymbol{\{5, 7, 9, 11\}}$

(4) $\overline{A}=\{1, 3, 5, 7, 9, 11\}$，$\overline{B}=\{5, 7, 8, 9, 10, 11\}$

であるから

$\overline{A} \cap \overline{B}=\boldsymbol{\{5, 7, 9, 11\}}$

別解 ド・モルガンの法則より $\overline{A} \cap \overline{B}=\overline{A \cup B}$

よって $\overline{A} \cap \overline{B}=\overline{A \cup B}=\boldsymbol{\{5, 7, 9, 11\}}$

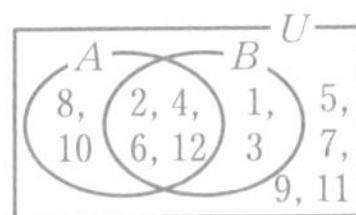

ド・モルガンの法則
$\overline{A \cup B}=\overline{A} \cap \overline{B}$
$\overline{A \cap B}=\overline{A} \cup \overline{B}$

70 (1) $A=\{\mathbf{2,\ 3,\ 5,\ 7,\ 11,\ 13,\ 17}\}$
$B=\{\mathbf{1,\ 4,\ 7,\ 10,\ 13,\ 16}\}$
$C=\{\mathbf{1,\ 2,\ 3,\ 6,\ 9,\ 18}\}$

⇐(注意) 1は素数ではない
⇐(注意) 1を忘れないこと

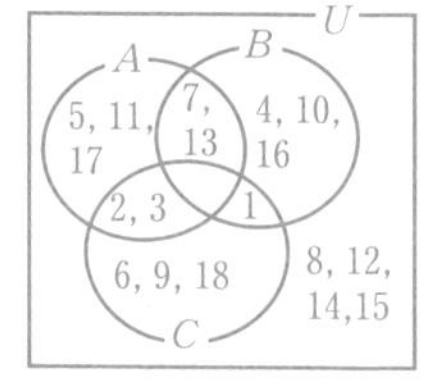

(2) ① $A\cup B=\{\mathbf{1,\ 2,\ 3,\ 4,\ 5,\ 7,\ 10,\ 11,\ 13,\ 16,\ 17}\}$
② $A\cap B=\{\mathbf{7,\ 13}\}$
③ $\overline{A}=\{1,\ 4,\ 6,\ 8,\ 9,\ 10,\ 12,\ 14,\ 15,\ 16,\ 18\}$,
$\overline{C}=\{4,\ 5,\ 7,\ 8,\ 10,\ 11,\ 12,\ 13,\ 14,\ 15,\ 16,\ 17\}$
であるから
$\overline{A}\cap\overline{C}=\{\mathbf{4,\ 8,\ 10,\ 12,\ 14,\ 15,\ 16}\}$
④ $\overline{B}=\{2,\ 3,\ 5,\ 6,\ 8,\ 9,\ 11,\ 12,\ 14,\ 15,\ 17,\ 18\}$ より
$\overline{A}\cup\overline{B}=\{\mathbf{1,\ 2,\ 3,\ 4,\ 5,\ 6,\ 8,\ 9,\ 10,\ 11,\ 12,\ 14,\ 15,\ 16,\ 17,\ 18}\}$

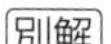
別解 ド・モルガンの法則より
$\overline{A}\cup\overline{B}=\overline{A\cap B}$
②より $A\cap B=\{7,\ 13\}$ であるから
$\overline{A}\cup\overline{B}=\{\mathbf{1,\ 2,\ 3,\ 4,\ 5,\ 6,\ 8,\ 9,\ 10,\ 11,\ 12,\ 14,\ 15,\ 16,\ 17,\ 18}\}$

71 右の図から

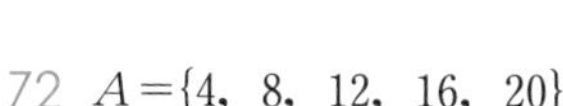

(1) $A\cap B=\{\boldsymbol{x}\mid \mathbf{2}<\boldsymbol{x}\leqq\mathbf{4},\ \boldsymbol{x}$ **は実数**$\}$
(2) $A\cup B=\{\boldsymbol{x}\mid \mathbf{-1}\leqq\boldsymbol{x}<\mathbf{7},\ \boldsymbol{x}$ **は実数**$\}$

72 $A=\{4,\ 8,\ 12,\ 16,\ 20\}$
$B=\{6,\ 12,\ 18\}$

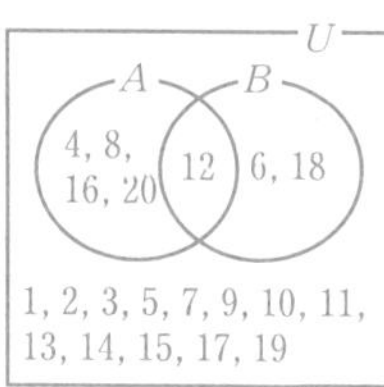

(1) 4でも6でも割り切れる数の集合は，$\boldsymbol{A\cap B}$ であるから
$A\cap B=\{\mathbf{12}\}$
(2) 4または6で割り切れる数の集合は，$\boldsymbol{A\cup B}$ であるから
$A\cup B=\{\mathbf{4,\ 6,\ 8,\ 12,\ 16,\ 18,\ 20}\}$
(3) 4で割り切れない数の集合は，$\overline{A}$ であるから
$\overline{A}=\{\mathbf{1,\ 2,\ 3,\ 5,\ 6,\ 7,\ 9,\ 10,\ 11,\ 13,\ 14,\ 15,\ 17,\ 18,\ 19}\}$
(4) 4で割り切れるが，6で割り切れない数の集合は，$\boldsymbol{A\cap\overline{B}}$ である。
$\overline{B}=\{1,\ 2,\ 3,\ 4,\ 5,\ 7,\ 8,\ 9,\ 10,\ 11,\ 13,\ 14,\ 15,\ 16,\ 17,\ 19,\ 20\}$
であるから $A\cap\overline{B}=\{\mathbf{4,\ 8,\ 16,\ 20}\}$

別解 $(A\cap\overline{B})\cup(A\cap B)=A$，$(A\cap\overline{B})\cap(A\cap B)=\varnothing$
ここで $A\cap B=\{12\}$，$A=\{4,\ 8,\ 12,\ 16,\ 20\}$
であるから $A\cap\overline{B}=\{\mathbf{4,\ 8,\ 16,\ 20}\}$

⇐$A\cap\overline{B}$ は，A であって $A\cap B$ でない数の集合

JUMP 16

考え方 A の要素について考える。

$A=\{2,\ 4,\ 3a-1\}$，$A\cap B=\{2,\ 5\}$ より
$3a-1=5$ ゆえに $\boldsymbol{a=2}$
このとき $A=\{2,\ 4,\ 5\}$ ……①
また，B の要素について
$a+3=2+3=5$
$a^2-2a+2=2^2-2\times2+2=2$
よって $B=\{-4,\ 5,\ 2\}$ ……②
①，②より
$\boldsymbol{A\cup B}=\{\mathbf{-4,\ 2,\ 4,\ 5}\}$

⇐$a=2$ を代入する。

⇐
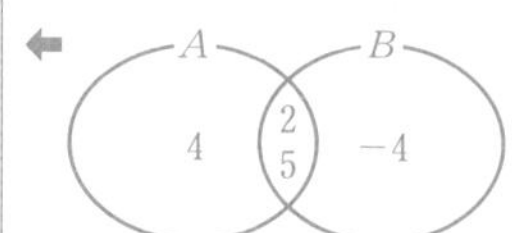

17 命題と条件(p.38)

73 (1) 命題「$x=2 \Longrightarrow x^2=4$」は真であるが，

命題「$x^2=4 \Longrightarrow x=2$」は偽である。 ⬅反例：$x=-2$

したがって，$x=2$ は，$x^2=4$ であるための **十分条件** である。

(2) 命題「$-3<x<2 \Longrightarrow -1<x<1$」は偽であるが， ⬅反例：$x=-2$

命題「$-1<x<1 \Longrightarrow -3<x<2$」は真である。

したがって，$-3<x<2$ は，$-1<x<1$ であるための **必要条件** である。

74 (1) 条件「$x \geqq 2$ かつ $y<0$」の否定は，**「$x<2$ または $y \geqq 0$」**

⬅「$x \geqq 2$ の否定」または「$y<0$ の否定」

(2) 条件「m は奇数 または 3の倍数」の否定は，**「m は偶数 かつ 3の倍数でない」**

⬅「m は奇数の否定」かつ「m は3の倍数の否定」

ド・モルガンの法則

$\overline{p \text{ かつ } q} \Longleftrightarrow \overline{p}$ または $\overline{q}$

$\overline{p \text{ または } q} \Longleftrightarrow \overline{p}$ かつ $\overline{q}$

75 (1) 条件 p，q を満たす n の集合を，それぞれ P，Q とすると

$P=\{1,\ 2,\ 3,\ 6\}$，$Q=\{1,\ 2,\ 3,\ 6,\ 9,\ 18\}$

であるから，$P \subset Q$ が成り立つ。

よって，命題「$p \Longrightarrow q$」は **真** である。

⬅

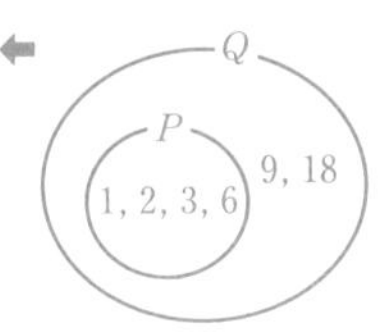

(2) 条件 p，q を満たす x の集合を，それぞれ P，Q とすると

$P=\{-2,\ 2\}$，$Q=\{2\}$

⬅$x^2-4=0$ から $x=-2$，2　$2x-4=0$ から $x=2$

であるから，$P \subset Q$ は成り立たない。

よって，命題「$p \Longrightarrow q$」は **偽** であり，**反例は $x=-2$**

(3) 条件 p，q を満たす x の集合を，それぞれ P，Q とすると

$P=\{x \mid -1<x<1\}$，$Q=\{x \mid -2<x<2\}$

であるから，$P \subset Q$ が成り立つ。

よって，命題「$p \Longrightarrow q$」は**真**である。

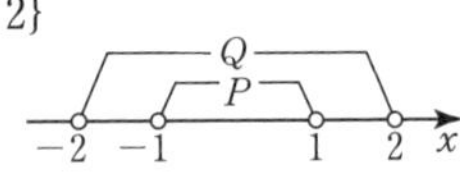

76 (1) 条件「$x \geqq 1$ または $y<3$」の否定は**「$x<1$ かつ $y \geqq 3$」**

⬅「$x \geqq 1$ の否定」かつ「$y<3$ の否定」

(2) 条件「$x>0$ かつ $x+y>0$」の否定は**「$x \leqq 0$ または $x+y \leqq 0$」**

⬅「$x>0$ の否定」または「$x+y>0$ の否定」

(3) 条件「x，y はともに正」の否定は**「x，y のうち少なくとも一方は0以下」**

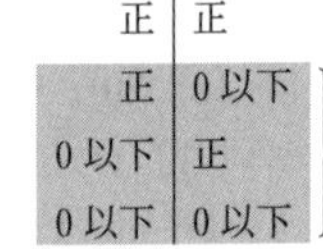

x	y
正	正
正	0以下
0以下	正
0以下	0以下

(注意) 条件「$x>0$」の否定は「$x \leqq 0$」であるから，「x は正」の否定は「x は0以下」である。うっかり「x は負」としないこと。

77 (1) 命題「$x>2 \Longrightarrow x>3$」は偽であるが， ⬅反例：$x=2.5$

命題「$x>3 \Longrightarrow x>2$」は真である。 ⬅$P \subset Q$

よって，$x>2$ は $x>3$ であるための必要条件である。

したがって，①

(2) 命題「$x+y>0 \Longrightarrow x>0$」は偽であり， ⬅反例：$x=-1$，$y=2$

命題「$x>0 \Longrightarrow x+y>0$」も偽である。 ⬅反例：$x=1$，$y=-2$

よって，$x+y>0$ は $x>0$ であるための必要条件でも十分条件でもない。

したがって，④

(3) 命題「$x^2=0 \Longrightarrow x=0$」は真であり， ⬅$x^2=0$ より $x=0$

命題「$x=0 \Longrightarrow x^2=0$」も真である。

よって，$x^2=0$ は $x=0$ であるための必要十分条件である。
したがって，③

(4) 命題「m，n が 3 の倍数 $\Longrightarrow m+n$ が 3 の倍数」は真であるが，
命題「$m+n$ が 3 の倍数 $\Longrightarrow m$，n が 3 の倍数」は偽である。
よって，m，n が 3 の倍数であることは $m+n$ が 3 の倍数であるための十分条件である。
したがって，②

←反例：$m=2$，$n=1$

(5) 命題「$\angle A=60^\circ \Longrightarrow \triangle ABC$ が正三角形」は偽であるが，
命題「$\triangle ABC$ が正三角形 $\Longrightarrow \angle A=60^\circ$」は真である。
よって，$\angle A=60^\circ$ であることは $\triangle ABC$ が正三角形であるための必要条件である。
したがって，①

←反例：$\angle A=60^\circ$，$\angle B=90^\circ$，$\angle C=30^\circ$

2章 集合と論証

JUMP 17

考え方 集合の包含関係を考える。

$|x|<3$ を解くと　$-3<x<3$ ……①
$|x-1|<1$ を解くと $-1<x-1<1$ より
$0<x<2$ ……②

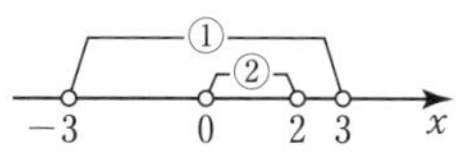

←$a>0$ のとき
$|x|<a \Longleftrightarrow -a<x<a$
$|x|>a \Longleftrightarrow x<-a,\ a<x$

①，②より
命題「$|x|<3 \Longrightarrow |x-1|<1$」は偽であるが，
命題「$|x-1|<1 \Longrightarrow |x|<3$」は真である。
したがって，$|x|<3$ は，$|x-1|<1$ であるための **必要条件** である。

←反例：$x=-1$

18 逆・裏・対偶 (p.40)

78 命題「$x>1 \Longrightarrow x>0$」は **真** である。
この命題に対して，逆，裏，対偶とその真偽は，次のようになる。
逆　：「$\boldsymbol{x>0 \Longrightarrow x>1}$」 …**偽**（反例：$x=0.5$）
裏　：「$\boldsymbol{x\leqq 1 \Longrightarrow x\leqq 0}$」 …**偽**（反例：$x=0.5$）
対偶：「$\boldsymbol{x\leqq 0 \Longrightarrow x\leqq 1}$」 …**真**

逆・裏・対偶
命題「$p \Longrightarrow q$」に対して
逆「$q \Longrightarrow p$」
裏「$\overline{p} \Longrightarrow \overline{q}$」
対偶「$\overline{q} \Longrightarrow \overline{p}$」

（考察）条件 p：「$x>1$」，q：「$x>0$」とし，
集合 $P=\{x \mid x>1\}$，$Q=\{x \mid x>0\}$ とすると
$P\subset Q$ が成り立つから，命題「$p \Longrightarrow q$」は真である。
逆については，$Q\subset P$ は成り立たないから偽
裏については，$\overline{P}\subset\overline{Q}$ は成り立たないから偽
対偶については，$\overline{Q}\subset\overline{P}$ は成り立つから真

←
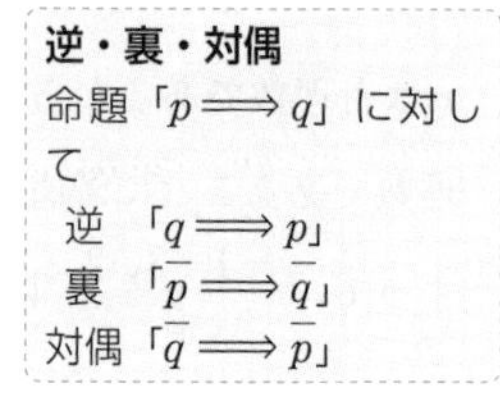

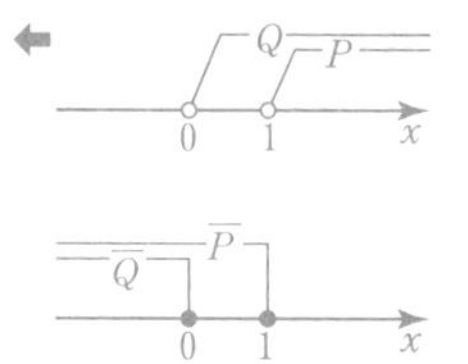

79 （証明） $\sqrt{12}=2\sqrt{3}$ が無理数でない，すなわち $2\sqrt{3}$ は有理数であると仮定する。
そこで，r を有理数として，$2\sqrt{3}=r$ とおくと

$\sqrt{3}=\dfrac{r}{2}$ ……①

r は有理数であるから，$\dfrac{r}{2}$ は有理数であり，等式①は $\sqrt{3}$ が無理数であることに矛盾する。
よって，$\sqrt{12}$ は無理数である。（終）

←命題が成り立たないと仮定。無理数を否定すると有理数。

80 命題「n は偶数 $\Longrightarrow n$ は 4 の倍数」は **偽** である。（反例：$n=2$）
この命題に対して，逆，裏，対偶とその真偽は，次のようになる。
逆　：「**n は 4 の倍数 $\Longrightarrow$ n は偶数**」 …**真**
裏　：「**n は奇数 $\Longrightarrow$ n は 4 の倍数でない**」 …**真**

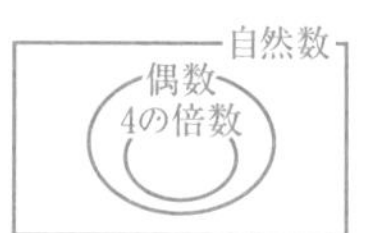

←「偶数でない」数は「奇数」

対偶：**「n は 4 の倍数でない $\Longrightarrow$ n は奇数」　…偽**　（反例：$n=2$）

81　命題「$x=1$ かつ $y=1 \Longrightarrow x+y=2$」は **真** である。この命題に対して，逆，裏，対偶とその真偽は，次のようになる。

逆　：**「$x+y=2 \Longrightarrow x=1$ かつ $y=1$」　…偽**

（反例：$x=2$，$y=0$）

裏　：**「$x \neq 1$ または $y \neq 1 \Longrightarrow x+y \neq 2$」　…偽**

（反例：$x=2$，$y=0$）

対偶：**「$x+y \neq 2 \Longrightarrow x \neq 1$ または $y \neq 1$」　…真**

⬅「$x=1$ かつ $y=1$」の否定は「$x \neq 1$ または $y \neq 1$」であることに注意

⬅命題と対偶の真偽は一致

82　(証明)　与えられた命題の対偶

「n が 3 の倍数ならば n^2 は 3 の倍数である」を証明する。

n が 3 の倍数であるとき，ある整数 k を用いて，$n=3k$ と表される。

よって

$n^2=(3k)^2=9k^2=3\cdot 3k^2$

ここで，$3k^2$ は整数であるから，n^2 は 3 の倍数である。

したがって，対偶が真であるから，もとの命題も真である。(終)

⬅「n^2 が 3 の倍数」であることを示すには

$n^2=3\times$(整数)

と表せることを示せばよい。

83　(証明)　$\dfrac{-1+3\sqrt{2}}{2}$ が無理数でない，すなわち $\dfrac{-1+3\sqrt{2}}{2}$ は有理数であると仮定する。

⬅命題が成り立たないと仮定する。

そこで，r を有理数として，$\dfrac{-1+3\sqrt{2}}{2}=r$　とおくと

$\sqrt{2}=\dfrac{2r+1}{3}$ ……①

⬅$-1+3\sqrt{2}=2r$

$3\sqrt{2}=2r+1$

$\sqrt{2}=\dfrac{2r+1}{3}$

r は有理数であるから，$\dfrac{2r+1}{3}$ は有理数であり，等式①は $\sqrt{2}$ が無理数であることに矛盾する。

よって，$\dfrac{-1+3\sqrt{2}}{2}$ は無理数である。(終)

JUMP 18

(証明)　与えられた命題の対偶

「$x=2$ かつ $y=1$」ならば「$x^2+y^2=5$ かつ $x-y=1$」

を証明する。

$x=2$ かつ $y=1$ のとき

$x^2+y^2=2^2+1^2=5$，$x-y=2-1=1$

よって，対偶が真であるから，もとの命題も真である。(終)

考え方　命題とその対偶の真偽は一致することを利用する。

まとめの問題　集合と論証(p.42)

1　(1)　$U=\{1,\ 2,\ 3,\ \cdots\cdots,\ 30\}$　であるから

$C=\{\mathbf{1,\ 2,\ 3,\ 4,\ 5,\ 6,\ 10,\ 12,\ 15,\ 20,\ 30}\}$

$D=\{\mathbf{2,\ 3,\ 5,\ 7,\ 11,\ 13,\ 17,\ 19,\ 23,\ 29}\}$

⬅60 の約数は，1×60，2×30，3×20，4×15，5×12，6×10 のようにペアで考えるとよい。

(2)　①　「3 の倍数で偶数」の集合は「3 の倍数」かつ「奇数でない」数の集合であるから　$A\cap\overline{B}$

$A=\{3,\ 6,\ 9,\ 12,\ 15,\ 18,\ 21,\ 24,\ 27,\ 30\}$

$\overline{B}=\{2,\ 4,\ 6,\ 8,\ 10,\ 12,\ 14,\ 16,\ 18,\ 20,\ 22,\ 24,\ 26,\ 28,\ 30\}$

より

$A\cap\overline{B}=\{6, 12, 18, 24, 30\}$

② 「3の倍数または偶数」の集合は　$\boldsymbol{A\cup\overline{B}}$

$A\cup\overline{B}=\{2, 3, 4, 6, 8, 9, 10, 12, 14, 15, 16, 18, 20, 21, 22, 24, 26, 27, 28, 30\}$

③ 「3の倍数でない奇数」の集合は「3の倍数でない」かつ「奇数」の集合であるから　$\boldsymbol{\overline{A}\cap B}$

$\overline{A}\cap B=\{1, 5, 7, 11, 13, 17, 19, 23, 25, 29\}$

別解　ド・モルガンの法則より

$\overline{A\cup\overline{B}}=\overline{A}\cap(\overline{\overline{B}})=\overline{A}\cap B$

すなわち，$\overline{A}\cap B=\overline{A\cup\overline{B}}$　であるから，②の結果より

$\overline{A}\cap B=\{1, 5, 7, 11, 13, 17, 19, 23, 25, 29\}$

④ 「素数でない60の約数」の集合は「素数でない数」かつ「60の約数」の集合であるから　$\boldsymbol{C\cap\overline{D}}$　$(\boldsymbol{\overline{D}\cap C})$

$C\cap\overline{D}=\{1, 4, 6, 10, 12, 15, 20, 30\}$

⬅$A\cap\overline{B}$ は6の倍数の集合

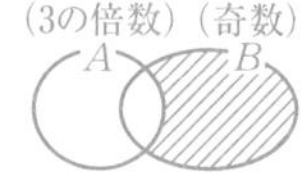

⬅$\overline{D}\cap C=C\cap\overline{D}$

⬅1は素数でない

2　A の部分集合は

$\varnothing$, {1}, {3}, {5}, {9}, {1, 3}, {1, 5}, {1, 9}, {3, 5}, {3, 9}, {5, 9}, {1, 3, 5}, {1, 3, 9}, {1, 5, 9}, {3, 5, 9}, {1, 3, 5, 9}

（参考）A の4つの要素のそれぞれを要素に含むか含まないかを考えると，$2^4=16$ 個の部分集合がある。

3　(1)　命題「$p \Longrightarrow q$」，「$q \Longrightarrow p$」はともに真であるから，p は q であるための必要十分条件である。よって，**③**

⬅「$xy=0$」と「$x=0$ または $y=0$」は同値である。

(2)　命題「$p \Longrightarrow q$」は，偽（反例：$x=2$, $y=-1$）

命題「$q \Longrightarrow p$」は，偽（反例：$x=-2$, $y=-1$）

であるから，p は q であるための必要条件でも十分条件でもない。よって，**④**

⬅$x+y>0$ であるが $xy<0$

⬅$xy>0$ であるが $x+y<0$

(3)　命題「$p \Longrightarrow q$」は，偽（反例：$x=2+\sqrt{2}$, $y=2-\sqrt{2}$）

命題「$q \Longrightarrow p$」は，真

であるから，p は q であるための必要条件であるが，十分条件でない。よって，**①**

⬅$x+y=4$（整数），$xy=2$（整数）であるが，x, y は整数でない。

(4)　命題「$p \Longrightarrow q$」は，真

命題「$q \Longrightarrow p$」は，偽

（反例：∠A＝30°，∠B＝30°，∠C＝120°）

であるから，p は q であるための十分条件であるが，必要条件でない。よって，**②**

⬅△ABCは二等辺三角形であるが，正三角形でない。

4　(1)　条件「$x+y\geqq5$」の否定は「$\boldsymbol{x+y<5}$」

(2)　条件「$x=0$ かつ $y\neq1$」の否定は「**$\boldsymbol{x\neq0}$ または $\boldsymbol{y=1}$**」

(3)　条件「$x\geqq2$ または $y<-3$」の否定は「**$\boldsymbol{x<2}$ かつ $\boldsymbol{y\geqq-3}$**」

(4)　条件「m, n の少なくとも一方は5の倍数である」の否定は「**$\boldsymbol{m}$, $\boldsymbol{n}$ はともに5の倍数でない**」

5　命題「n は3の倍数 $\Longrightarrow$ n は6の倍数」は**偽**である。

（反例：$n=9$）

この命題に対して，逆，裏，対偶とその真偽は，次のようになる。

逆　：「**n は6の倍数 $\Longrightarrow$ n は3の倍数**」　…**真**

裏　：「**n は3の倍数でない $\Longrightarrow$ n は6の倍数でない**」　…**真**

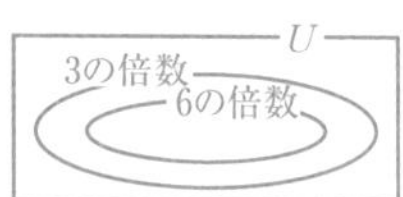

対偶：「**n は 6 の倍数でない $\Longrightarrow$ n は 3 の倍数でない**」　…偽

（反例：$n=9$）

6　（証明）　$2+\sqrt{3}$ が無理数でない，すなわち $2+\sqrt{3}$ は有理数であると仮定する。

そこで，r を有理数として，$2+\sqrt{3}=r$ とおくと

$\sqrt{3}=r-2$ ……①

r は有理数であるから，$r-2$ も有理数であり，等式①は，$\sqrt{3}$ が無理数であることに矛盾する。

よって，$2+\sqrt{3}$ は無理数である。（終）

背理法
与えられた命題が成り立たないと仮定して，その仮定のもとで矛盾が生じれば，もとの命題は真である。

▶第3章◀　2 次関数

19 関数，関数のグラフと定義域・値域（p.44）

84 (1)　$f(1)=1^2-1+8=\mathbf{8}$

(2)　$f(-2)=(-2)^2-(-2)+8=4+2+8=\mathbf{14}$

(3)　$f(a)=\boldsymbol{a^2-a+8}$

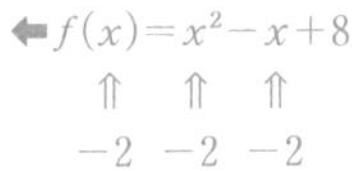

85　この関数のグラフは，$y=2x+5$ のグラフのうち，$-3\leqq x\leqq 3$ に対応する部分である。

$x=-3$ のとき　$y=2\times(-3)+5=-1$　⬅$y=f(-3)$

$x=3$ のとき　$y=2\times 3+5=11$　⬅$y=f(3)$

よって，この関数のグラフは，右の図の実線部分であり，その値域は　$\boldsymbol{-1\leqq y\leqq 11}$

また，y は $x=3$ のとき　**最大値 11**

$x=-3$ のとき　**最小値 -1**　をとる。

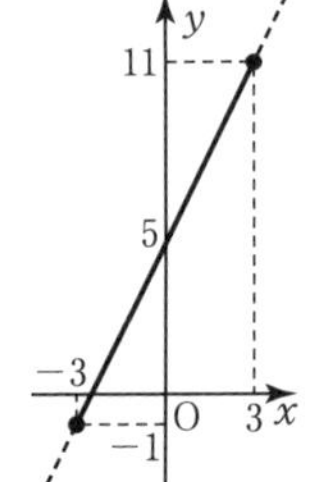

定義域・値域
関数 $y=f(x)$ において
定義域…変数 x のとり得る値の範囲
値域…変数 y のとり得る値の範囲

86 (1)　$f(2)=2^2-8\times 2+5=4-16+5=\mathbf{-7}$

(2)　$f(-3)=(-3)^2-8\times(-3)+5=9+24+5=\mathbf{38}$

(3)　$f(0)=0^2-8\times 0+5=\mathbf{5}$

(4)　$f(a)=\boldsymbol{a^2-8a+5}$

⬅$f(x)=x^2-8x+5$
⇑ ⇑ ⇑
a a a

87　この関数のグラフは，$y=4x-7$ のグラフのうち，$-3\leqq x\leqq 5$ に対応する部分である。

$x=-3$ のとき　$y=4\times(-3)-7=-19$　⬅$y=f(-3)$

$x=5$ のとき　$y=4\times 5-7=13$　⬅$y=f(5)$

よって，この関数のグラフは，右の図の実線部分であり，その値域は　$\boldsymbol{-19\leqq y\leqq 13}$

また，y は $x=5$ のとき　**最大値 13**

$x=-3$ のとき　**最小値 -19** をとる。

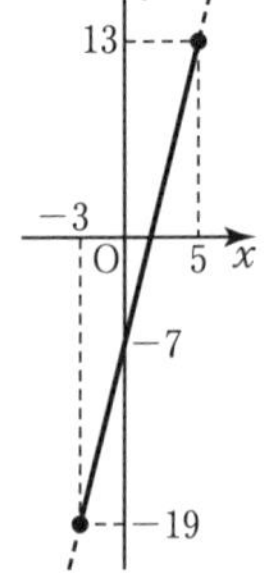

88 (1)　$f(1)=-1^2+3\times 1-1=-1+3-1=\mathbf{1}$

(2)　$f(-4)=-(-4)^2+3\times(-4)-1=-16-12-1=\mathbf{-29}$

(3)　$f(-a)=-(-a)^2+3\times(-a)-1=\boldsymbol{-a^2-3a-1}$

(4)　$f(a+1)=-(a+1)^2+3(a+1)-1$

$=-a^2-2a-1+3a+3-1$

$=\boldsymbol{-a^2+a+1}$

89 この関数のグラフは，$y=-2x-8$ のグラフのうち，$-6 \leqq x \leqq 2$ に対応する部分である。

$x=-6$ のとき　$y=-2\times(-6)-8=4$　⬅ $y=f(-6)$

$x=2$ のとき　$y=-2\times2-8=-12$　⬅ $y=f(2)$

よって，この関数のグラフは，右の図の実線部分であり，その値域は **$-12 \leqq y \leqq 4$**

また，y は $x=-6$ のとき　**最大値 4**

$x=2$ のとき　**最小値 −12**　をとる。

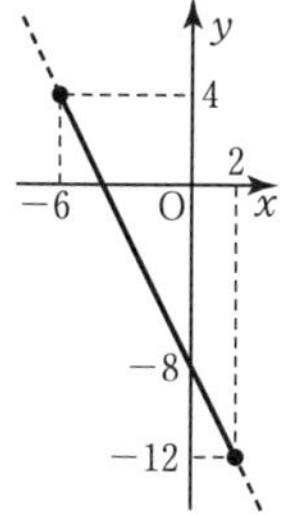

JUMP 19

考え方　a について場合分けして考える。

$y=ax+b$ は1次関数であるから，$a \neq 0$ である。

(i)　$a>0$ のとき

この関数のグラフは右上がりであるから，

$x=-3$ のとき $y=-6$（最小値）となるので

$-6=-3a+b$ ……①

$x=5$ のとき $y=10$（最大値）となるので

$10=5a+b$ ……②

①，②より

$a=2,\ b=0$　⬅ $a>0$ を満たしている。

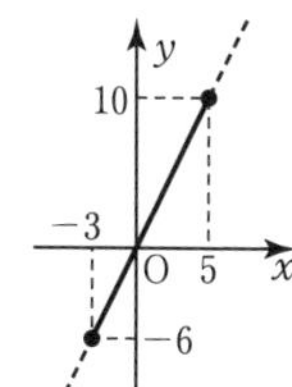

(ii)　$a<0$ のとき

この関数のグラフは右下がりであるから，

$x=-3$ のとき $y=10$（最大値）となるので

$10=-3a+b$ ……③

$x=5$ のとき $y=-6$（最小値）となるので

$-6=5a+b$ ……④

③，④より

$a=-2,\ b=4$　⬅ $a<0$ を満たしている。

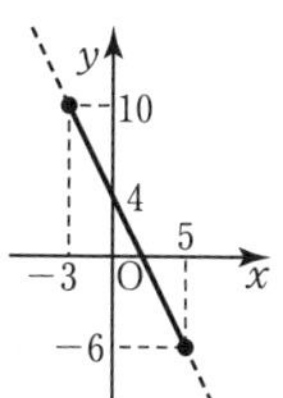

(i)，(ii)より，**$a=2,\ b=0$**　または　**$a=-2,\ b=4$**

20 $y=ax^2$，$y=ax^2+q$，$y=a(x-p)^2$ のグラフ (p.46)

90 (1)　軸…**y 軸**

頂点…**点 (0, −1)**

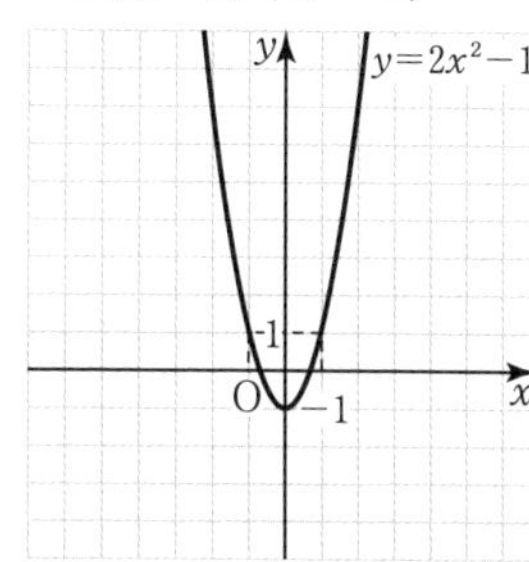

(2)　軸…**直線 $x=2$**

頂点…**点 (2, 0)**

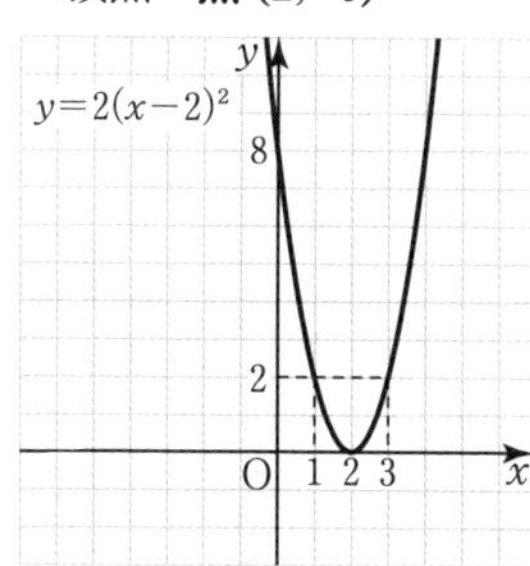

2次関数 $y=ax^2+q$ の軸と頂点
軸　…y 軸
頂点…点 $(0,\ q)$

2次関数 $y=a(x-p)^2$ の軸と頂点
軸　…直線 $x=p$
頂点…点 $(p,\ 0)$

(3) 軸…**y 軸**

頂点…**点 $(0,\ 5)$**

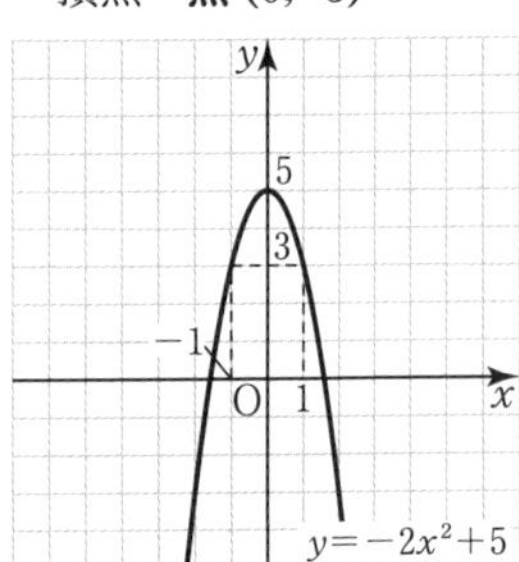

(4) 軸…**直線 $x=-3$**

頂点…**点 $(-3,\ 0)$**

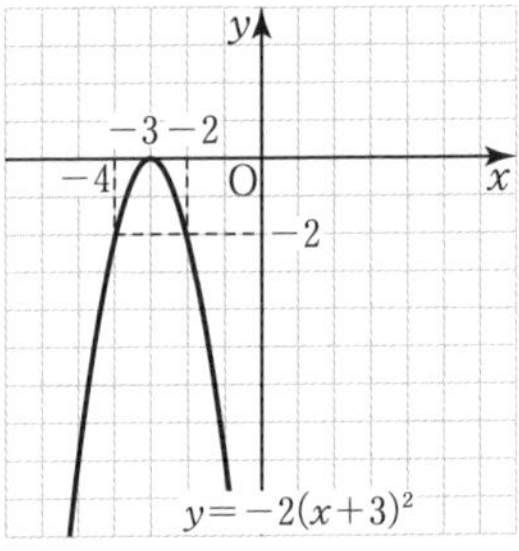

⬅(4) $y=-2(x+3)^2$
$=-2\{x-(-3)\}^2$

$y=ax^2+q$ のグラフ

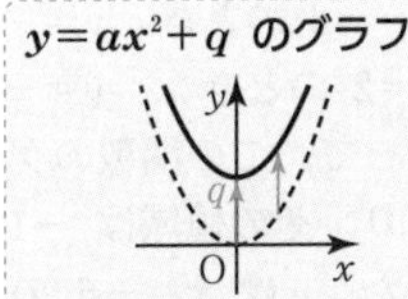

$y=ax^2$ のグラフを y 軸方向に q だけ平行移動したもの。

軸 …y 軸

頂点…点 $(0,\ q)$

$y=a(x-p)^2$ のグラフ

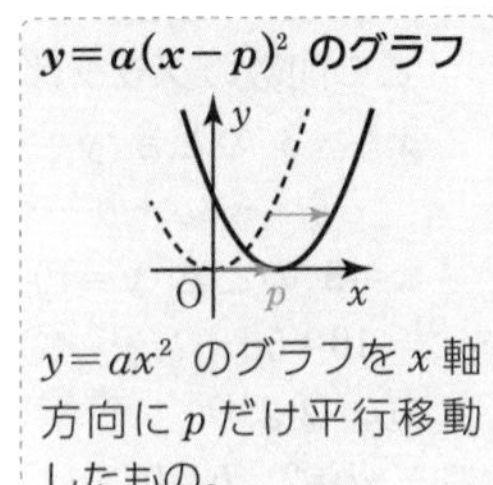

$y=ax^2$ のグラフを x 軸方向に p だけ平行移動したもの。

軸 …直線 $x=p$

頂点…点 $(p,\ 0)$

91 (1) 軸…**y 軸**

頂点…**点 $(0,\ 2)$**

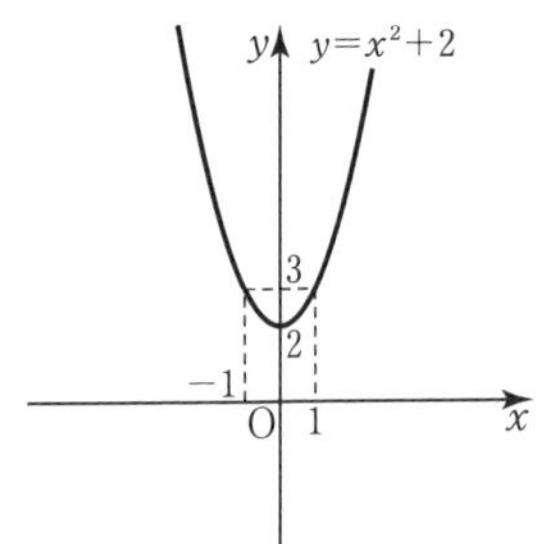

(2) 軸…**直線 $x=4$**

頂点…**点 $(4,\ 0)$**

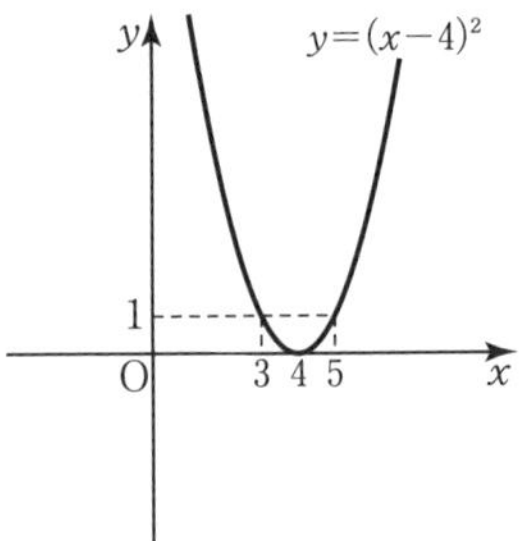

92 (1) 軸…**y 軸**

頂点…**点 $(0,\ -2)$**

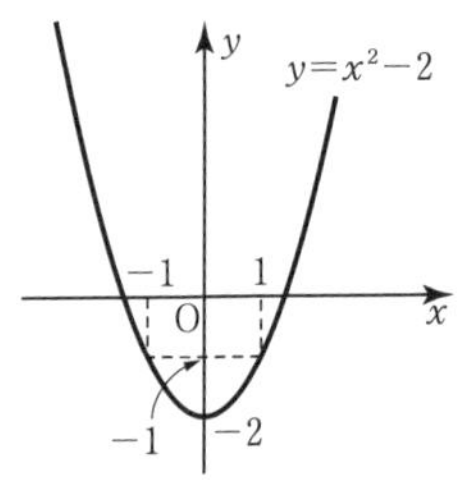

(2) 軸…**直線 $x=5$**

頂点…**点 $(5,\ 0)$**

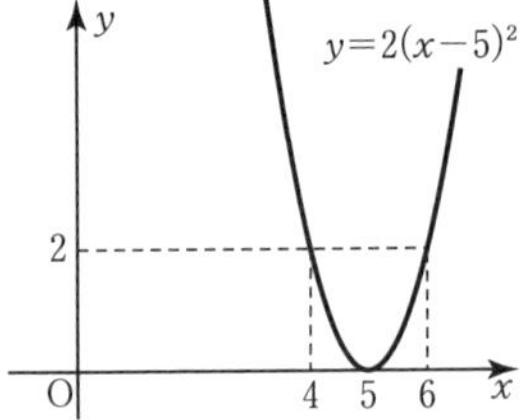

93 (1) 軸…**y 軸**

頂点…**点 $(0,\ -2)$**

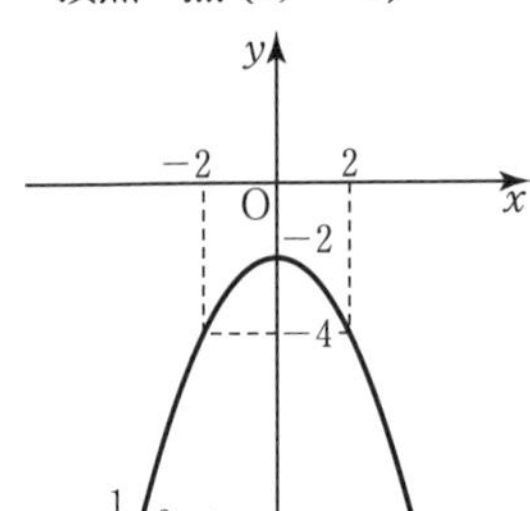

(2) 軸…**直線 $x=-2$**

頂点…**点 $(-2,\ 0)$**

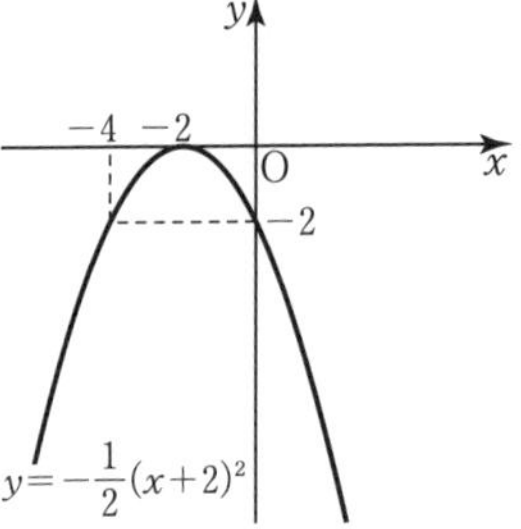

94 (1) 軸…**y 軸**
頂点…**点 $(0,\ -4)$**

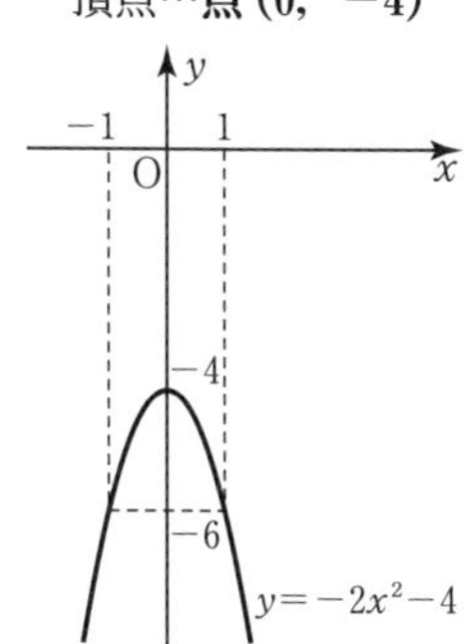

(2) 軸…**直線 $x=4$**
頂点…**点 $(4,\ 0)$**

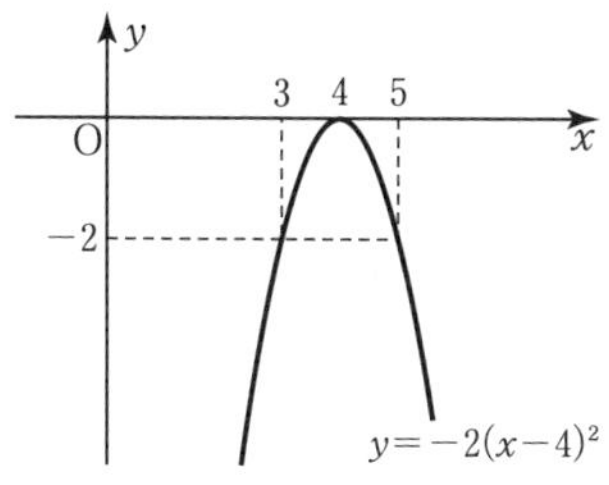

JUMP 20

$y=2(x-7)^2$ で表されるグラフを，x 軸に関して折り返したものを表す式は　$y=-2(x-7)^2$ であり，頂点は点 $(7,\ 0)$ である。
このグラフを x 軸方向に 3 だけ平行移動すれば，頂点は点 $(10,\ 0)$ となり，もとのグラフを表す式になる。
ゆえに，もとの 2 次関数の式は　$\boldsymbol{y=-2(x-10)^2}$

考え方　移動後のグラフを逆からたどって考える。

関数 $y=f(x)$ のグラフを x 軸に関して折り返したグラフを表す方程式は
$y=-f(x)$

21 $y=a(x-p)^2+q$ のグラフ (p.48)

95 (1) 軸…**直線 $x=-1$**
頂点…**点 $(-1,\ 2)$**

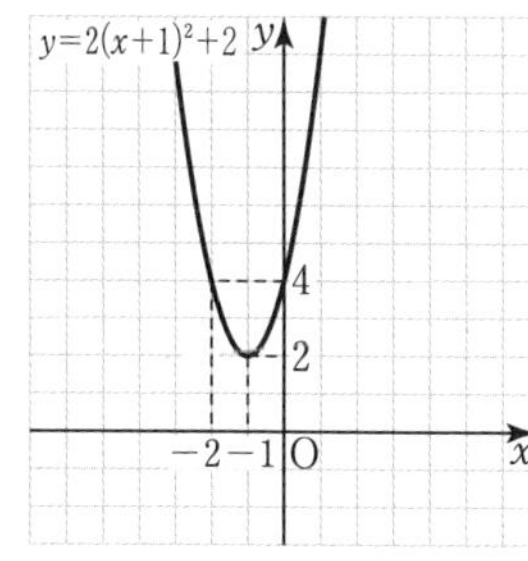

(2) 軸…**直線 $x=2$**
頂点…**点 $(2,\ -1)$**

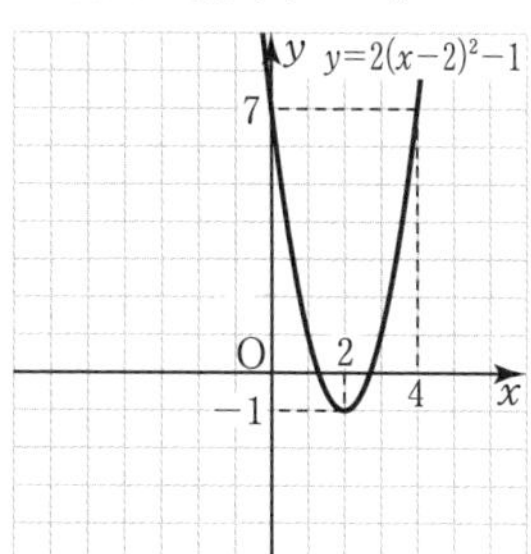

$y=a(x-p)^2+q$ のグラフ

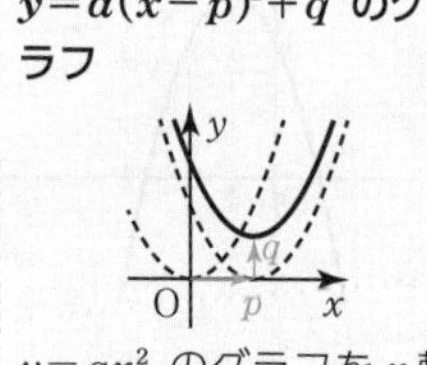

$y=ax^2$ のグラフを x 軸方向に p，y 軸方向に q だけ平行移動したもの。
軸 …直線 $x=p$
頂点…点 $(p,\ q)$

96 (1) 軸…**直線 $x=2$**
頂点…**点 $(2,\ 1)$**

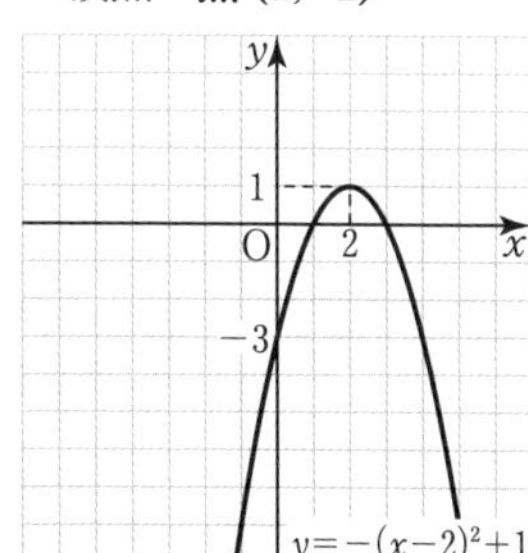

(2) 軸…**直線 $x=-2$**
頂点…**点 $(-2,\ -4)$**

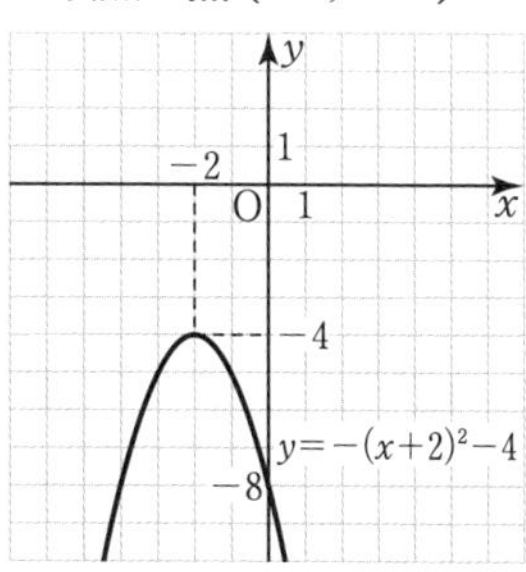

3 章 2次関数

97 (1) 軸…**直線 $x=1$**

頂点…**点 (1, 4)**

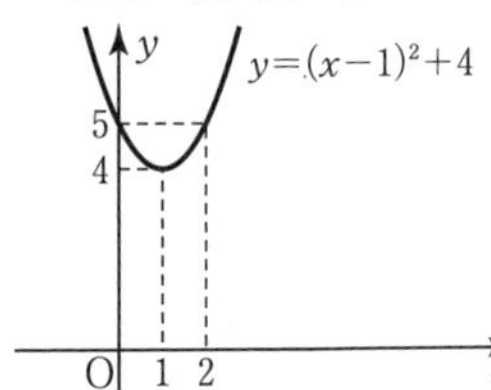

(2) 軸…**直線 $x=-3$**

頂点…**点 (−3, −2)**

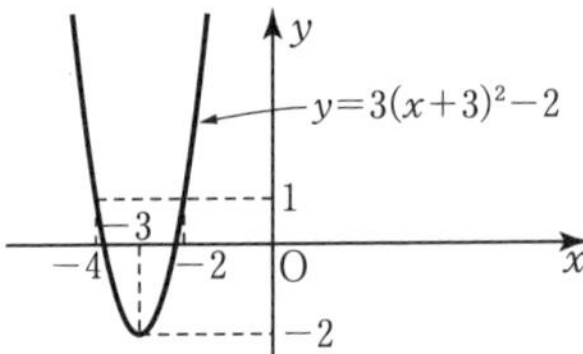

(3) 軸…**直線 $x=1$**

頂点…**点 (1, 2)**

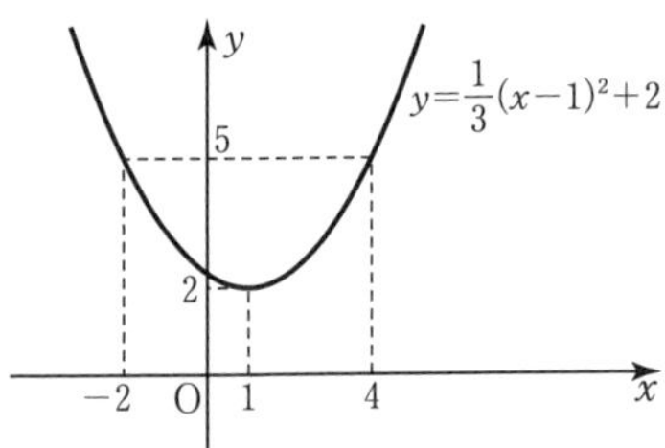

98 (1) 軸…**直線 $x=1$**

頂点…**点 (1, 4)**

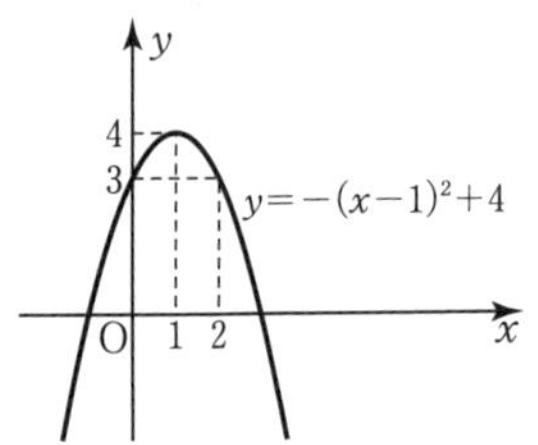

(2) 軸…**直線 $x=3$**

頂点…**点 (3, 8)**

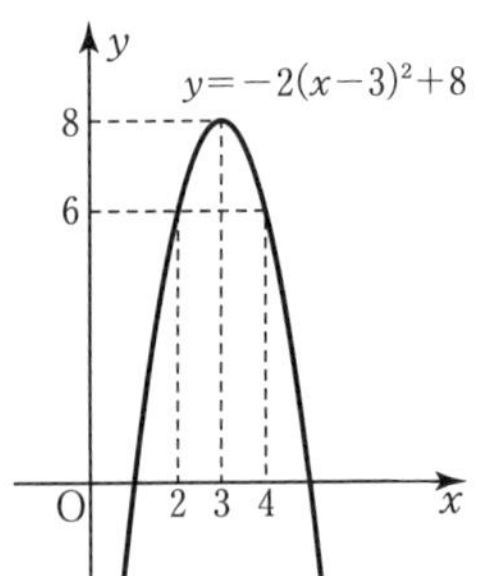

(3) 軸…**直線 $x=-1$**

頂点…**点 (−1, 3)**

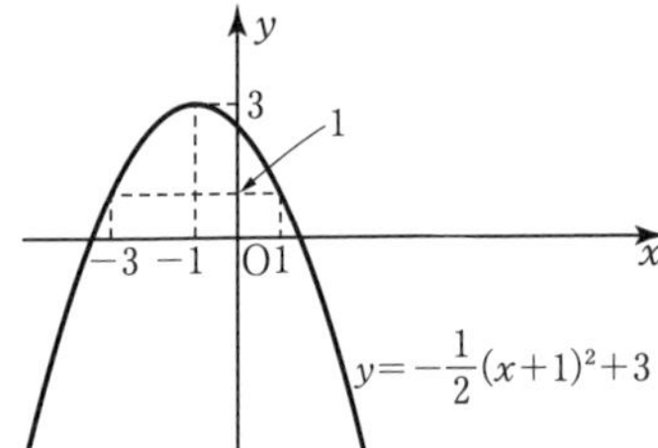

JUMP 21

$y=-3x^2$ のグラフを x 軸方向に 3, y 軸方向に q だけ平行移動した放物線の式は

$y=-3(x-3)^2+q$ ……①

と表せる。

①が原点を通るので

$0=-3(0-3)^2+q$

よって **$q=27$**

考え方 $y=ax^2$ のグラフを平行移動した放物線の式を考える。

⬅ $y=a(x-p)^2+q$
⇑ ⇑
−3 3

⬅ ①に $x=0$, $y=0$ を代入

22 $y=ax^2+bx+c$ のグラフ (p.50)

> **平方完成**
> ax^2+bx+c を
> $a(x-p)^2+q$
> の形に変形することを平方完成するという。

99 (1) $y=x^2+2x+4$

$=(x+1)^2-1^2+4$

$=\mathbf{(x+1)^2+3}$

(2) $y=-3x^2+12x+1$

$=-3(x^2-4x)+1$ ← x^2 の係数 -3 でくくり，定数項はそのまま

$=-3\{(x-2)^2-2^2\}+1$

$=-3(x-2)^2+3\times4+1$ ← $y=a(x-p)^2+q$ の形

$=\mathbf{-3(x-2)^2+13}$

100 $y=3x^2-6x+6$

$=3(x^2-2x)+6$ ← x^2 の係数 3 でくくり，定数項はそのまま

$=3\{(x-1)^2-1^2\}+6$

$=3(x-1)^2-3\times1+6$

$=3(x-1)^2+3$ ← $y=a(x-p)^2+q$ の形

よって，$y=3x^2-6x+6$ のグラフは

軸が **直線 $x=1$**，頂点が **点 (1, 3)** の放物線で，右の図のようになる。

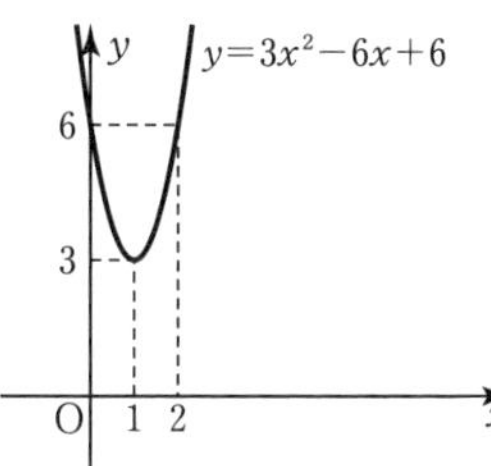

> $y=a(x-p)^2+q$ のグラフは $y=ax^2$ のグラフを
> x 軸方向に p
> y 軸方向に q
> だけ平行移動したものである。

101 (1) $y=x^2-4x+5=(x-2)^2-2^2+5=\mathbf{(x-2)^2+1}$

(2) $y=-2x^2+4x+1=-2(x^2-2x)+1$

$=-2\{(x-1)^2-1^2\}+1=-2(x-1)^2+2\times1+1$

$=\mathbf{-2(x-1)^2+3}$

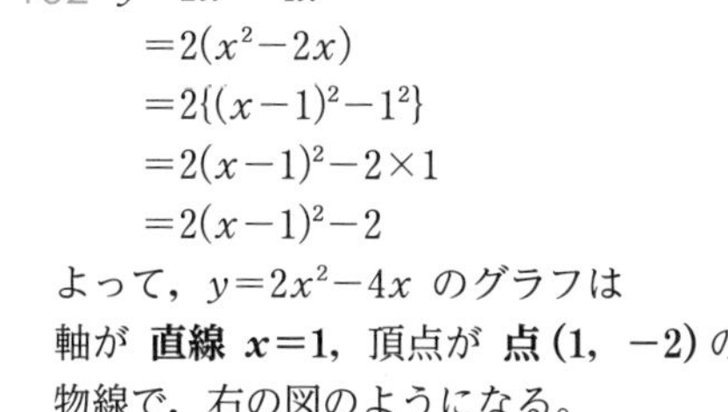

102 $y=2x^2-4x$

$=2(x^2-2x)$

$=2\{(x-1)^2-1^2\}$

$=2(x-1)^2-2\times1$

$=2(x-1)^2-2$

よって，$y=2x^2-4x$ のグラフは

軸が **直線 $x=1$**，頂点が **点 (1, −2)** の放物線で，右の図のようになる。

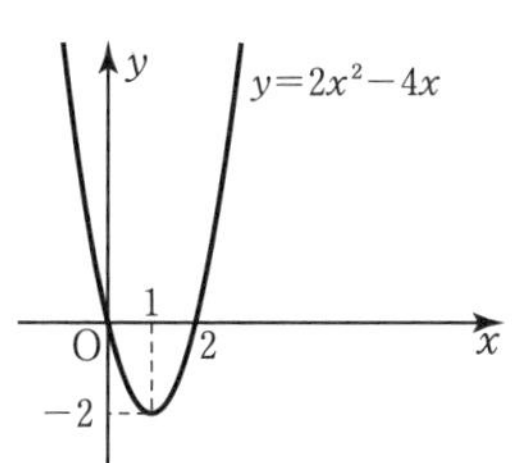

103 (1) $y=x^2+3x+2$

$=\left(x+\frac{3}{2}\right)^2-\left(\frac{3}{2}\right)^2+2$

$=\mathbf{\left(x+\frac{3}{2}\right)^2-\frac{1}{4}}$

← $x^2+2\times\frac{3}{2}x+\left(\frac{3}{2}\right)^2-\left(\frac{3}{2}\right)^2+2$
$=\left(x+\frac{3}{2}\right)^2-\left(\frac{3}{2}\right)^2+2$

(2) $y=-2x^2+6x-1=-2(x^2-3x)-1=-2\left\{\left(x-\frac{3}{2}\right)^2-\left(\frac{3}{2}\right)^2\right\}-1$ ← -2 でくくったとき，x の係数と符号に注意

$=-2\left(x-\frac{3}{2}\right)^2+2\times\frac{9}{4}-1=\mathbf{-2\left(x-\frac{3}{2}\right)^2+\frac{7}{2}}$

104 $y=-\frac{1}{2}x^2+2x+1$

$=-\frac{1}{2}(x^2-4x)+1$ ← $-\frac{1}{2}$ でくくると，x の係数は $2\div\left(-\frac{1}{2}\right)=-4$ となる。

$=-\frac{1}{2}\{(x-2)^2-2^2\}+1$

$=-\frac{1}{2}(x-2)^2+\frac{1}{2}\times4+1$

$=-\frac{1}{2}(x-2)^2+3$

よって，$y=-\frac{1}{2}x^2+2x+1$ のグラフは

軸が $\boldsymbol{x=2}$，頂点が **点 (2, 3)** の放物線

であり，右の図のようになる。

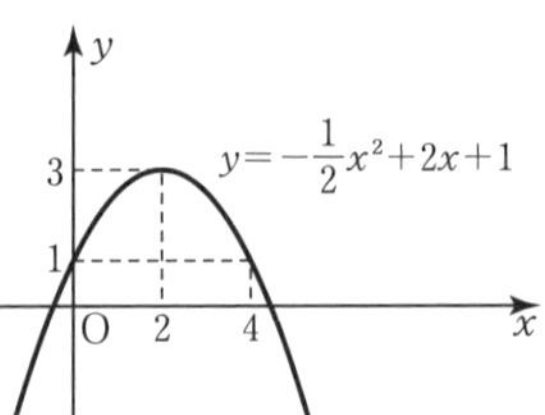

JUMP 22

$y=x^2-4x+5$ を変形すると

$y=(x-2)^2+1$ ……①

①のグラフの頂点は点 (2, 1) であるから，移動後のグラフの頂点は点 (2+1, 1−3)，すなわち点 (3, −2) となる。

よって $y=(x-3)^2-2=x^2-6x+7$

ゆえに $\boldsymbol{a=-6}$，$\boldsymbol{b=7}$

考え方 頂点がどのように移動するか考える。

⬅ $y=x^2-4x+5$
$=(x^2-4x+2^2-2^2)+5$
$=(x-2)^2-4+5$

関数 $y=f(x)$ のグラフを x 軸方向に p，y 軸方向に q だけ平行移動すると，次のような関数のグラフになる。
$y-q=f(x-p)$
すなわち
$y=f(x-p)+q$

2次関数
$\boldsymbol{y=a(x-p)^2+q}$
の最大・最小
$a>0$ のとき
最大値はない。
$x=p$ で最小値 q
$a<0$ のとき
$x=p$ で最大値 q
最小値はない。

23 2次関数の最大・最小(1) (p.52)

105 グラフは右の図のようになるから，y は

$x=-1$ のとき **最大値 7** をとる。

最小値はない。

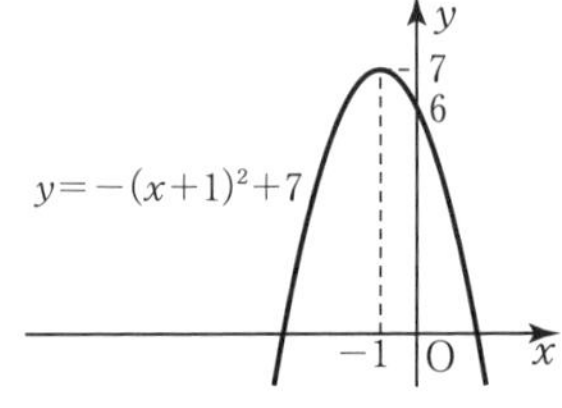

106 $y=3x^2-6x+2$

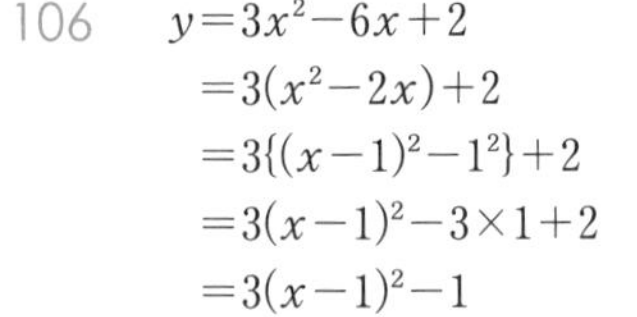

$=3(x^2-2x)+2$

$=3\{(x-1)^2-1^2\}+2$

$=3(x-1)^2-3\times1+2$

$=3(x-1)^2-1$

よって，この関数のグラフは右の図のようになるから，y は

$x=1$ のとき **最小値 −1** をとる。

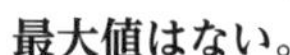

最大値はない。

107 (1) グラフは右の図のようになるから，y は

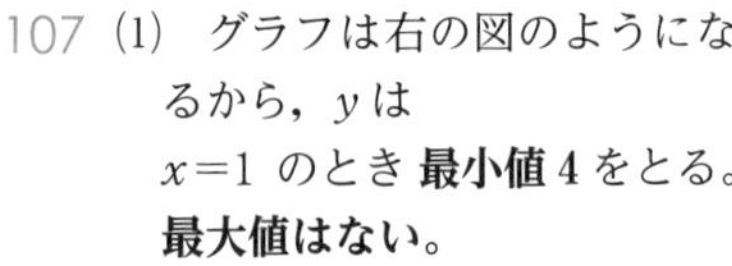

$x=1$ のとき **最小値 4** をとる。

最大値はない。

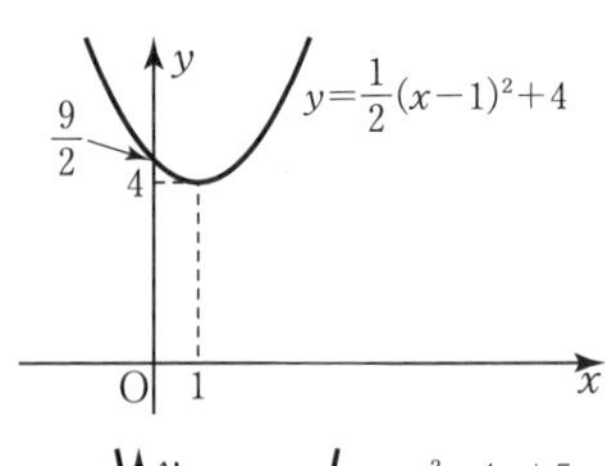

(2) $y=x^2-4x+5$

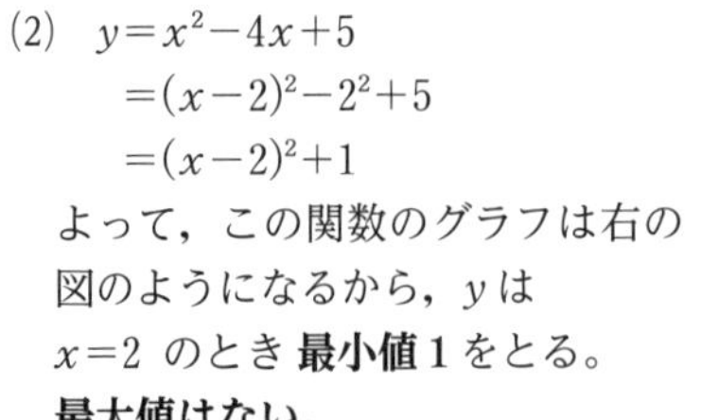

$=(x-2)^2-2^2+5$

$=(x-2)^2+1$

よって，この関数のグラフは右の図のようになるから，y は

$x=2$ のとき **最小値 1** をとる。

最大値はない。

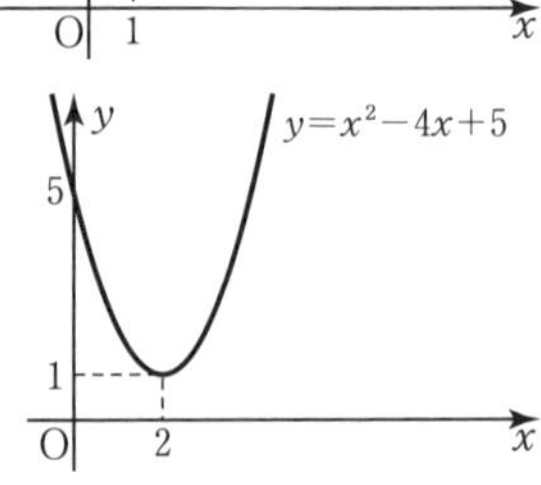

(3)　$y=2x^2+20x+47$

$=2(x^2+10x)+47$

$=2\{(x+5)^2-5^2\}+47$

$=2(x+5)^2-2\times25+47$

$=2(x+5)^2-3$

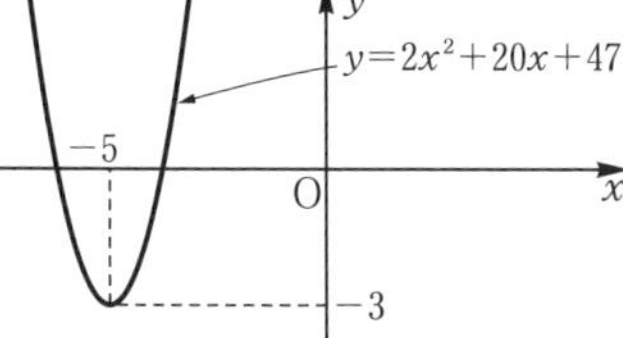

よって，この関数のグラフは右の図のようになるから，y は $x=-5$ のとき **最小値 −3** をとる。
最大値はない。

108 (1)　グラフは右の図のようになるから，y は $x=-3$ のとき **最大値 2** をとる。
最小値はない。

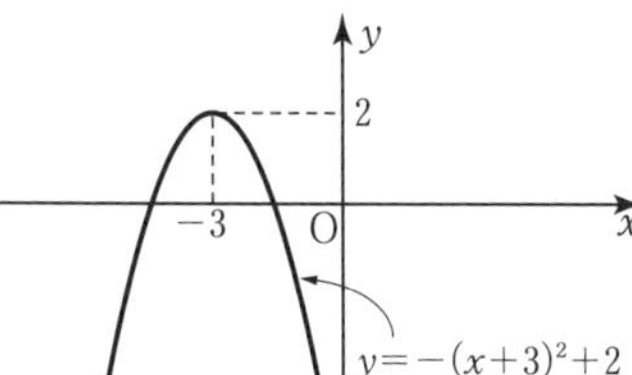

(2)　$y=-x^2-x-3$

$=-(x^2+x)-3$

$=-\left\{\left(x+\frac{1}{2}\right)^2-\left(\frac{1}{2}\right)^2\right\}-3$

$=-\left(x+\frac{1}{2}\right)^2-\frac{11}{4}$

よって，この関数のグラフは右の図のようになるから，y は $x=-\frac{1}{2}$ のとき **最大値 $-\frac{11}{4}$** をとる。
最小値はない。

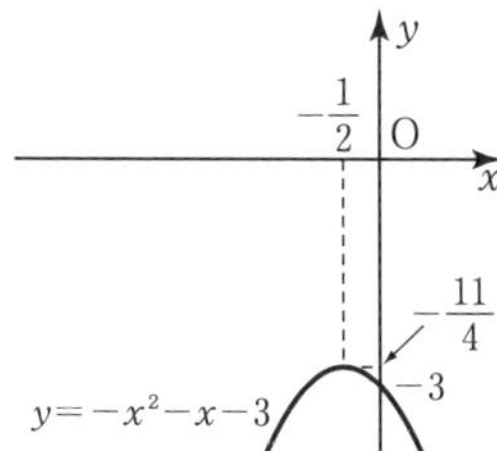

(3)　$y=-2x^2-12x-17$

$=-2(x^2+6x)-17$

$=-2\{(x+3)^2-3^2\}-17$

$=-2(x+3)^2+2\times9-17$

$=-2(x+3)^2+1$

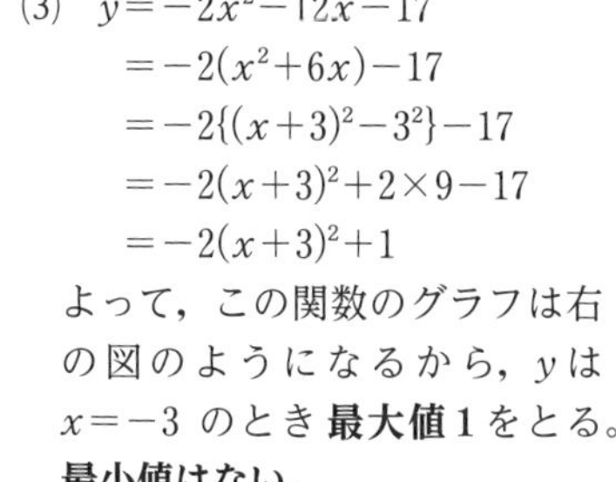

よって，この関数のグラフは右の図のようになるから，y は $x=-3$ のとき **最大値 1** をとる。
最小値はない。

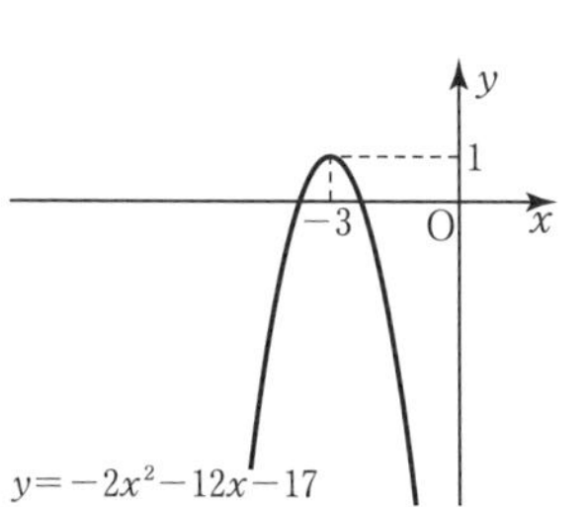

JUMP 23

$y=-x^2+4x+c$ を変形すると

$y=-(x^2-4x)+c$

$=-\{(x-2)^2-2^2\}+c$

$=-(x-2)^2+c+4$

よって，$x=2$ のとき，最大値 $c+4$ をとる。
最大値が5であるから，
$c+4=5$ より $\boldsymbol{c=1}$

考え方　平方完成して，最大値を考える。

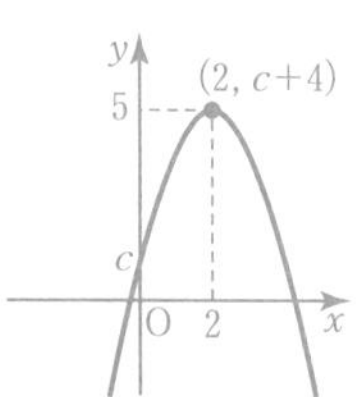

3章　2次関数

24 2次関数の最大・最小(2) (p.54)

109 $y=2x^2$ $(-2\leqq x\leqq 1)$ において,
$x=-2$ のとき $y=8$,
$x=1$ のとき $y=2$ であるから,この関数のグラフは,右の図の実線部分である。
よって,y は
$x=-2$ のとき **最大値 8** をとり,
$x=0$ のとき　**最小値 0** をとる。

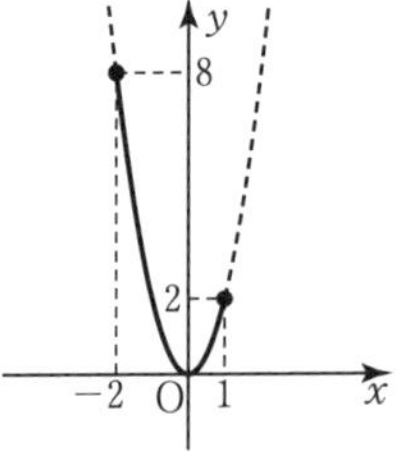

定義域に制限がある場合の最大値・最小値
グラフをかいて,定義域の両端の点における y の値と頂点における y の値に注目する。

110 $y=3(x-1)^2-1$ $(0\leqq x\leqq 2)$ において,
$x=0$ のとき $y=2$,
$x=2$ のとき $y=2$ であるから,この関数のグラフは右の図の実線部分である。
よって,y は
$x=0$, 2 のとき **最大値 2** をとり,
$x=1$ のとき　**最小値 −1** をとる。

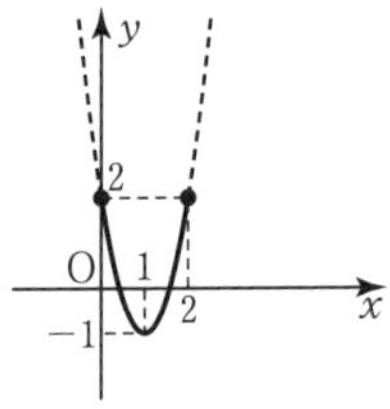

⇐ $x=0$, 2 のとき $y=2$
(頂点で $y=-1$)

111 (1) $y=(x-3)^2-2$ $(2\leqq x\leqq 6)$ において,
$x=2$ のとき $y=-1$,
$x=6$ のとき $y=7$ であるから,この関数のグラフは右の図の実線部分である。
よって,y は
$x=6$ のとき **最大値 7** をとり,
$x=3$ のとき **最小値 −2** をとる。

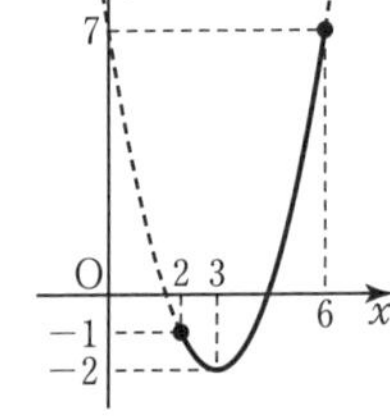
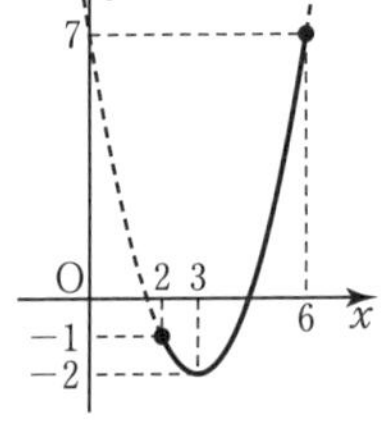

(2) $y=-2x^2+18$ $(-1\leqq x\leqq 2)$ において,
$x=-1$ のとき $y=16$,
$x=2$ のとき $y=10$ であるから,この関数のグラフは右の図の実線部分である。
よって,y は
$x=0$ のとき **最大値 18** をとり,
$x=2$ のとき **最小値 10** をとる。

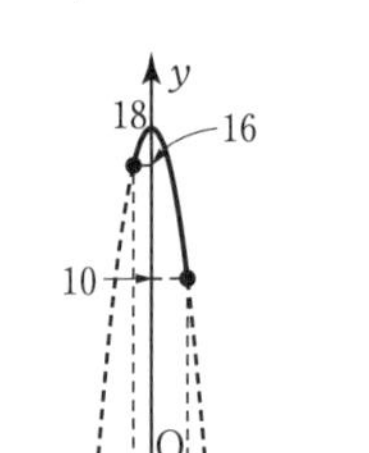

112 (1) $y=(x-1)^2-1$ $(0\leqq x\leqq 4)$ において,
$x=0$ のとき $y=0$,
$x=4$ のとき $y=8$ であるから,この関数のグラフは右の図の実線部分である。
よって,y は
$x=4$ のとき **最大値 8** をとり,
$x=1$ のとき **最小値 −1** をとる。

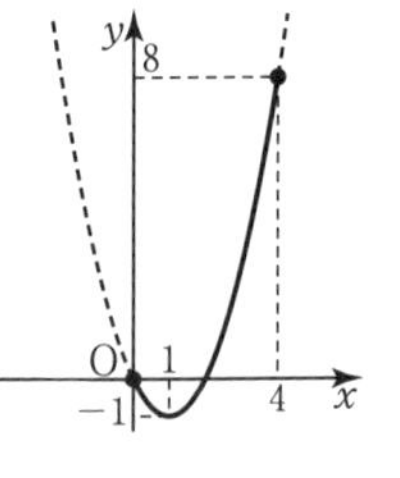

(2) $y=(x-1)^2-1$ $(-2\leqq x\leqq 0)$ において,
$x=-2$ のとき $y=8$,
$x=0$ のとき $y=0$
であるから,この関数のグラフは右の図の実線部分である。
よって,y は
$x=-2$ のとき **最大値 8** をとり,
$x=0$ のとき　**最小値 0** をとる。

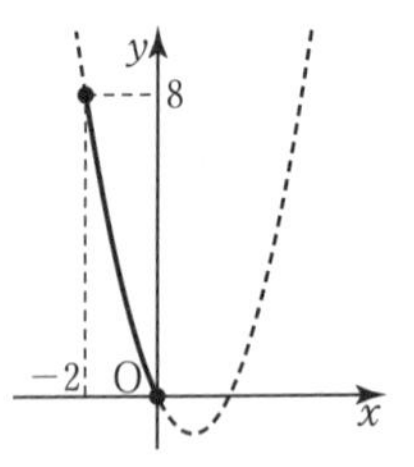

113 (1) $y=\frac{1}{3}x^2-2x=\frac{1}{3}(x^2-6x)$

$=\frac{1}{3}\{(x-3)^2-3^2\}$

$=\frac{1}{3}(x-3)^2-3$

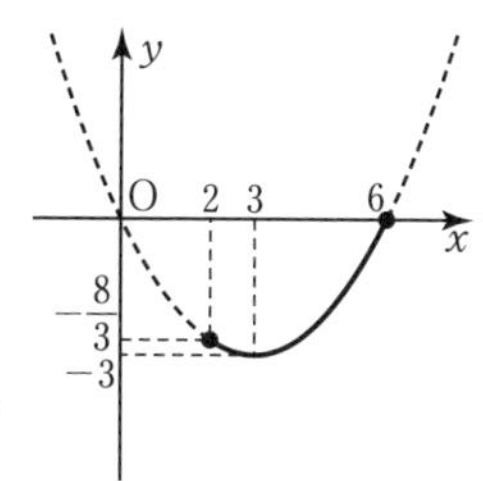

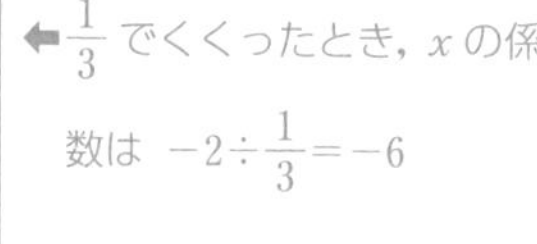

← $\frac{1}{3}$ でくくったとき，x の係数は $-2\div\frac{1}{3}=-6$

$2\leqq x\leqq 6$ におけるこの関数のグラフは，右の図の実線部分である。
よって，y は
$x=6$ のとき **最大値 0** をとり，
$x=3$ のとき **最小値 −3** をとる。

(2) $y=-2x^2-4x+3$

$=-2(x^2+2x)+3$

$=-2\{(x+1)^2-1^2\}+3$

$=-2(x+1)^2+2\times1+3$

$=-2(x+1)^2+5$

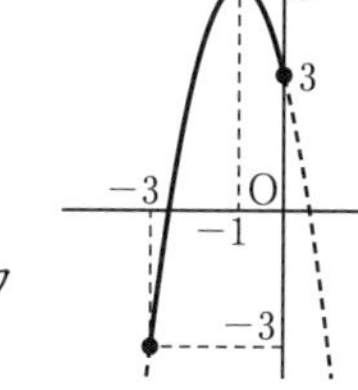

← −2 でくくったとき，x の係数は $-4\div(-2)=2$

$-3\leqq x\leqq 0$ におけるこの関数のグラフは，右の図の実線部分である。
よって，y は
$x=-1$ のとき **最大値 5** をとり，
$x=-3$ のとき **最小値 −3** をとる。

114 直角をはさむ 2 辺のうち，1 辺の長さを x とおくと，もう 1 辺の長さは $6-x$ と表される。
$x>0$ かつ $6-x>0$ であるから $0<x<6$
三平方の定理より斜辺の長さは $\sqrt{x^2+(6-x)^2}$ である。
$y=x^2+(6-x)^2$ とおくと

$y=x^2+x^2-12x+36$

$=2x^2-12x+36$

$=2(x^2-6x)+36$

$=2\{(x-3)^2-3^2\}+36$

$=2(x-3)^2-2\times9+36$

$=2(x-3)^2+18 \quad (0<x<6)$

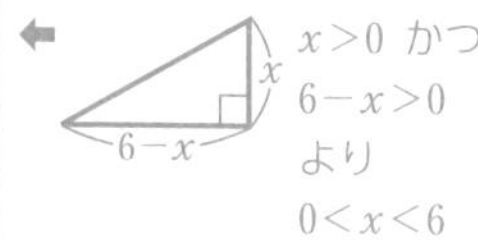

← $x>0$ かつ $6-x>0$ より $0<x<6$

よって，y は $x=3$ のとき最小値 18 をとる。
ゆえに，斜辺の長さの最小値は
$\sqrt{18}=\mathbf{3\sqrt{2}}$

← 斜辺の長さは $\sqrt{y}$

JUMP 24

考え方 頂点の x 座標が定義域に含まれるか考える。

$y=x^2-4x$
$=(x-2)^2-4$

(i) **$0<a<2$ のとき**
グラフは右の図のようになり，
$x=a$ で **最小値 a^2-4a** をとる。

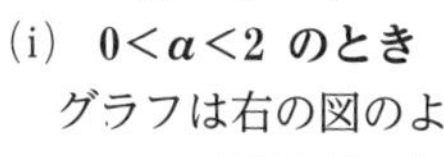

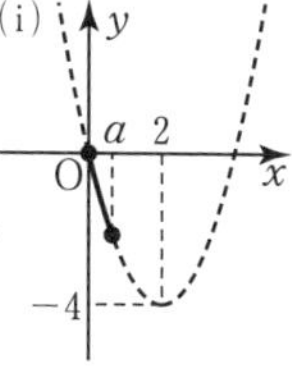

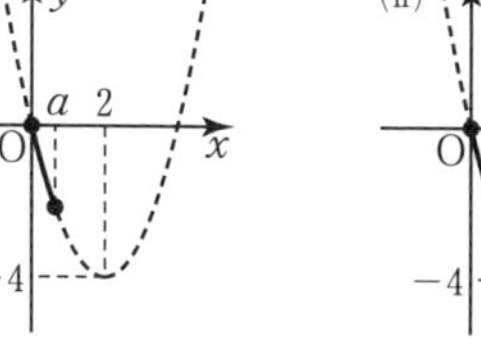

← 頂点の x 座標 2 が，定義域に含まれる場合と含まれない場合に分けて考える。

(ii) **$2\leqq a$ のとき**
グラフは右の図のようになり，
$x=2$ で **最小値 −4** をとる。

3章 2次関数

25 2次関数の決定(1) (p.56)

115 頂点が点 $(2,\ 1)$ であるから，求める2次関数は

$y=a(x-2)^2+1$ と表される。

グラフが点 $(1,\ 3)$ を通ることから $3=a(1-2)^2+1$

よって $3=a+1$ より $a=2$

したがって，求める2次関数は $\boldsymbol{y=2(x-2)^2+1}$

116 軸が直線 $x=4$ であるから，求める2次関数は

$y=a(x-4)^2+q$ と表される。

グラフが点 $(2,\ -2)$ を通ることから $-2=a(2-4)^2+q$ ……①

グラフが点 $(5,\ 7)$ を通ることから $7=a(5-4)^2+q$ ……②

①，②より $\begin{cases} 4a+q=-2 \\ a+q=7 \end{cases}$

これを解いて $a=-3,\ q=10$

したがって，求める2次関数は $\boldsymbol{y=-3(x-4)^2+10}$

117 頂点が点 $(1,\ 3)$ であるから，求める2次関数は

$y=a(x-1)^2+3$ と表される。

グラフが点 $(0,\ 6)$ を通ることから $6=a(0-1)^2+3$

よって $6=a+3$ より $a=3$

したがって，求める2次関数は $\boldsymbol{y=3(x-1)^2+3}$

118 頂点が点 $(2,\ 8)$ であるから，求める2次関数は

$y=a(x-2)^2+8$ と表される。

グラフが原点を通ることから $0=a(0-2)^2+8$

よって $4a+8=0$ より $a=-2$

したがって，求める2次関数は $\boldsymbol{y=-2(x-2)^2+8}$

119 軸が直線 $x=2$ であるから，求める2次関数は

$y=a(x-2)^2+q$ と表される。

グラフが点 $(1,\ 3)$ を通ることから $3=a(1-2)^2+q$ ……①

グラフが点 $(5,\ -5)$ を通ることから $-5=a(5-2)^2+q$ ……②

①，②より $\begin{cases} a+q=3 \\ 9a+q=-5 \end{cases}$

これを解いて $a=-1,\ q=4$

したがって，求める2次関数は $\boldsymbol{y=-(x-2)^2+4}$

120 頂点が点 $(-2,\ -3)$ であるから，求める2次関数は

$y=a(x+2)^2-3$ と表される。

グラフが点 $(2,\ 5)$ を通ることから $5=a(2+2)^2-3$

よって $5=16a-3$ より $a=\dfrac{1}{2}$

したがって，求める2次関数は $\boldsymbol{y=\dfrac{1}{2}(x+2)^2-3}$

121 軸が直線 $x=-1$ であるから，求める2次関数は

$y=a(x+1)^2+q$ と表される。

グラフが点 $(0,\ 7)$ を通ることから $7=a(0+1)^2+q$ ……①

グラフが点 $(3,\ 2)$ を通ることから $2=a(3+1)^2+q$ ……②

⬅頂点が点 $(p,\ q)$ である2次関数は
$y=a(x-p)^2+q$
この式に，通る点の座標を代入して a を求める。

⬅軸が直線 $x=p$ である2次関数は
$y=a(x-p)^2+q$
この式に，通る2点の座標を代入して a と q の値を求める。

①，②より $\begin{cases} a+q=7 \\ 16a+q=2 \end{cases}$

これを解いて　$a=-\dfrac{1}{3}$，$q=\dfrac{22}{3}$

したがって，求める 2 次関数は **$y=-\dfrac{1}{3}(x+1)^2+\dfrac{22}{3}$**

JUMP 25

頂点は点 $(p,\ 2p-3)$ とおけるから，放物線の方程式は

$y=(x-p)^2+2p-3$ ……①と表される。

グラフが点 $(2,\ 9)$ を通ることから

$9=(2-p)^2+2p-3$

より　$p^2-2p-8=0$

$(p+2)(p-4)=0$

よって　$p=-2,\ 4$

$p=-2$ のとき，①より　$y=(x+2)^2-7=x^2+4x-3$

$p=4$ のとき，①より　$y=(x-4)^2+5=x^2-8x+21$

したがって，**$a=4$，$b=-3$ または $a=-8$，$b=21$**

別解　$y=x^2+ax+b=\left(x+\dfrac{a}{2}\right)^2-\dfrac{a^2}{4}+b$

よって，頂点は $\left(-\dfrac{a}{2},\ -\dfrac{a^2}{4}+b\right)$

頂点が直線 $y=2x-3$ 上にあるから

$-\dfrac{a^2}{4}+b=2\times\left(-\dfrac{a}{2}\right)-3$

より　$b=\dfrac{a^2}{4}-a-3$ ……①

また，点 $(2,\ 9)$ を通るから

$9=4+2a+b$

より　$b=-2a+5$ ……②

①，②より　$\dfrac{a^2}{4}-a-3=-2a+5$

$a^2+4a-32=0$

$(a-4)(a+8)=0$

よって　$a=4,\ -8$

$a=4$ のとき，②に代入して　$b=-3$

$a=-8$ のとき，②に代入して　$b=21$

したがって，**$a=4$，$b=-3$ または $a=-8$，$b=21$**

考え方　頂点の x 座標を p とおいて，放物線の式を p を用いて表す。

⇐①に $x=2$，$y=9$ を代入

⇐$a=4$，$b=-3$

⇐$a=-8$，$b=21$

26 2 次関数の決定(2) (p.58)

122　求める 2 次関数を $y=ax^2+bx+c$ とおく。

グラフが 3 点 $(1,\ 0)$，$(2,\ 0)$，$(0,\ 2)$ を通ることから

$\begin{cases} 0=a+b+c & \cdots\cdots① \\ 0=4a+2b+c & \cdots\cdots② \\ 2=c & \cdots\cdots③ \end{cases}$

③より　$c=2$

これを①，②に代入して整理すると

$\begin{cases} a+b=-2 \\ 2a+b=-1 \end{cases}$

これを解いて　$a=1$，$b=-3$

⇐3 点が与えられたとき，$y=ax^2+bx+c$ とおく。この式に，通る 3 点の座標を代入して a，b，c を求める。

よって，求める2次関数は　$\boldsymbol{y=x^2-3x+2}$

123 求める2次関数を　$y=ax^2+bx+c$　とおく。
グラフが3点$(0,\ -1)$，$(2,\ 13)$，$(-1,\ -2)$を通ることから

$$\begin{cases} -1=c & \cdots\cdots① \\ 13=4a+2b+c & \cdots\cdots② \\ -2=a-b+c & \cdots\cdots③ \end{cases}$$

①より　$c=-1$
これを②，③に代入して整理すると

$$\begin{cases} 2a+b=7 \\ a-b=-1 \end{cases}$$

これを解いて　$a=2,\ b=3$
よって，求める2次関数は　$\boldsymbol{y=2x^2+3x-1}$

124 求める2次関数を　$y=ax^2+bx+c$　とおく。
グラフが3点$(0,\ 3)$，$(1,\ 5)$，$(-2,\ -13)$を通ることから

$$\begin{cases} 3=c & \cdots\cdots① \\ 5=a+b+c & \cdots\cdots② \\ -13=4a-2b+c & \cdots\cdots③ \end{cases}$$

①より　$c=3$
これを②，③に代入して整理すると

$$\begin{cases} a+b=2 \\ 2a-b=-8 \end{cases}$$

これを解いて　$a=-2,\ b=4$
よって，求める2次関数は　$\boldsymbol{y=-2x^2+4x+3}$

連立3元1次方程式の解法
(i) 1つの文字を消去して，連立2元1次方程式をつくる。
(ii) (i)の連立2元1次方程式を解く。
(iii) 残りの1文字の値を求める。

125
$$\begin{cases} a-b+2c=5 & \cdots\cdots① \\ a+b+c=8 & \cdots\cdots② \\ a+2b+3c=17 & \cdots\cdots③ \end{cases}$$

①＋②より　$2a+3c=13$ ……④　　⬅b を消去
2×②－③より　$a-c=-1$ ……⑤
④，⑤を解いて　$a=2,\ c=3$　　⬅連立方程式④，⑤を解く。
これらを①に代入して　$b=3$　　⬅b の値を求める。
よって　$\boldsymbol{a=2,\ b=3,\ c=3}$

126 求める2次関数を　$y=ax^2+bx+c$　とおく。
グラフが3点$(-2,\ 7)$，$(-1,\ 2)$，$(2,\ -1)$を通ることから

$$\begin{cases} 7=4a-2b+c & \cdots\cdots① \\ 2=a-b+c & \cdots\cdots② \\ -1=4a+2b+c & \cdots\cdots③ \end{cases}$$

①－②より　$3a-b=5$ ……④　　⬅c を消去する。
③－②より　$3a+3b=-3$
すなわち　$a+b=-1$ ……⑤
④，⑤を解いて　$a=1,\ b=-2$　　⬅連立方程式④，⑤を解く。
これらを②に代入して　$c=-1$　　⬅c の値を求める。
よって，求める2次関数は　$\boldsymbol{y=x^2-2x-1}$

127 求める2次関数を　$y=ax^2+bx+c$　とおく。
グラフが3点$(1,\ 6)$，$(2,\ 5)$，$(3,\ 2)$を通ることから

$$\begin{cases} 6=a+b+c & \cdots\cdots① \\ 5=4a+2b+c & \cdots\cdots② \\ 2=9a+3b+c & \cdots\cdots③ \end{cases}$$

②−①より　$3a+b=-1$ ……④

⬅c を消去する。

③−②より　$5a+b=-3$ ……⑤

④，⑤を解いて　$a=-1$，$b=2$

⬅連立方程式④，⑤を解く。

①より　$c=5$

⬅c の値を求める。

よって，求める 2 次関数は　$\boldsymbol{y=-x^2+2x+5}$

JUMP 26

考え方　頂点の y 座標について考える。

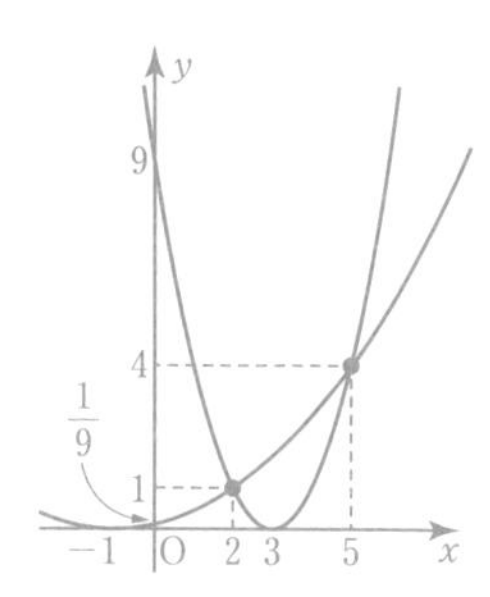

x 軸に接することより，頂点は $(p,\ 0)$ であるから，求める 2 次関数は

$y=a(x-p)^2\quad(a\neq0)$

と表せる。

グラフが $(2,\ 1)$，$(5,\ 4)$ を通るから

$$\begin{cases} 1=a(2-p)^2 & \cdots\cdots① \\ 4=a(5-p)^2 & \cdots\cdots② \end{cases}$$

①，②より，a を消去すると

$\dfrac{1}{(2-p)^2}=\dfrac{4}{(5-p)^2}$ より

$(5-p)^2=4(2-p)^2$

整理すると $p^2-2p-3=0$ より $(p-3)(p+1)=0$

よって $p=3,\ -1$

$p=3$ のとき，①より $1=a$

$p=-1$ のとき，①より $1=9a$ より $a=\dfrac{1}{9}$

したがって，$\boldsymbol{y=(x-3)^2}$，$\boldsymbol{y=\dfrac{1}{9}(x+1)^2}$

まとめの問題　2 次関数①(p.60)

1　(1)　軸…**y 軸**

頂点…**点 $(0,\ 9)$**

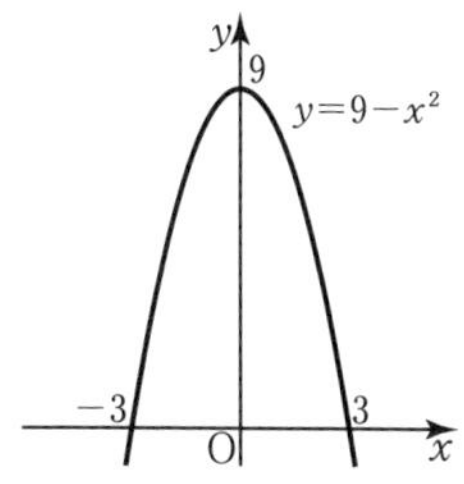

(2)　軸…**直線 $x=-1$**

頂点…**点 $(-1,\ 2)$**

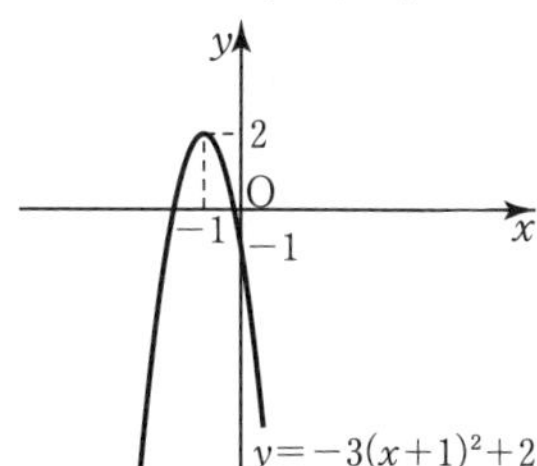

(3)　$y=(x^2-6x)+8$

$=(x-3)^2-3^2+8$

$=(x-3)^2-1$

軸…**直線 $x=3$**

頂点…**点 $(3,\ -1)$**

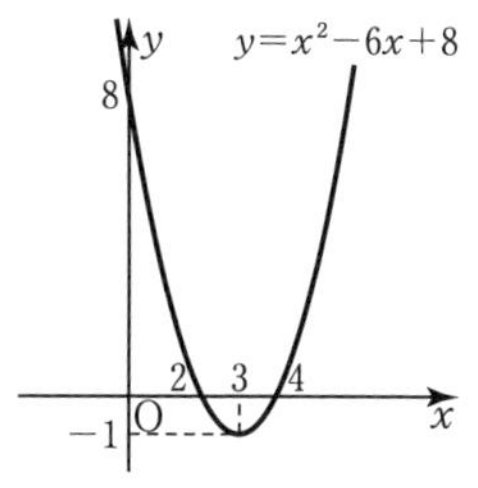

(4) $y=\frac{1}{2}(x^2-2x)+1$

$=\frac{1}{2}\{(x-1)^2-1^2\}+1$

$=\frac{1}{2}(x-1)^2-\frac{1}{2}\times1+1$

$=\frac{1}{2}(x-1)^2+\frac{1}{2}$

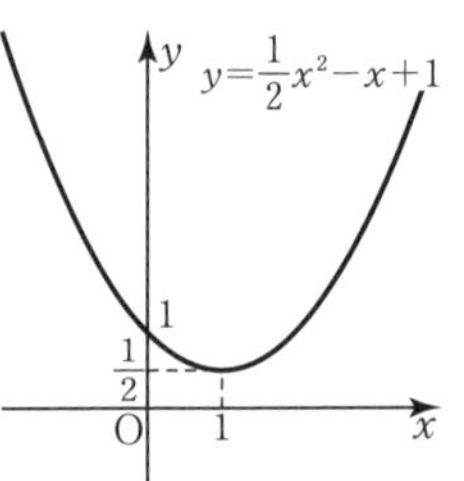

軸…**直線 $x=1$**

頂点…**点$\left(1,\ \frac{1}{2}\right)$**

2 (1) $y=x^2+6x+7$

$=(x+3)^2-3^2+7$

$=(x+3)^2-2$

よって，この関数のグラフは右の図のようになるから，y は

$x=-3$ のとき **最小値 -2** をとる。

最大値はない。

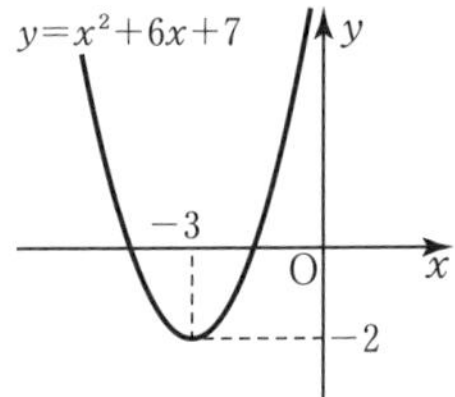

(2) $y=2\left(x^2-\frac{3}{2}x\right)+5$

$=2\left\{\left(x-\frac{3}{4}\right)^2-\left(\frac{3}{4}\right)^2\right\}+5$

$=2\left(x-\frac{3}{4}\right)^2-2\times\frac{9}{16}+5$

$=2\left(x-\frac{3}{4}\right)^2+\frac{31}{8}$

よって，この関数のグラフは右の図のようになるから，y は

$x=\frac{3}{4}$ のとき **最小値 $\frac{31}{8}$** をとる。

最大値はない。

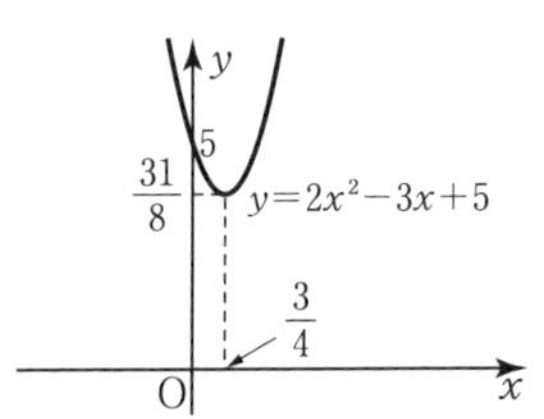

3 (1) $y=x^2-2x-2$

$=(x-1)^2-1^2-2$

$=(x-1)^2-3$

$-1\leqq x\leqq2$ におけるこの関数のグラフは，右の図の実線部分である。

よって，y は

$x=-1$ のとき **最大値 1** をとり，

$x=1$ のとき **最小値 -3** をとる。

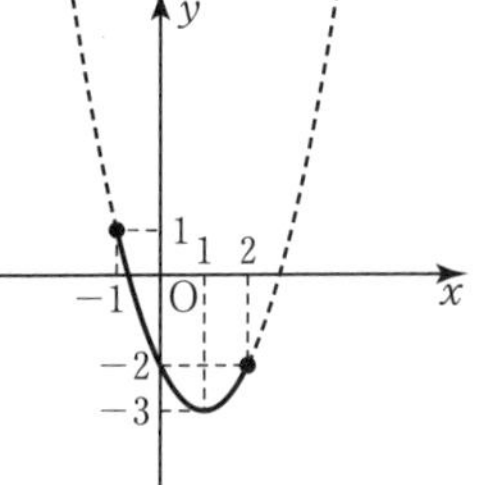

⬅両端と頂点における y の値を求める。

(2) $y=-\frac{1}{2}(x-3)^2+2\ (-1\leqq x\leqq7)$ において，$x=-1$ のとき $y=-6$

$x=7$ のとき $y=-6$ であるから，この関数のグラフは，右の図の実線部分である。

よって，y は

$x=3$ のとき **最大値 2** をとり

$x=-1,\ 7$ のとき **最小値 -6** をとる。

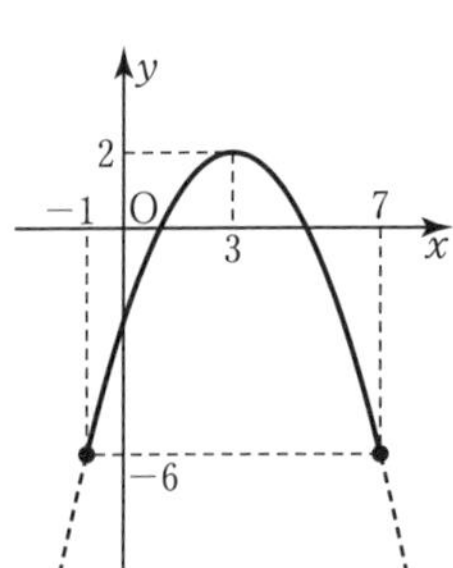

4 長方形の縦の長さを x m とすると

$x>0$，$10-2x>0$ より　$0<x<5$

長方形の面積を y m^2 とすると

$$y=x(10-2x)=-2x^2+10x=-2(x^2-5x)$$
$$=-2\left\{\left(x-\frac{5}{2}\right)^2-\left(\frac{5}{2}\right)^2\right\}=-2\left(x-\frac{5}{2}\right)^2+\frac{25}{2}$$

$0<x<5$ において，この2次関数が最大となるのは，

$x=\frac{5}{2}(=2.5)$ のときである。

したがって，長方形の縦の長さを $\mathbf{\frac{5}{2}(=2.5)}$ **m** とすればよい。

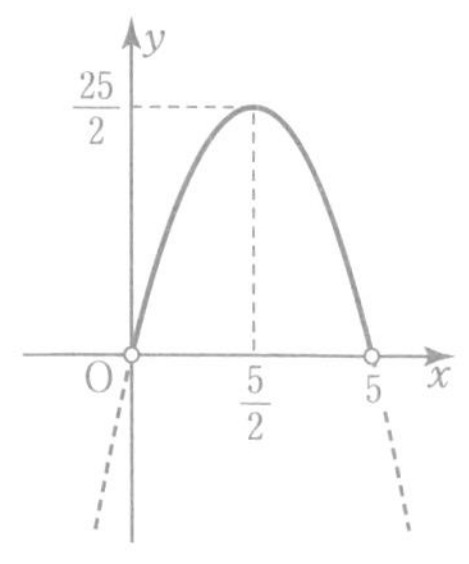

5 (1) 頂点が点 $(2,\ -3)$ であるから，求める2次関数は

$y=a(x-2)^2-3$　と表される。

グラフが点 $(-1,\ 6)$ を通ることから $6=a(-1-2)^2-3$

よって　$6=9a-3$ より $a=1$

したがって，求める2次関数は　$\boldsymbol{y=(x-2)^2-3}$

←グラフの頂点が $(p,\ q)$ の2次関数の式
$y=a(x-p)^2+q$

(2) 軸が直線 $x=2$ であるから，求める2次関数は

$y=a(x-2)^2+q$　と表される。

グラフが点 $(0,\ -1)$ を通ることから $-1=a(0-2)^2+q$ ……①

グラフが点 $(3,\ 2)$ を通ることから $2=a(3-2)^2+q$ ……②

①，②より $\begin{cases}4a+q=-1\\ a+q=2\end{cases}$

これを解いて　$a=-1$，$q=3$

したがって，求める2次関数は　$\boldsymbol{y=-(x-2)^2+3}$

←グラフの軸が直線 $x=p$ の2次関数の式
$y=a(x-p)^2+q$

(3) 求める2次関数を $y=ax^2+bx+c$　とおく。

グラフが3点 $(0,\ 1)$，$(1,\ 7)$，$(-4,\ 17)$ を通ることから

$$\begin{cases}1=c & \cdots\cdots① \\ 7=a+b+c & \cdots\cdots② \\ 17=16a-4b+c & \cdots\cdots③\end{cases}$$

①より　$c=1$

これを②，③に代入して整理すると

$$\begin{cases}a+b=6\\ 4a-b=4\end{cases}$$

これを解いて　$a=2$，$b=4$

よって，求める2次関数は $\boldsymbol{y=2x^2+4x+1}$

←3点が与えられたとき，$y=ax^2+bx+c$ とおく。この式に，通る3点の座標を代入して a，b，c を求める。

27 2次方程式 (p.62)

128 (1) 左辺を因数分解すると

$(x+4)(x-3)=0$

よって　$x+4=0$ または $x-3=0$

したがって　$\boldsymbol{x=-4,\ 3}$

←　$AB=0$ ⇕ $A=0$ または $B=0$

(2) 左辺を因数分解すると

$(x-2)(x-3)=0$

よって　$x-2=0$ または $x-3=0$

したがって　$\boldsymbol{x=2,\ 3}$

(3) 左辺を因数分解すると

$x(x+3)=0$

よって　$x=0$ または $x+3=0$

3章　2次関数

したがって　$\boldsymbol{x=0,\ -3}$

129 (1)　$x=\dfrac{-3\pm\sqrt{3^2-4\times1\times1}}{2\times1}$

$=\boldsymbol{\dfrac{-3\pm\sqrt{5}}{2}}$

(2)　$x=\dfrac{-(-1)\pm\sqrt{(-1)^2-4\times3\times(-1)}}{2\times3}$

$=\boldsymbol{\dfrac{1\pm\sqrt{13}}{6}}$

(3)　$x=\dfrac{-2\pm\sqrt{2^2-4\times1\times(-1)}}{2\times1}$

$=\dfrac{-2\pm\sqrt{8}}{2}=\dfrac{-2\pm2\sqrt{2}}{2}$

$=\boldsymbol{-1\pm\sqrt{2}}$

解の公式
2次方程式
$ax^2+bx+c=0$ の解は
$b^2-4ac\geqq0$ のとき
$x=\dfrac{-b\pm\sqrt{b^2-4ac}}{2a}$

130 (1)　左辺を因数分解すると

$(x-2)(x-1)=0$

よって　$x-2=0$ または $x-1=0$

したがって　$\boldsymbol{x=2,\ 1}$

← $AB=0$ ⇕ $A=0$ または $B=0$

(2)　左辺を因数分解すると

$(x+2)(x-2)=0$

よって　$x+2=0$ または $x-2=0$

したがって　$\boldsymbol{x=-2,\ 2}$　($x=\pm2$)

(3)　左辺を因数分解すると

$(x+3)^2=0$

よって　$x+3=0$

したがって　$\boldsymbol{x=-3}$（重解）

(4)　左辺を因数分解すると

$(x+1)(2x+1)=0$

よって　$x+1=0$ または $2x+1=0$

したがって　$\boldsymbol{x=-1,\ -\dfrac{1}{2}}$

1	1	→ 2
2	1	→ 1
2	1	3

(5)　左辺を因数分解すると

$(2x+1)(3x-4)=0$

よって　$2x+1=0$ または $3x-4=0$

したがって　$\boldsymbol{x=-\dfrac{1}{2},\ \dfrac{4}{3}}$

2	1	→ 3
3	−4	→ −8
6	−4	−5

131 (1)　$x=\dfrac{-(-5)\pm\sqrt{(-5)^2-4\times1\times2}}{2\times1}$

$=\boldsymbol{\dfrac{5\pm\sqrt{17}}{2}}$

(2)　$x=\dfrac{-9\pm\sqrt{9^2-4\times2\times5}}{2\times2}$

$=\boldsymbol{\dfrac{-9\pm\sqrt{41}}{4}}$

(3)　$x=\dfrac{-(-4)\pm\sqrt{(-4)^2-4\times1\times1}}{2\times1}$

$=\dfrac{4\pm\sqrt{12}}{2}=\dfrac{4\pm2\sqrt{3}}{2}$

$=\mathbf{2\pm\sqrt{3}}$

(4) $x=\dfrac{-6\pm\sqrt{6^2-4\times3\times(-1)}}{2\times3}$

$=\dfrac{-6\pm\sqrt{48}}{6}=\dfrac{-6\pm4\sqrt{3}}{6}$

$=\mathbf{\dfrac{-3\pm2\sqrt{3}}{3}}$

(5) $x=\dfrac{-(-8)\pm\sqrt{(-8)^2-4\times2\times3}}{2\times2}$

$=\dfrac{8\pm\sqrt{40}}{4}=\dfrac{8\pm2\sqrt{10}}{4}$

$=\mathbf{\dfrac{4\pm\sqrt{10}}{2}}$

JUMP 27

考え方　左辺を因数分解する。

(1) 左辺を因数分解すると

$(x+a)(x+2a)=0$

よって　$x+a=0$ または $x+2a=0$

したがって　$\boldsymbol{x=-a,\ -2a}$

1	a	$\longrightarrow$ a
1	$2a$	$\longrightarrow$ $2a$
1	$2a^2$	$3a$

(2) 左辺を因数分解すると

$(x+a)(x-1)=0$

よって　$x+a=0$ または $x-1=0$

したがって　$\boldsymbol{x=-a,\ 1}$

1	a	$\longrightarrow$ a
1	-1	$\longrightarrow$ -1
1	$-a$	$a-1$

28 2次方程式の実数解の個数(p.64)

132 (1) $D=(-2)^2-4\times1\times(-1)=8>0$

より **2個**

(2) $D=(-12)^2-4\times9\times4=0$

より **1個**

(3) $D=(-1)^2-4\times1\times1=-3<0$

より **0個**

133 2次方程式 $x^2+(m+2)x+m+5=0$ の判別式を D とすると

$D=(m+2)^2-4(m+5)=m^2-16$

この2次方程式が重解をもつためには，$D=0$ であればよい。

よって　$m^2-16=0$

ゆえに，$(m+4)(m-4)=0$ より $\boldsymbol{m=-4,\ 4}$

$m=-4$ のとき，2次方程式は $x^2-2x+1=0$ となり，

$(x-1)^2=0$ より，重解は $\boldsymbol{x=1}$

$m=4$ のとき，2次方程式は $x^2+6x+9=0$ となり，

$(x+3)^2=0$ より，重解は $\boldsymbol{x=-3}$

2次方程式
$ax^2+bx+c=0$
の実数解の個数
判別式を $D(=b^2-4ac)$ とする。
$D>0$…異なる2つの実数解
$D=0$…ただ1つの実数解（重解）
$D<0$…実数解をもたない

134 (1) $D=(-8)^2-4\times1\times5=44>0$

より　**2個**

(2) $D=20^2-4\times4\times25=0$

より　**1個**

(3) $D=2^2-4\times1\times3=-8<0$

より　**0個**

135 2次方程式 $2x^2-3x+m=0$ の判別式を D とすると

$D=(-3)^2-4\times2\times m=9-8m$

この2次方程式が異なる2つの実数解をもつためには，$D>0$ であればよい。

よって　$9-8m>0$　より　$\boldsymbol{m<\frac{9}{8}}$

136 (1)　両辺を6で割ると $x^2+4x+3=0$

この2次方程式の判別式を D とすると

$D=4^2-4\times1\times3=4>0$

より　**2個**

(2)　$D=(-3)^2-4\times2\times4=-23<0$

より　**0個**

(3)　$D=(-2\sqrt{3})^2-4\times1\times3=0$

より　**1個**

⬅まず両辺を6で割って係数を小さくする。

137 2次方程式 $3x^2-4x+m+1=0$ の判別式を D とすると

$D=(-4)^2-4\times3\times(m+1)=4-12m$

この2次方程式が実数解をもつためには，$D\geqq0$ であればよい。

よって，$4-12m\geqq0$ より　$\boldsymbol{m\leqq\frac{1}{3}}$

⬋2次方程式の実数解の個数

$D>0$…2個 ＞実数解をもつ
$D=0$…1個
$D<0$…0個―実数解をもたない

JUMP 28

$2x^2+3x-m=0$，$x^2-4x+2m-1=0$ の判別式をそれぞれ D_1，D_2 とすると

$D_1=3^2-4\times2\times(-m)=8m+9$

$D_2=(-4)^2-4\times1\times(2m-1)=-8m+20$

ともに実数解をもつ条件は

$D_1\geqq0$ かつ $D_2\geqq0$ より

$\begin{cases}8m+9\geqq0\\-8m+20\geqq0\end{cases}$　よって　$\begin{cases}m\geqq-\frac{9}{8}\cdots\cdots①\\m\leqq\frac{5}{2}\cdots\cdots②\end{cases}$

①，②より　$\boldsymbol{-\frac{9}{8}\leqq m\leqq\frac{5}{2}}$

考え方　2つの2次方程式の判別式の符号をそれぞれ考える。

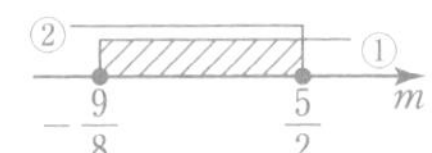

29 2次関数のグラフと x 軸の位置関係(1) (p.66)

2次関数
$y=ax^2+bx+c$ のグラフと x 軸の共有点の x 座標
2次方程式
$ax^2+bx+c=0$
の実数解

138 (1)　2次関数 $y=x^2+4x-12$ のグラフと x 軸の共有点の x 座標は，2次方程式 $x^2+4x-12=0$ の実数解である。

$(x+6)(x-2)=0$ より $x=-6,\ 2$

よって，共有点の x 座標は　**−6，2**

(2)　2次関数 $y=-x^2+6x-9$ のグラフと x 軸の共有点の x 座標は，2次方程式 $-x^2+6x-9=0$ の実数解である。

両辺に −1 を掛けると $x^2-6x+9=0$

$(x-3)^2=0$ より $x=3$（重解）

よって，共有点の x 座標は **3**

⬅x 軸との共有点がただ1つ

⬅グラフは点 (3，0) で x 軸に接する。

139 (1) 2次方程式 $x^2-2x-1=0$ の判別式を D とすると
$D=(-2)^2-4\times1\times(-1)=8>0$
よって，グラフと x 軸の共有点の個数は **2個**
(2) 2次方程式 $-2x^2+x-1=0$ の判別式を D とすると
$D=1^2-4\times(-2)\times(-1)=-7<0$
よって，グラフと x 軸の共有点の個数は **0個**

140 (1) 2次関数 $y=x^2-2x-15$ のグラフと x 軸の共有点の x 座標は，2次方程式 $x^2-2x-15=0$ の実数解である。
$(x+3)(x-5)=0$ より，$x=-3,\ 5$
よって，共有点の x 座標は **$-3,\ 5$**
(2) 2次関数 $y=-x^2+16$ のグラフと x 軸の共有点の x 座標は，2次方程式 $-x^2+16=0$ の実数解である。
両辺に -1 を掛けると $x^2-16=0$
$(x+4)(x-4)=0$ より $x=-4,\ 4$ $(x=\pm4)$
よって，共有点の x 座標は **$-4,\ 4$ (±4)**
(3) 2次関数 $y=-9x^2+12x-4$ のグラフと x 軸の共有点の x 座標は，2次方程式 $-9x^2+12x-4=0$ の実数解である。
両辺に -1 を掛けると $9x^2-12x+4=0$
$(3x-2)^2=0$ より $x=\frac{2}{3}$ (重解)
よって，共有点の x 座標は **$\frac{2}{3}$**
(4) 2次関数 $y=x^2+3x-2$ のグラフと x 軸の共有点の x 座標は，2次方程式 $x^2+3x-2=0$ の実数解である。
$$x=\frac{-3\pm\sqrt{3^2-4\times1\times(-2)}}{2\times1}=\frac{-3\pm\sqrt{17}}{2}$$
よって，共有点の x 座標は **$\frac{-3+\sqrt{17}}{2},\ \frac{-3-\sqrt{17}}{2}$ $\left(\frac{-3\pm\sqrt{17}}{2}\right)$**

141 (1) 2次方程式 $x^2+4x+2=0$ の判別式を D とすると
$D=4^2-4\times1\times2=8>0$
よって，グラフと x 軸の共有点の個数は **2個**
(2) 2次方程式 $-4x^2+4x-1=0$ の判別式を D とすると
$D=4^2-4\times(-4)\times(-1)=0$
よって，グラフと x 軸の共有点の個数は **1個**
(3) 2次方程式 $2x^2+3x=0$ の判別式を D とすると
$D=3^2-4\times2\times0=9>0$
よって，グラフと x 軸の共有点の個数は **2個**
(4) 2次方程式 $-x^2+8x-17=0$ の判別式を D とすると
$D=8^2-4\times(-1)\times(-17)=-4<0$
よって，グラフと x 軸の共有点の個数は **0個**

2次関数 $y=ax^2+bx+c$ のグラフと x 軸の共有点の個数
2次方程式
$ax^2+bx+c=0$
の判別式を D とすると
$(D=b^2-4ac)$
$D>0 \iff 2$個
$D=0 \iff 1$個
$D<0 \iff 0$個

⬅$x=\pm4$ としてもよい。

⬅ $9x^2-12x+4$
$=(3x)^2-2\cdot3x\cdot2+2^2$
$=(3x-2)^2$

⬅解の公式より

JUMP 29

(1) 2次関数 $y=x^2-2x-2$ のグラフと x 軸の共有点の x 座標は，2次方程式 $x^2-2x-2=0$ の実数解である。

解の公式より $x=\dfrac{-(-2)\pm\sqrt{(-2)^2-4\times1\times(-2)}}{2\times1}$

$=\dfrac{2\pm\sqrt{12}}{2}=\dfrac{2\pm2\sqrt{3}}{2}=1\pm\sqrt{3}$

よって，共有点の x 座標は $\mathbf{1+\sqrt{3}}$，$\mathbf{1-\sqrt{3}}$　$(\mathbf{1\pm\sqrt{3}})$

(2) x 軸から切り取る線分の長さは

$(1+\sqrt{3})-(1-\sqrt{3})=\mathbf{2\sqrt{3}}$

考え方　x 軸との共有点の x 座標から，切り取る線分の長さを考える。

⬅2次方程式 $ax^2+bx+c=0$ の解は
$x=\dfrac{-b\pm\sqrt{b^2-4ac}}{2a}$

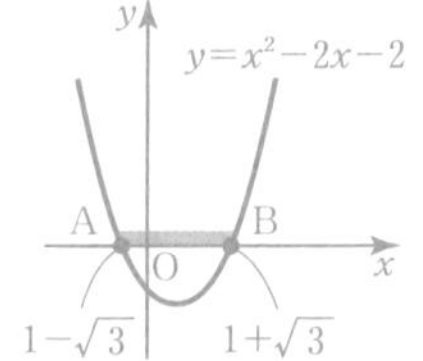

30 2次関数のグラフと x 軸の位置関係(2)，〈発展〉放物線と直線の共有点(p.68)

142 2次方程式 $x^2-4x+6m=0$ の判別式を D とすると
$D=(-4)^2-4\times1\times6m=16-24m$
グラフと x 軸の共有点の個数が2個であるためには，$D>0$ であればよい。
よって，$16-24m>0$ より $\boldsymbol{m<\dfrac{2}{3}}$

143 共有点の x 座標は，$x^2-x-2=x-3$ の実数解である。
これを解くと　$x^2-2x+1=0$ より $(x-1)^2=0$
よって　$x=1$（重解）
この値を $y=x-3$ に代入すると $y=-2$
よって，共有点の座標は $\mathbf{(1,\ -2)}$

⬅
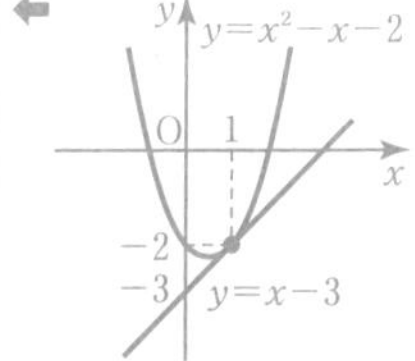

144 2次方程式 $x^2+2x+m+4=0$ の判別式を D とすると
$D=2^2-4\times1\times(m+4)$
$=4-4(m+4)$
$=-4m-12$
グラフが x 軸に接するためには，$D=0$ であればよい。
よって $-4m-12=0$ より $\boldsymbol{m=-3}$

2次関数のグラフと x 軸との位置関係
$D>0$…異なる2点で交わる
$D=0$…接する
$D<0$…共通点をもたない

145 (1) 共有点の x 座標は，$-x^2+8x-10=2x-5$ の実数解である。
これを解くと $x^2-6x+5=0$ より　$(x-1)(x-5)=0$
よって　$x=1,\ 5$
これらの値を $y=2x-5$ に代入すると
　$x=1$ のとき　$y=-3$
　$x=5$ のとき　$y=5$
したがって，共有点の座標は $\mathbf{(1,\ -3)}$，$\mathbf{(5,\ 5)}$

⬅
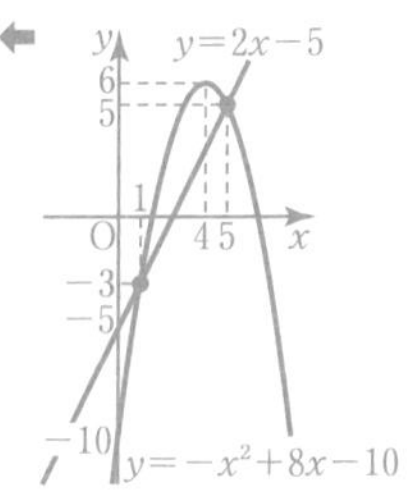

(2) 共有点の x 座標は，$-x^2+8x-10=2x-1$ の実数解である。
これを解くと $x^2-6x+9=0$ より $(x-3)^2=0$
よって　$x=3$（重解）
この値を $y=2x-1$ に代入すると　$y=5$
したがって，共有点の座標は $\mathbf{(3,\ 5)}$

⬅
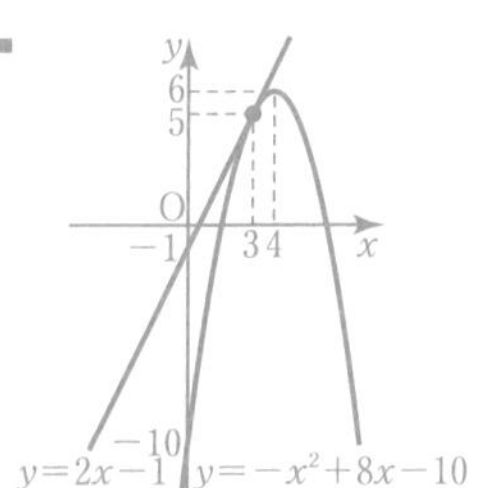

146 (1) 2次方程式 $x^2-6x+3m=0$ の判別式を D とすると
$D=(-6)^2-4\times1\times3m=36-12m$ ……①

グラフと x 軸の共有点の個数が 2 個であるためには，$D>0$ であればよい。
よって，①より $36-12m>0$　これを解いて　$\boldsymbol{m<3}$

(2)　グラフと x 軸の共有点の個数が 1 個であるためには，$D=0$ であればよい。
よって，①より $36-12m=0$　これを解いて　$\boldsymbol{m=3}$

(3)　グラフと x 軸の共有点の個数が 0 個であるためには，$D<0$ であればよい。
よって，①より $36-12m<0$　これを解いて　$\boldsymbol{m>3}$

147　2 次方程式 $x^2+mx+2m-3=0$ の判別式を D とすると

$$D=m^2-4\times1\times(2m-3)$$
$$=m^2-8m+12$$

グラフが x 軸に接するためには，$D=0$ であればよい。
よって，$m^2-8m+12=0$ より

$$(m-2)(m-6)=0$$

したがって　$\boldsymbol{m=2,\ 6}$

⬅2 次方程式 $ax^2+bx+c=0$ の判別式を D とすると $D=b^2-4ac$

JUMP 30

共有点の x 座標は $x^2+3x+m=x+1$
すなわち $x^2+2x+m-1=0$ ……①　の実数解である。
2 次方程式①の判別式を D とすると

$$D=2^2-4\times1\times(m-1)=8-4m$$

放物線と直線が接するためには，$D=0$ であればよい。
よって，$8-4m=0$ より　$\boldsymbol{m=2}$

考え方　放物線と直線の共有点の個数を，判別式を用いて考える。

⬅放物線と直線が接するとき，共有点は 1 個だから，①はただ 1 つの実数解（重解）をもつ。

31 2 次関数のグラフと 2 次不等式(1) (p.70)

148 (1)　2 次方程式 $(x-1)(x+3)=0$ を解くと
$x=-3,\ 1$
よって，$(x-1)(x+3)<0$ の解は
$\boldsymbol{-3<x<1}$

(2)　2 次方程式 $(x+1)(x+4)=0$ を解くと
$x=-4,\ -1$
よって，$(x+1)(x+4)>0$ の解は
$\boldsymbol{x<-4,\ -1<x}$

(3)　2 次方程式 $x^2-3x-10=0$ を解くと
$(x+2)(x-5)=0$　より　$x=-2,\ 5$
よって，$x^2-3x-10>0$ の解は
$\boldsymbol{x<-2,\ 5<x}$

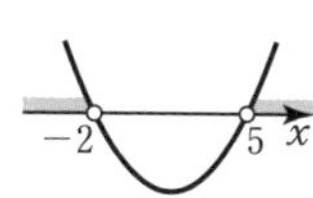

(4)　2 次方程式 $x^2-2x=0$ を解くと
$x(x-2)=0$　より　$x=0,\ 2$
よって，$x^2-2x\leqq0$ の解は　$\boldsymbol{0\leqq x\leqq2}$

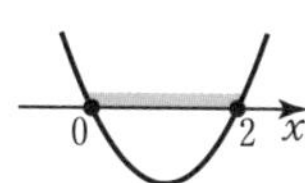

(5)　2 次方程式 $3x^2-5x+1=0$ を解くと
解の公式より　$x=\dfrac{5\pm\sqrt{13}}{6}$
よって，$3x^2-5x+1<0$ の解は
$\boldsymbol{\dfrac{5-\sqrt{13}}{6}<x<\dfrac{5+\sqrt{13}}{6}}$

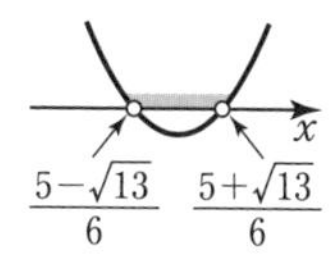

(6)　$-x^2+2x+3<0$ の両辺に -1 を掛けると

2 次方程式 $ax^2+bx+c=0\ (a>0)$ が異なる 2 つの実数解 α，$\beta\ (\alpha<\beta)$ をもつとする。
2 次不等式
$ax^2+bx+c>0$ の解は
$x<\alpha,\ \beta<x$
$ax^2+bx+c<0$ の解は
$\alpha<x<\beta$

⬅2 次方程式 $ax^2+bx+c=0$ の解は
$x=\dfrac{-b\pm\sqrt{b^2-4ac}}{2a}$
（解の公式）

⬅-1 を掛けることに注意

$x^2-2x-3>0$

2 次方程式 $x^2-2x-3=0$ を解くと

$(x+1)(x-3)=0$ より $x=-1,\ 3$

よって，$-x^2+2x+3<0$ の解は $\boldsymbol{x<-1,\ 3<x}$

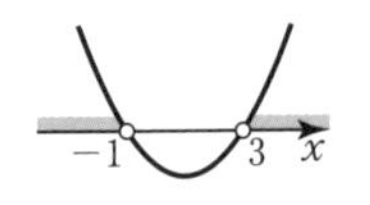

149 (1) 2 次方程式 $x^2-x-12=0$ を解くと

$(x-4)(x+3)=0$ より $x=-3,\ 4$

よって，$x^2-x-12\leqq 0$ の解は $\boldsymbol{-3\leqq x\leqq 4}$

(2) 2 次方程式 $x^2-x-20=0$ を解くと

$(x+4)(x-5)=0$ より $x=-4,\ 5$

よって，$x^2-x-20>0$ の解は $\boldsymbol{x<-4,\ 5<x}$

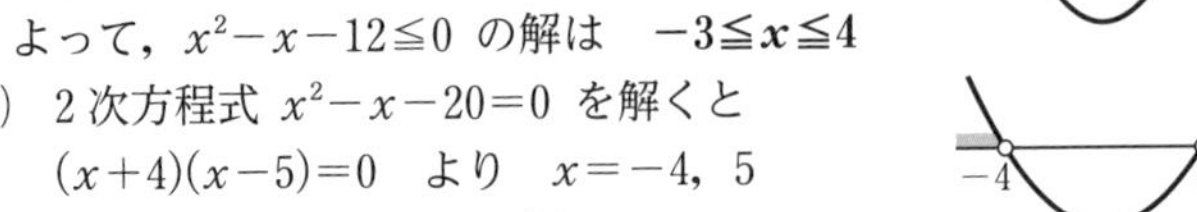

(3) $x^2>4$ を変形して $x^2-4>0$

2 次方程式 $x^2-4=0$ を解くと

$(x+2)(x-2)=0$ より $x=-2,\ 2$

よって，$x^2>4$ の解は $\boldsymbol{x<-2,\ 2<x}$

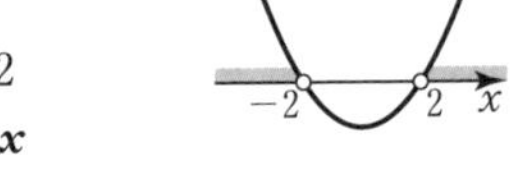

(4) 2 次方程式 $2x^2-5x+2=0$ を解くと

$(2x-1)(x-2)=0$ より $x=\frac{1}{2},\ 2$

よって，$2x^2-5x+2<0$ の解は $\boldsymbol{\frac{1}{2}<x<2}$

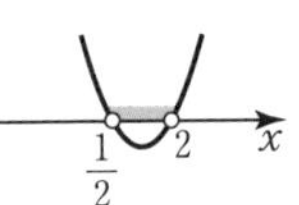

(5) 両辺に -1 を掛けると $2x^2-2x-1<0$

2 次方程式 $2x^2-2x-1=0$ を解くと

解の公式より $x=\frac{1\pm\sqrt{3}}{2}$

よって，$-2x^2+2x+1>0$ の解は

$\boldsymbol{\frac{1-\sqrt{3}}{2}<x<\frac{1+\sqrt{3}}{2}}$

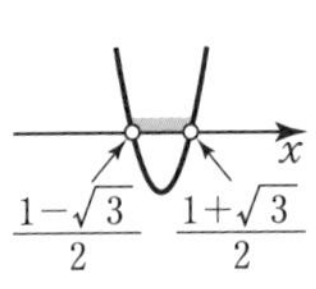

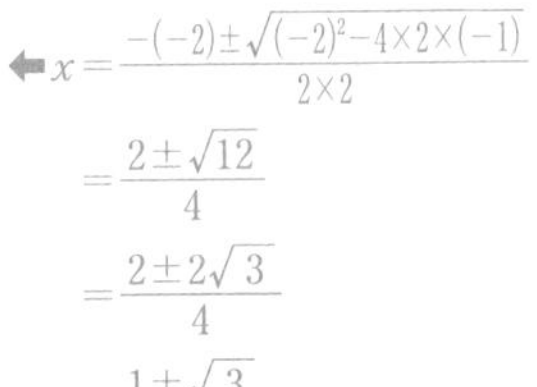

150 (1) $x^2<2x+15$ を変形して $x^2-2x-15<0$

2 次方程式 $x^2-2x-15=0$ を解くと

$(x-5)(x+3)=0$ より $x=-3,\ 5$

よって，$x^2<2x+15$ の解は $\boldsymbol{-3<x<5}$

(2) 2 次方程式 $x^2-x=0$ を解くと

$x(x-1)=0$ より $x=0,\ 1$

よって，$x^2-x\geqq 0$ の解は $\boldsymbol{x\leqq 0,\ 1\leqq x}$

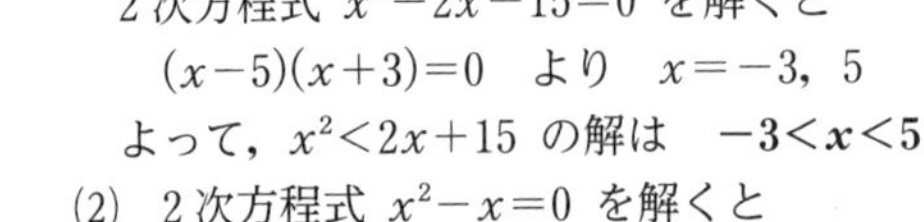

(3) $-x^2+x+6>0$ の両辺に -1 を掛けると

$x^2-x-6<0$

2 次方程式 $x^2-x-6=0$ を解くと

$(x-3)(x+2)=0$ より $x=-2,\ 3$

よって，$-x^2+x+6>0$ の解は $\boldsymbol{-2<x<3}$

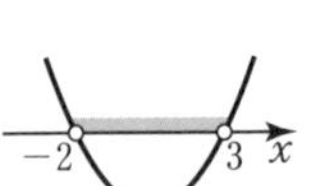

(4) $-3x^2-10x-3\geqq 0$ の両辺に -1 を掛けると

$3x^2+10x+3\leqq 0$

2 次方程式 $3x^2+10x+3=0$ を解くと

$(3x+1)(x+3)=0$ より $x=-3,\ -\frac{1}{3}$

よって，$-3x^2-10x-3\geqq 0$ の解は $\boldsymbol{-3\leqq x\leqq -\frac{1}{3}}$

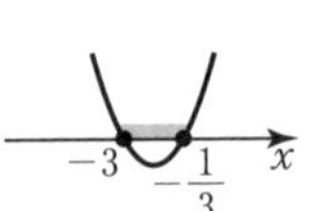

(5) 2 次方程式 $2x^2+3x-1=0$ を解くと

解の公式より $x=\frac{-3\pm\sqrt{17}}{4}$

よって，$2x^2+3x-1\geqq 0$ の解は

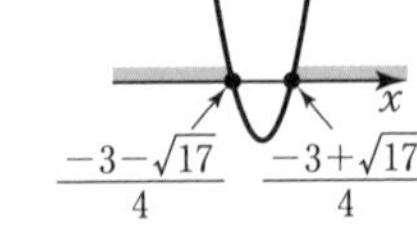

⬅ $x=\frac{-3\pm\sqrt{3^2-4\times 2\times(-1)}}{2\times 2}$

$=\frac{-3\pm\sqrt{17}}{4}$

$$x\leqq\frac{-3-\sqrt{17}}{4},\quad \frac{-3+\sqrt{17}}{4}\leqq x$$

JUMP 31

x^2 の係数が1で，$x<-1$，$2<x$ を解とする2次不等式は

$(x+1)(x-2)>0$

すなわち $x^2-x-2>0$

これが $x^2+ax+b>0$ と一致するから

$\boldsymbol{a=-1,\ b=-2}$

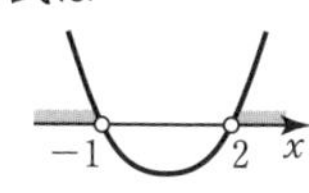

考え方 与えられた解をもつ2次不等式を考える。

↖ $y=x^2+ax+b$ のグラフは下に凸の放物線で，x 軸との共有点の x 座標は $x=-1,\ 2$

32 2次関数のグラフと2次不等式(2) (p.72)

151 (1) 2次方程式 $x^2-4x+4=0$ は

$(x-2)^2=0$ より，重解 $x=2$ をもつ。

よって $x^2-4x+4>0$ の解は

$x=2$ 以外のすべての実数

(2) (1)の図より，$x^2-4x+4<0$ の解は

ない。

(3) 2次方程式 $x^2+4x+8=0$ の判別式を D とすると

$D=4^2-4\times1\times8=-16<0$ より，

この2次方程式は実数解をもたない。

よって $x^2+4x+8>0$ の解は

すべての実数

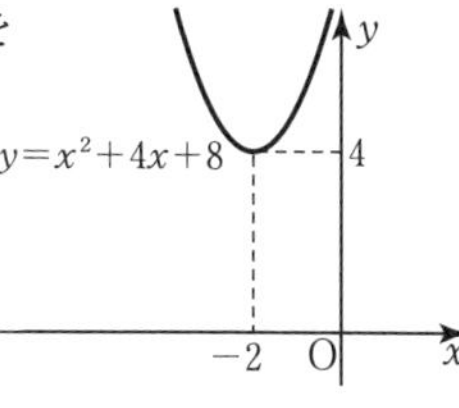

(4) (3)の図より，$x^2+4x+8<0$ の解は **ない**

(5) 2次方程式 $4x^2-4x+1=0$ は

$(2x-1)^2=0$ より，重解 $x=\frac{1}{2}$ をもつ。

よって $4x^2-4x+1\geqq0$ の解は

すべての実数

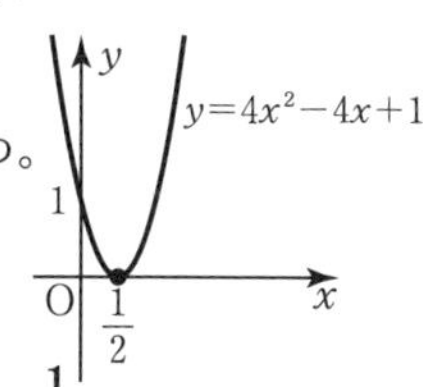

(6) (5)の図より，$4x^2-4x+1\leqq0$ の解は $\boldsymbol{x=\frac{1}{2}}$

2次方程式 $ax^2+bx+c=0\ (a>0)$ が

(i) 重解 α をもつとき ($D=0$ のとき)

・$ax^2+bx+c>0$ の解 …$x=\alpha$ 以外のすべての実数

・$ax^2+bx+c\geqq0$ の解 …すべての実数

・$ax^2+bx+c<0$ の解 …ない

・$ax^2+bx+c\leqq0$ の解 …$x=\alpha$

(ii) 実数解をもたないとき ($D<0$ のとき)

・$ax^2+bx+c>0$ の解 …すべての実数

・$ax^2+bx+c<0$ の解 …ない

152 (1) 2次方程式 $x^2-10x+25=0$ は

$(x-5)^2=0$ より，重解 $x=5$ をもつ。

よって $x^2-10x+25>0$ の解は

$x=5$ 以外のすべての実数

(2) $-x^2+6x-9>0$ の両辺に -1 を掛けて

$x^2-6x+9<0$

2次方程式 $x^2-6x+9=0$ は

$(x-3)^2=0$ より，重解 $x=3$ をもつ。

よって $-x^2+6x-9>0$ の解は **ない**

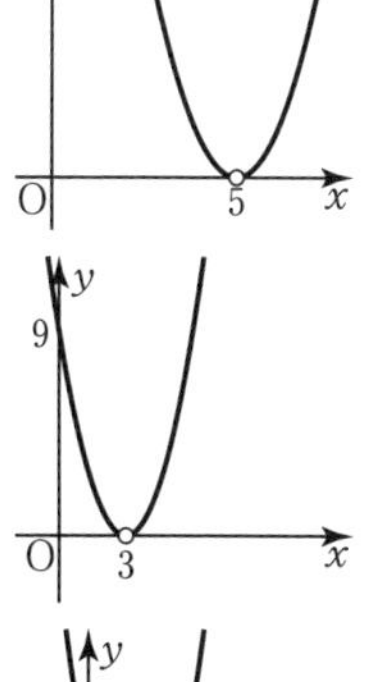

← −1を掛けることに注意

(3) 2次方程式 $x^2-5x+8=0$ の判別式を D とすると

$D=(-5)^2-4\times1\times8=-7<0$ より，

この2次方程式は実数解をもたない。

よって $x^2-5x+8>0$ の解は **すべての実数**

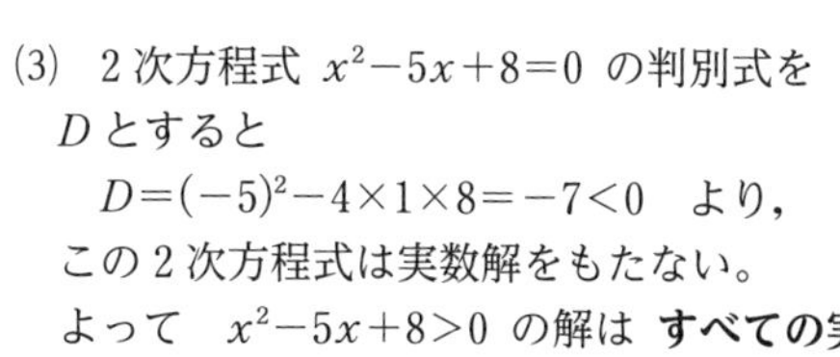

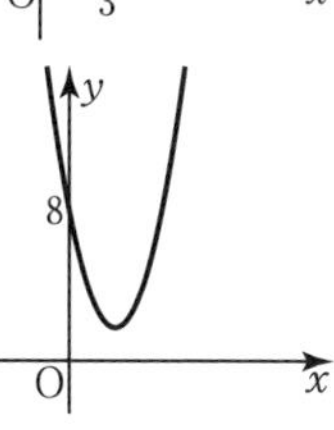

(4) 2 次方程式 $5x^2-4x+1=0$ の判別式を D とすると，

$D=(-4)^2-4\times5\times1=-4<0$

より，この 2 次方程式は実数解をもたない。

よって　$5x^2-4x+1<0$ の解は **ない**

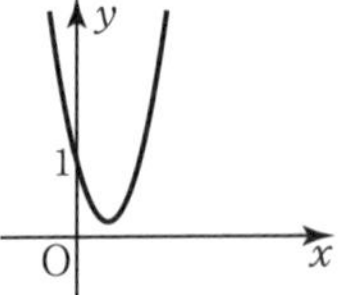

153 (1) 2 次方程式 $x^2-2\sqrt{2}x+2=0$ は

$(x-\sqrt{2})^2=0$　より，重解 $x=\sqrt{2}$ をもつ。

よって　$x^2-2\sqrt{2}x+2>0$ の解は

$\boldsymbol{x=\sqrt{2}}$ **以外のすべての実数**

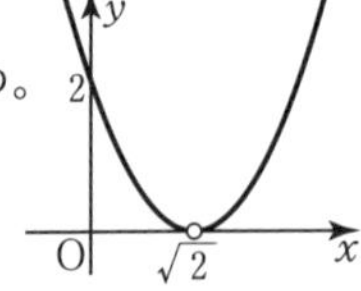

⬅ $x^2-2\sqrt{2}x+(\sqrt{2})^2$
$=(x-\sqrt{2})^2$

(2) $9x^2\geqq12x-4$ を変形して

$9x^2-12x+4\geqq0$

2 次方程式 $9x^2-12x+4=0$ は

$(3x-2)^2=0$　より，重解 $x=\dfrac{2}{3}$ をもつ。

よって　$9x^2\geqq12x-4$ の解は **すべての実数**

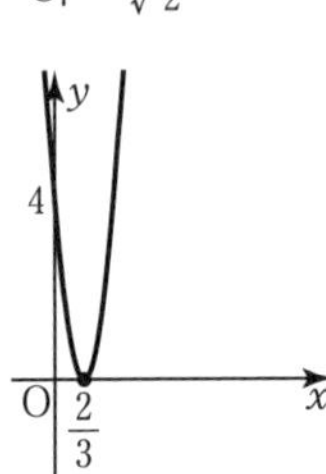

$\underline{a>0}$ で，2 次方程式
$ax^2+bx+c=0$ が
(i) 重解 α をもつとき
($D=0$ のとき)
・$ax^2+bx+c>0$ の解
…$x=\alpha$ 以外のすべての実数
・$ax^2+bx+c\geqq0$ の解
…すべての実数
・$ax^2+bx+c<0$ の解
…ない
・$ax^2+bx+c\leqq0$ の解
…$x=\alpha$
(ii) 実数解をもたないとき ($D<0$ のとき)
・$ax^2+bx+c>0$ の解
…すべての実数
・$ax^2+bx+c<0$ の解
…ない

(3) 2 次方程式 $2x^2-8x+13=0$ の判別式を D とすると

$D=(-8)^2-4\times2\times13=-40<0$　より

この 2 次方程式は実数解をもたない。

よって　$2x^2-8x+13\leqq0$ の解は **ない**

(4) $-x^2+3x-3<0$ の両辺に -1 を掛けて

$x^2-3x+3>0$

2 次方程式 $x^2-3x+3=0$ の判別式を D とすると

$D=(-3)^2-4\times1\times3=-3<0$　より

この 2 次方程式は実数解をもたない。

よって　$-x^2+3x-3<0$ の解は **すべての実数**

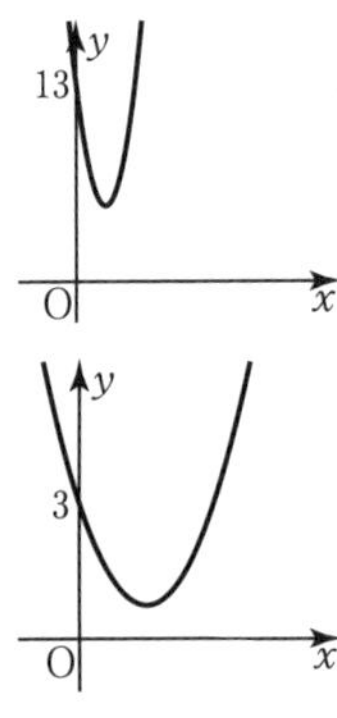

JUMP 32

解がすべての実数となるのは，2 次方程式 $x^2-kx+k+2=0$ の判別式を D とすると，$D\leqq0$ となるときである。

$D=(-k)^2-4(k+2)\leqq0$　より

$k^2-4k-8\leqq0$

$k^2-4k-8=0$ を解くと，解の公式より　$k=2\pm2\sqrt{3}$

よって　$\boldsymbol{2-2\sqrt{3}\leqq k\leqq2+2\sqrt{3}}$

考え方　x 軸と接するか，共有点をもたないときを考える。

⬅ $k=\dfrac{-(-4)\pm\sqrt{(-4)^2-4\times1\times(-8)}}{2\times1}$
$=\dfrac{4\pm\sqrt{48}}{2}=\dfrac{4\pm4\sqrt{3}}{2}$
$=2\pm2\sqrt{3}$

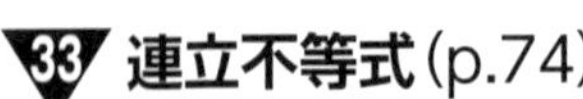

33 連立不等式 (p.74)

154 (1) $\begin{cases}x-1<0\\x^2-4x\geqq0\end{cases}$

$x-1<0$ を解くと　$x<1$ ……①

$x^2-4x\geqq0$ を解くと　$x(x-4)\geqq0$ より

$x\leqq0,\ 4\leqq x$ ……②

①，②より，連立不等式の解は

$\boldsymbol{x\leqq0}$

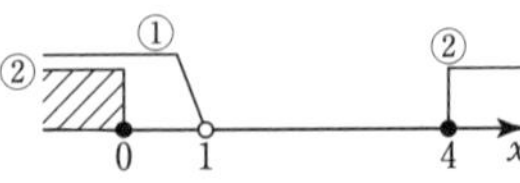

⬅連立不等式の解
⇓
すべての不等式を同時に満たす x の値の範囲

(2) $\begin{cases} x^2-9 \leqq 0 \\ x^2+x-2 \geqq 0 \end{cases}$

$x^2-9 \leqq 0$ を解くと　$(x-3)(x+3) \leqq 0$ より

$-3 \leqq x \leqq 3$ ……①

$x^2+x-2 \geqq 0$ を解くと　$(x+2)(x-1) \geqq 0$ より

$x \leqq -2,\ 1 \leqq x$ ……②

①，②より，連立不等式の解は

$-3 \leqq x \leqq -2,\ 1 \leqq x \leqq 3$

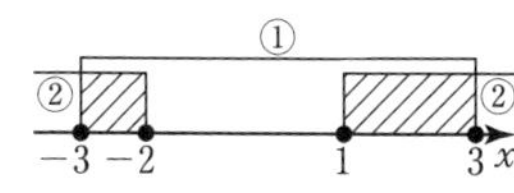

> 2 次方程式
> $ax^2+bx+c=0$ $(a>0)$
> が異なる 2 つの実数解 α，β $(\alpha<\beta)$ をもつとする。
> 2 次不等式
> $ax^2+bx+c>0$ の解は
> $x<\alpha,\ \beta<x$
> $ax^2+bx+c<0$ の解は
> $\alpha<x<\beta$

155 (1) $\begin{cases} 2x-4<x+1 \\ x^2-6x+8 \geqq 0 \end{cases}$

$2x-4<x+1$ を解くと　$x<5$ ……①

$x^2-6x+8 \geqq 0$ を解くと　$(x-2)(x-4) \geqq 0$ より

$x \leqq 2,\ 4 \leqq x$ ……②

①，②より，連立不等式の解は

$x \leqq 2,\ 4 \leqq x<5$

(2) $\begin{cases} x^2-6x+5<0 \\ x^2-5x+6 \geqq 0 \end{cases}$

$x^2-6x+5<0$ を解くと　$(x-1)(x-5)<0$ より

$1<x<5$ ……①

$x^2-5x+6 \geqq 0$ を解くと　$(x-2)(x-3) \geqq 0$ より

$x \leqq 2,\ 3 \leqq x$ ……②

①，②より，連立不等式の解は

$1<x \leqq 2,\ 3 \leqq x<5$

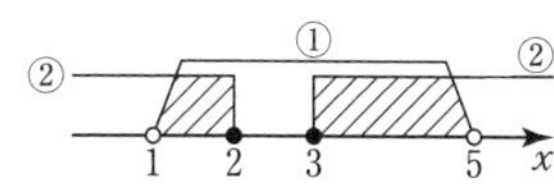

(3) $\begin{cases} x^2-3x-4 \geqq 0 \\ x^2-5x \leqq 0 \end{cases}$

$x^2-3x-4 \geqq 0$ を解くと　$(x+1)(x-4) \geqq 0$ より

$x \leqq -1,\ 4 \leqq x$ ……①

$x^2-5x \leqq 0$ を解くと　$x(x-5) \leqq 0$ より

$0 \leqq x \leqq 5$ ……②

①，②より，連立不等式の解は

$4 \leqq x \leqq 5$

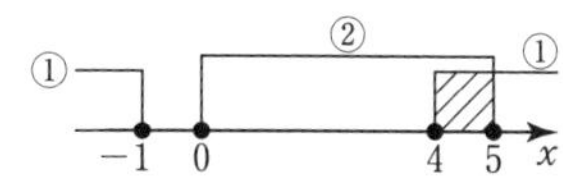

(4) $\begin{cases} x^2-3x+2<0 \\ x^2-2x-3<0 \end{cases}$

$x^2-3x+2<0$ を解くと　$(x-1)(x-2)<0$ より

$1<x<2$ ……①

$x^2-2x-3<0$ を解くと　$(x+1)(x-3)<0$ より

$-1<x<3$ ……②

①，②より，連立不等式の解は

$1<x<2$

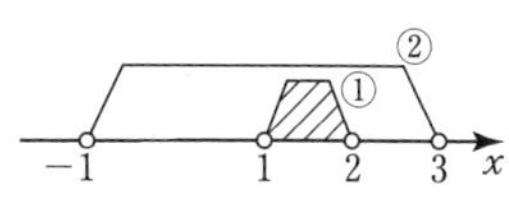

156 縦の長さを x cm とすると，横の長さは $(20-x)$ cm である。

条件より　$x<20-x$　　また，$x>0$ だから　$0<x<10$ ……①

面積は $x(20-x)$ cm^2 であり，これが 75 cm^2 以上であるから

$x(20-x) \geqq 75$

これを解くと $x^2-20x+75 \leqq 0$ より

$(x-15)(x-5) \leqq 0$

よって　$5 \leqq x \leqq 15$ ……②

①，②を同時に満たす x の値の範囲は

$5 \leqq x<10$

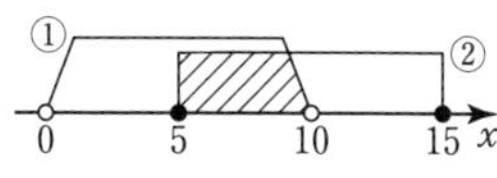

⬅縦の長さ＜横の長さ
より　$x<20-x$

75 cm²以上　x　$20-x$

3 章 2次関数

したがって　**5 cm 以上 10 cm 未満**

JUMP 33

$x^2+2x-3>0$ を解くと $(x+3)(x-1)>0$ より $x<-3$, $1<x$ ……①

$0<x+1<a$ を解くと $-1<x<a-1$ ……②

①，②の範囲に含まれる整数 x が2だけであるためには，

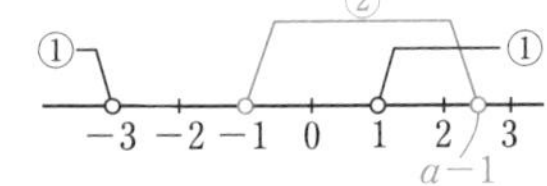

$2<a-1\leqq 3$ より $\boldsymbol{3<a\leqq 4}$

考え方　2つの不等式を満たす共通の範囲を考える。

⬅$a=4$ のとき②は $-1<x<3$ となり，$x=3$ を含まない。

まとめの問題　2次関数②(p.76)

1 (1) 左辺を因数分解すると

$$(x+6)(x-3)=0$$

よって $x+6=0$ または $x-3=0$

したがって $\boldsymbol{x=-6,\ 3}$

(2) $x=\dfrac{-(-5)\pm\sqrt{(-5)^2-4\times1\times3}}{2\times1}=\boldsymbol{\dfrac{5\pm\sqrt{13}}{2}}$

⬅解の公式より

2 (1) 2次方程式 $x^2-2x-10=0$ の判別式を D とすると

$D=(-2)^2-4\times1\times(-10)=44>0$

よって，実数解の個数は **2個**

(2) 2次方程式 $9x^2-6x+1=0$ の判別式を D とすると

$D=(-6)^2-4\times9\times1=0$

よって，実数解の個数は **1個**

⬅2次方程式の実数解の個数
$D>0$… 2個
$D=0$… 1個
$D<0$… 0個

3 (1) 2次方程式 $x^2+2x-15=0$ を解くと

$(x+5)(x-3)=0$　より　$x=-5,\ 3$

よって，共有点の x 座標は **-5，3**

(2) 2次方程式 $-x^2+6x=0$ の両辺に -1 を掛けると

$x^2-6x=0$

これを解くと $x(x-6)=0$　より　$x=0,\ 6$

よって，共有点の x 座標は **0，6**

⬅共有点の x 座標は，$y=0$ とした2次方程式の解

4 2次方程式 $x^2-(m+1)x-(2m+3)=0$ の判別式を D とすると

$D=\{-(m+1)\}^2-4\{-(2m+3)\}$

$=m^2+2m+1+8m+12$

$=m^2+10m+13$

(1) $D>0$ であればよいから，$m^2+10m+13>0$ より

$\boldsymbol{m<-5-2\sqrt{3},\ -5+2\sqrt{3}<m}$

(2) $D=0$ であればよいから，$m^2+10m+13=0$ より

$\boldsymbol{m=-5\pm2\sqrt{3}}$

(3) $D<0$ であればよいから，$m^2+10m+13<0$ より

$\boldsymbol{-5-2\sqrt{3}<m<-5+2\sqrt{3}}$

⬅2次方程式
$m^2+10m+13=0$
を解くと
$m=\dfrac{-10\pm\sqrt{100-52}}{2}$
$=-5\pm2\sqrt{3}$

5 2次方程式 $2x^2-2(3m+1)x+(3m+5)=0$

の判別式を D とすると

$D=\{-2(3m+1)\}^2-4\times2\times(3m+5)$

$=4(3m+1)^2-8(3m+5)$

$=4(9m^2+6m+1)-24m-40$

$=36m^2+24m+4-24m-40$

$=36m^2-36$

グラフが x 軸と接するためには，$D=0$ であればよい。

よって　$D=36m^2-36=0$

これを解いて　$\boldsymbol{m=\pm 1}$

6 (1) 2 次方程式 $x^2-6x=0$ を解くと

$x(x-6)=0$ より　$x=0,\ 6$

よって，$x^2-6x\leqq 0$ の解は　$\boldsymbol{0\leqq x\leqq 6}$

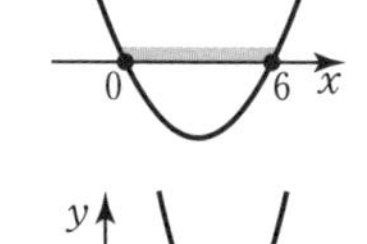

⬅2 次方程式の 2 解を α，β $(\alpha<\beta)$ とするとき

$(x-\alpha)(x-\beta)>0$
$\Longrightarrow x<\alpha,\ \beta<x$

$(x-\alpha)(x-\beta)<0$
$\Longrightarrow \alpha<x<\beta$

(2) 2 次方程式 $x^2-8x+17=0$ の判別式を D とすると

$D=(-8)^2-4\times 1\times 17=-4<0$ より

この 2 次方程式は実数解をもたない。

よって，$x^2-8x+17<0$ の解は**ない**。

(3) $-x^2+8x-8<0$ の 両辺に -1 を掛けると

$x^2-8x+8>0$

⬅不等号の向きが逆になる。

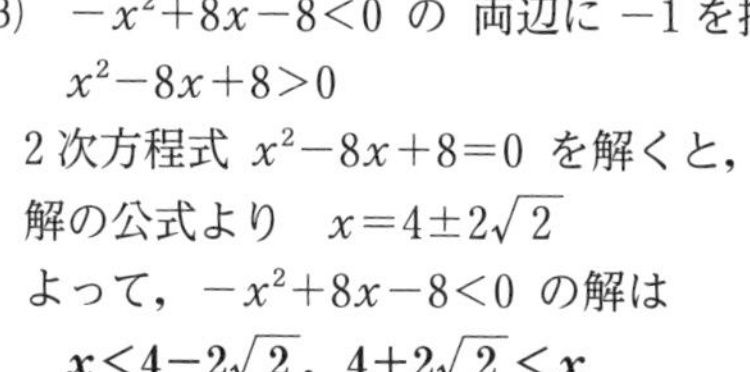

2 次方程式 $x^2-8x+8=0$ を解くと，

解の公式より　$x=4\pm 2\sqrt{2}$

よって，$-x^2+8x-8<0$ の解は

$\boldsymbol{x<4-2\sqrt{2},\ 4+2\sqrt{2}<x}$

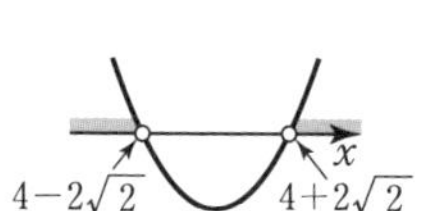

⬅$x=\dfrac{-(-8)\pm\sqrt{(-8)^2-4\times 1\times 8}}{2\times 1}$

$=\dfrac{8\pm\sqrt{32}}{2}=\dfrac{8\pm 4\sqrt{2}}{2}$

$=4\pm 2\sqrt{2}$

7 (1) $\begin{cases} 3x+1>0 \\ 3x^2+x-10\leqq 0 \end{cases}$

$3x+1>0$ を解くと　$x>-\dfrac{1}{3}$ ……①

$3x^2+x-10\leqq 0$ を解くと　$(3x-5)(x+2)\leqq 0$

$-2\leqq x\leqq \dfrac{5}{3}$ ……②

①，②より連立不等式の解は

$\boldsymbol{-\dfrac{1}{3}<x\leqq\dfrac{5}{3}}$

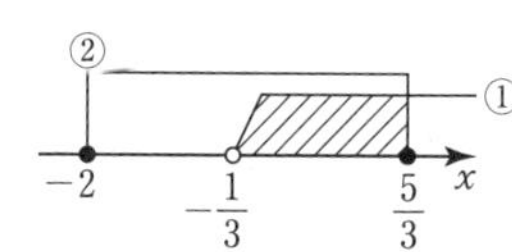

(2) $\begin{cases} x^2-x-2\leqq 0 \\ 2x^2-7x+5>0 \end{cases}$

$x^2-x-2\leqq 0$ を解くと　$(x-2)(x+1)\leqq 0$ より

$-1\leqq x\leqq 2$ ……①

$2x^2-7x+5>0$ を解くと

$(2x-5)(x-1)>0$ より

$x<1,\ \dfrac{5}{2}<x$ ……②

①，②より連立不等式の解は

$\boldsymbol{-1\leqq x<1}$

8 縦の長さを x m とすると，横の長さは $(10-x)$ m である。

$x>0,\ 10-x>0$ だから　$0<x<10$ ……①

⬅長方形の辺の長さは正

面積は $x(10-x)$ であり，これが 24 m² 以上であるから

$x(10-x)\geqq 24$

これを解くと $x^2-10x+24\leqq 0$ より $(x-4)(x-6)\leqq 0$

よって　$4\leqq x\leqq 6$ ……②

①，②を同時に満たす x の値の範囲は

$4\leqq x\leqq 6$

したがって，**4 m 以上 6 m 以下**

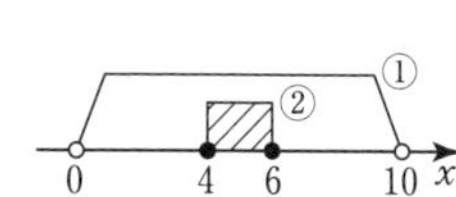

34 三角比 (p.78)

157　三平方の定理より　$(\sqrt{7})^2+3^2=AC^2$

よって　$AC^2=16$

ここで，$AC>0$ であるから　$AC=4$

したがって　$\sin A=\dfrac{3}{4}$，$\cos A=\dfrac{\sqrt{7}}{4}$，

$\tan A=\dfrac{3}{\sqrt{7}}$

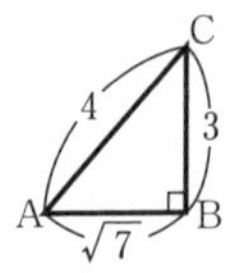

⬅ $AB^2+BC^2=AC^2$

⬅ $\sin A=\dfrac{BC}{AC}$

$\cos A=\dfrac{AB}{AC}$

$\tan A=\dfrac{BC}{AB}$

158　$\sin 45^\circ=\dfrac{1}{\sqrt{2}}$，$\cos 45^\circ=\dfrac{1}{\sqrt{2}}$，$\tan 45^\circ=\dfrac{1}{1}=1$

⬅ 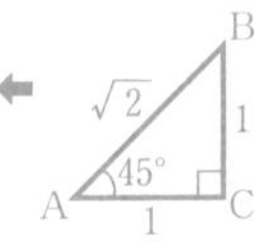

159　(1)　$\sin A=\dfrac{9}{15}=\dfrac{3}{5}$，$\cos A=\dfrac{12}{15}=\dfrac{4}{5}$，

$\tan A=\dfrac{9}{12}=\dfrac{3}{4}$

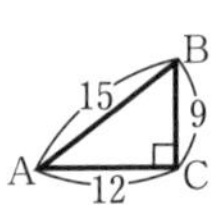

⬅ $\sin A=\dfrac{BC}{AB}$

$\cos A=\dfrac{AC}{AB}$

$\tan A=\dfrac{BC}{AC}$

(2)　$\sin A=\dfrac{3}{\sqrt{13}}$，$\cos A=\dfrac{2}{\sqrt{13}}$，

$\tan A=\dfrac{3}{2}$

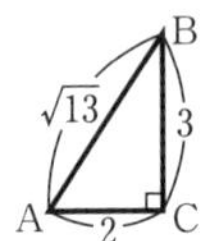

160　(1)　三平方の定理より　$3^2+1^2=AB^2$

よって　$AB^2=10$

ここで，$AB>0$ であるから　$AB=\sqrt{10}$

したがって　$\sin A=\dfrac{1}{\sqrt{10}}$，$\cos A=\dfrac{3}{\sqrt{10}}$，$\tan A=\dfrac{1}{3}$

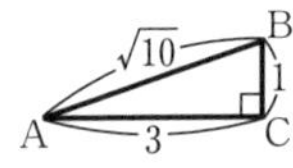

⬅ $AC^2+BC^2=AB^2$

⬅ $\sin A=\dfrac{BC}{AB}$, $\cos A=\dfrac{AC}{AB}$,

$\tan A=\dfrac{BC}{AC}$

(2)　三平方の定理より　$15^2+BC^2=17^2$

よって　$BC^2=64$

ここで，$BC>0$ であるから　$BC=8$

したがって　$\sin A=\dfrac{8}{17}$，$\cos A=\dfrac{15}{17}$，

$\tan A=\dfrac{8}{15}$

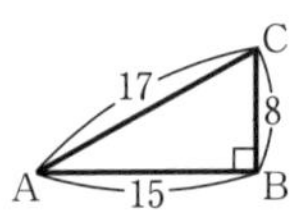

⬅ $AB^2+BC^2=AC^2$

⬅ $\sin A=\dfrac{BC}{AC}$, $\cos A=\dfrac{AB}{AC}$,

$\tan A=\dfrac{BC}{AB}$

161　(1)　三平方の定理より　$AB^2=2^2+1^2$

よって　$AB^2=5$

ここで，$AB>0$ であるから　$AB=\sqrt{5}$

したがって　$\sin A=\dfrac{1}{\sqrt{5}}$，$\cos A=\dfrac{2}{\sqrt{5}}$，

$\tan A=\dfrac{1}{2}$

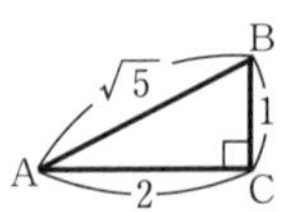

⬅ $AB^2=AC^2+BC^2$

⬅ $\sin A=\dfrac{BC}{AB}$, $\cos A=\dfrac{AC}{AB}$,

$\tan A=\dfrac{BC}{AC}$

(2)　三平方の定理より　$1^2+AB^2=3^2$

よって　$AB^2=8$

ここで，$AB>0$ であるから　$AB=\sqrt{8}=2\sqrt{2}$

したがって　$\sin A=\dfrac{1}{3}$，$\cos A=\dfrac{2\sqrt{2}}{3}$，

$\tan A=\dfrac{1}{2\sqrt{2}}$

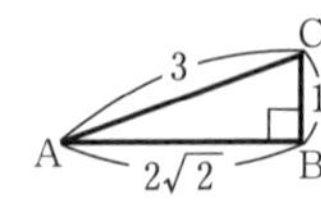

⬅ $BC^2+AB^2=AC^2$

⬅ $\sin A=\dfrac{BC}{AC}$

$\cos A=\dfrac{AB}{AC}$

$\tan A=\dfrac{BC}{AB}$

(3) 三平方の定理より　$5^2+BC^2=7^2$

よって　$BC^2=24$

ここで，$BC>0$ であるから　$BC=2\sqrt{6}$

したがって　$\sin A=\dfrac{2\sqrt{6}}{7}$，$\cos A=\dfrac{5}{7}$，

$\tan A=\dfrac{2\sqrt{6}}{5}$

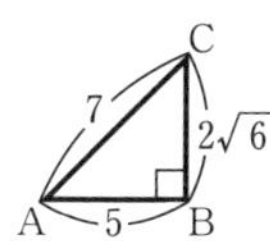

⬅ $AB^2+BC^2=AC^2$

⬅ $\sin A=\dfrac{BC}{AC}$

$\cos A=\dfrac{AB}{AC}$

$\tan A=\dfrac{BC}{AB}$

162

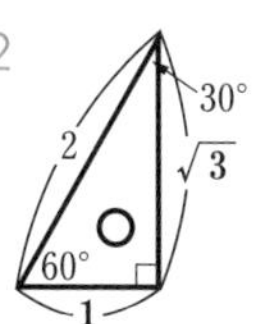

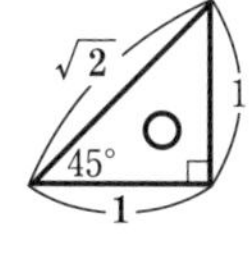

A	30°	45°	60°
$\sin A$	$\dfrac{1}{2}$	$\dfrac{1}{\sqrt{2}}$	$\dfrac{\sqrt{3}}{2}$
$\cos A$	$\dfrac{\sqrt{3}}{2}$	$\dfrac{1}{\sqrt{2}}$	$\dfrac{1}{2}$
$\tan A$	$\dfrac{1}{\sqrt{3}}$	1	$\sqrt{3}$

⬅

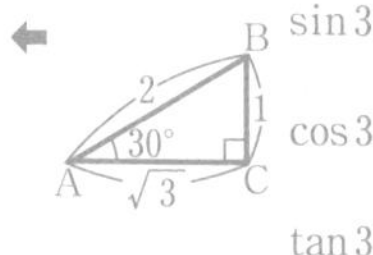

$\sin 30°=\dfrac{BC}{AB}$　$\cos 30°=\dfrac{AC}{AB}$　$\tan 30°=\dfrac{BC}{AC}$

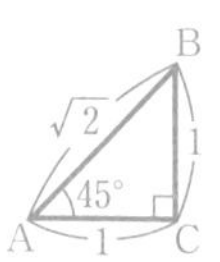

$\sin 45°=\dfrac{BC}{AB}$　$\cos 45°=\dfrac{AC}{AB}$　$\tan 45°=\dfrac{BC}{AC}$

$\sin 60°=\dfrac{BC}{AB}$　$\cos 60°=\dfrac{AC}{AB}$　$\tan 60°=\dfrac{BC}{AC}$

JUMP 34

△BCD において　$CD=2$，$BC=\sqrt{3}$

△AED において　$AE=\sqrt{3}x$

△AEC において　$AE=CE$ より

$\sqrt{3}x=2+x$

$(\sqrt{3}-1)x=2$

$x=\dfrac{2}{\sqrt{3}-1}=\dfrac{2(\sqrt{3}+1)}{(\sqrt{3}-1)(\sqrt{3}+1)}$

$=\dfrac{2(\sqrt{3}+1)}{3-1}=\sqrt{3}+1$

$AC=\sqrt{2}AE=\sqrt{2}\times\sqrt{3}x$

$=\sqrt{6}(\sqrt{3}+1)=3\sqrt{2}+\sqrt{6}$

△ABC において　$\angle BAC=15°$ より

$\sin 15°=\dfrac{BC}{AC}=\dfrac{\sqrt{3}}{3\sqrt{2}+\sqrt{6}}$

$=\dfrac{\sqrt{3}(3\sqrt{2}-\sqrt{6})}{(3\sqrt{2}+\sqrt{6})(3\sqrt{2}-\sqrt{6})}$

$=\dfrac{3\sqrt{6}-3\sqrt{2}}{12}=\dfrac{\sqrt{6}-\sqrt{2}}{4}$

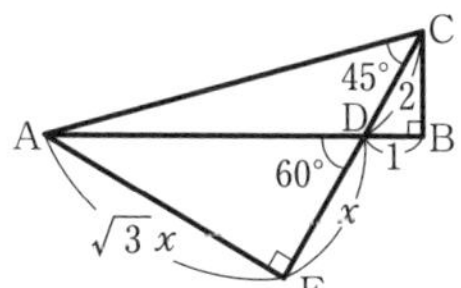

考え方　AE，CE の長さをそれぞれ x を用いて表す。

⬅

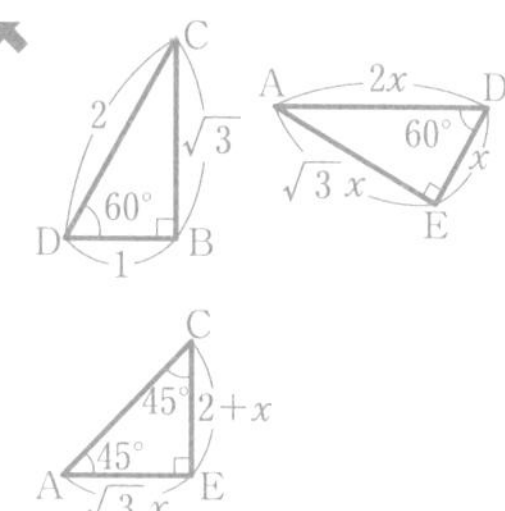

⬅

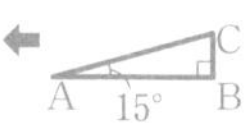

⬅ 分母と分子に $3\sqrt{2}-\sqrt{6}$ を掛ける。

35 三角比の利用 (p.80)

163 $AC=AB\cos A=8\cos 48°$

$=8\times0.6691=5.3528\fallingdotseq5.4$

$BC=AB\sin A=8\sin 48°$

$=8\times0.7431=5.9448\fallingdotseq5.9$

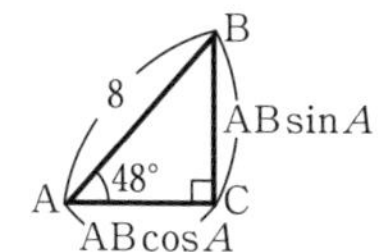

4章 図形と計量

したがって　**AC=5.4 m，BC=5.9 m**

164　$BC=AC\tan A=10\tan 55°$
$=10\times 1.4281=14.281 \fallingdotseq 14.3$

したがって　**BC=14.3**

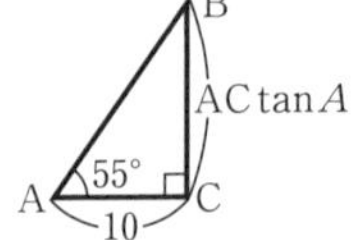

165　(1)　$\sin 24°=\mathbf{0.4067}$　(2)　$\cos 67°=\mathbf{0.3907}$　(3)　$\tan 15°=\mathbf{0.2679}$

166　右の図において
$d=BC$
$=AB\sin 10°$
$=2000\sin 10°$
$=2000\times 0.1736=347.2 \fallingdotseq 347$

したがって　**347 m**

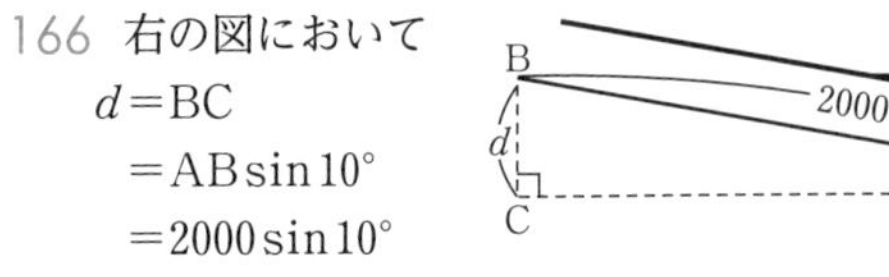

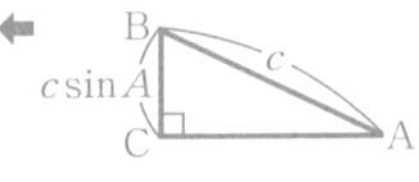

167　右の図において
$BC=AC\tan 50°=200\tan 50°$
$=200\times 1.1918=238.36 \fallingdotseq 238.4$

よって
$1.6+BC=1.6+238.4$
$=240.0$

したがって，ビルの高さは　**240.0 m**

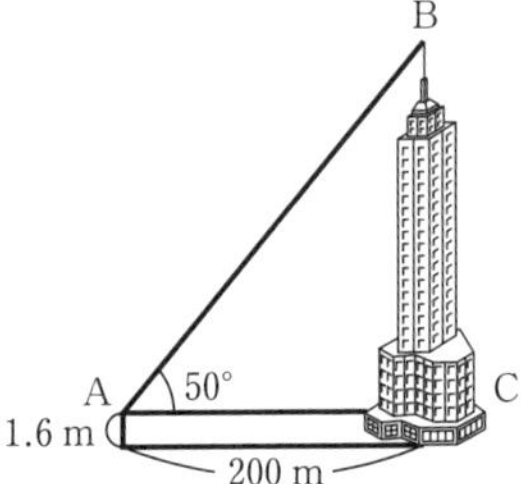

168　(1)　$\sin \mathbf{44}°=0.6947$
(2)　$\cos \mathbf{72}°=0.3090$
(3)　$\tan \mathbf{80}°=5.6713$

169　(1)　三平方の定理より　$(\sqrt{5})^2+BC^2=3^2$
$BC^2=4$
$BC>0$ より　$BC=2$

$\sin A=\mathbf{\frac{2}{3}}$

$\cos A=\mathbf{\frac{\sqrt{5}}{3}}$

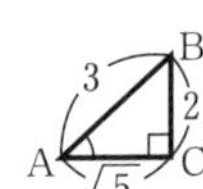

⬅$AC^2+BC^2=AB^2$

⬅$\sin A=\frac{BC}{AB}$
$\cos A=\frac{AC}{AB}$

(2)　(1)より　$\sin A=\frac{2}{3}=0.66\cdots\cdots$

よって $\sin 41°=0.6561$，$\sin 42°=0.6691$ より
$A \fallingdotseq \mathbf{42°}$

⬅三角比の表より，
より近い方を選ぶ。

170　$x=AB\tan A=10\tan 70°$　　ここで $\tan 70°=2.7475$

よって　$x=10\times 2.7475=\mathbf{27.475}$

△BDC について

$\tan \angle BDC=\frac{BC}{DB}=\frac{27.475}{5}=5.495$

$\tan 79°=5.1446$，$\tan 80°=5.6713$

より　$\angle BDC \fallingdotseq \mathbf{80°}$

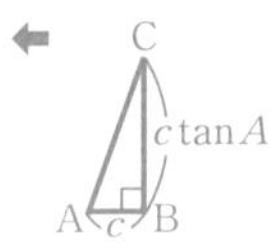

⬅三角比の表より，
より近い方を選ぶ。

JUMP 35

右の図のように，B から l と平行な直線を引き，水平面との交点を C とすると

$\mathrm{BC}=\mathrm{AB}\cos30^\circ=80\cdot\dfrac{\sqrt{3}}{2}=40\sqrt{3}$

ここで，B 地点の水平面からの高さを x m とすると

$x=\mathrm{BC}\sin15^\circ=40\sqrt{3}\sin15^\circ$

$=40\times1.732\times\sin15^\circ=69.28\times0.2588=17.929664\fallingdotseq17.9$

したがって　**17.9 m**

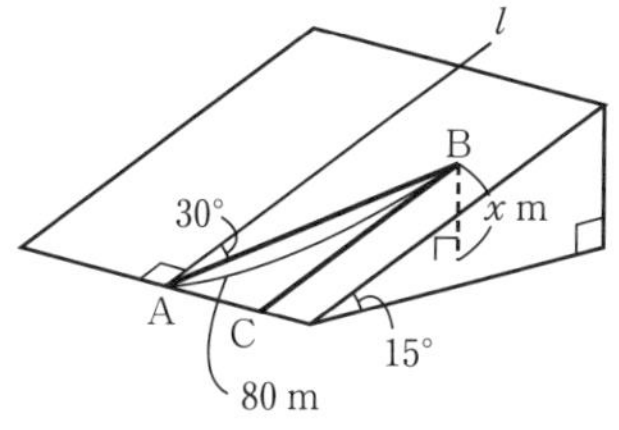

考え方　B から l と平行な直線を引く。

← B, 30°, A, C, $\mathrm{AB}\cos30^\circ$

← 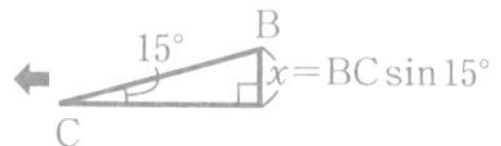

36 三角比の性質 (p.82)

171　$\sin A=\dfrac{4}{5}$ のとき，$\sin^2A+\cos^2A=1$ より

$\cos^2A=1-\sin^2A=1-\left(\dfrac{4}{5}\right)^2=\dfrac{9}{25}$

$0^\circ<A<90^\circ$ のとき，$\cos A>0$ であるから　$\cos A=\sqrt{\dfrac{9}{25}}=\mathbf{\dfrac{3}{5}}$

$\tan A=\dfrac{\sin A}{\cos A}=\dfrac{4}{5}\div\dfrac{3}{5}=\dfrac{4}{5}\times\dfrac{5}{3}=\mathbf{\dfrac{4}{3}}$

←$\sin A=\dfrac{4}{5}$ なので

$\sin^2A=(\sin A)^2=\left(\dfrac{4}{5}\right)^2$

別解

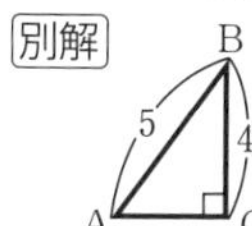

$\mathrm{AC}=\sqrt{5^2-4^2}=3$

$\cos A=\mathbf{\dfrac{3}{5}}$，$\tan A=\mathbf{\dfrac{4}{3}}$

172　(1)　$\sin72^\circ=\sin(90^\circ-18^\circ)=\mathbf{\cos18^\circ}$

(2)　$\cos59^\circ=\cos(90^\circ-31^\circ)=\mathbf{\sin31^\circ}$

$\sin(90^\circ-A)=\cos A$
種類が入れかわる
$\cos(90^\circ-A)=\sin A$

$\sin^2A+\cos^2A=1$

173　$\cos A=\dfrac{1}{2}$ のとき，$\sin^2A+\cos^2A=1$ より

$\sin^2A=1-\cos^2A=1-\left(\dfrac{1}{2}\right)^2=\dfrac{3}{4}$

$0^\circ<A<90^\circ$ のとき，$\sin A>0$ であるから　$\sin A=\sqrt{\dfrac{3}{4}}=\mathbf{\dfrac{\sqrt{3}}{2}}$

$\tan A=\dfrac{\sin A}{\cos A}=\dfrac{\sqrt{3}}{2}\div\dfrac{1}{2}=\dfrac{\sqrt{3}}{2}\times\dfrac{2}{1}=\mathbf{\sqrt{3}}$

$\tan A=\dfrac{\sin A}{\cos A}$

別解

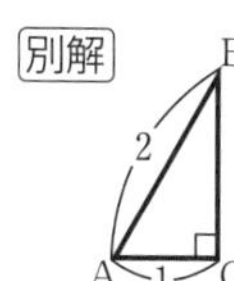

$\mathrm{BC}=\sqrt{2^2-1^2}=\sqrt{3}$

$\sin A=\mathbf{\dfrac{\sqrt{3}}{2}}$，$\tan A=\mathbf{\sqrt{3}}$

174　$\sin A=\dfrac{5}{13}$ のとき，$\sin^2A+\cos^2A=1$ より

$\cos^2A=1-\sin^2A=1-\left(\dfrac{5}{13}\right)^2=\dfrac{144}{169}$

$0^\circ<A<90^\circ$ のとき，$\cos A>0$ であるから　$\cos A=\sqrt{\dfrac{144}{169}}=\mathbf{\dfrac{12}{13}}$

$\tan A=\dfrac{\sin A}{\cos A}=\dfrac{5}{13}\div\dfrac{12}{13}=\dfrac{5}{13}\times\dfrac{13}{12}=\mathbf{\dfrac{5}{12}}$

←$\tan A=\dfrac{\sin A}{\cos A}$

$=\sin A\div\cos A$

別解

$AC=\sqrt{13^2-5^2}=12$

$\cos A=\dfrac{\mathbf{12}}{\mathbf{13}}$，$\tan A=\dfrac{\mathbf{5}}{\mathbf{12}}$

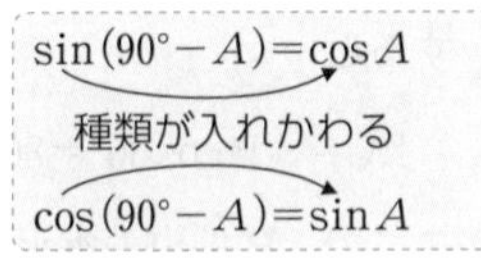

175 (1) $\sin 55^\circ=\sin(90^\circ-35^\circ)=\cos 35^\circ=\mathbf{0.8192}$

(2) $\cos 55^\circ=\cos(90^\circ-35^\circ)=\sin 35^\circ=\mathbf{0.5736}$

176 $\tan A=\sqrt{2}$ のとき，$1+\tan^2 A=\dfrac{1}{\cos^2 A}$ より

$1+\tan^2 A=\dfrac{1}{\cos^2 A}$

$\dfrac{1}{\cos^2 A}=1+\tan^2 A=1+(\sqrt{2})^2=3$

⬅$\tan^2 A=(\tan A)^2$

よって　$\cos^2 A=\dfrac{1}{3}$

$0^\circ<A<90^\circ$ のとき，$\cos A>0$ であるから　$\cos A=\dfrac{\mathbf{1}}{\sqrt{\mathbf{3}}}$

$\tan A=\dfrac{\sin A}{\cos A}$ より　$\sin A=\tan A\times\cos A=\sqrt{2}\times\dfrac{1}{\sqrt{3}}=\dfrac{\sqrt{\mathbf{2}}}{\sqrt{\mathbf{3}}}$

⬅$\tan A=\dfrac{\sin A}{\cos A}$
両辺に $\cos A$ を掛けて
$\sin A=\tan A\times\cos A$

別解

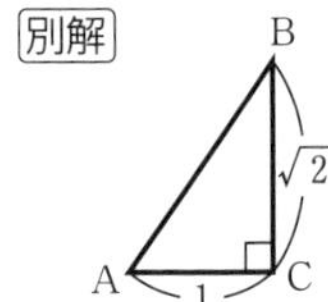

$AB=\sqrt{(\sqrt{2})^2+1^2}=\sqrt{3}$

$\sin A=\dfrac{\sqrt{\mathbf{2}}}{\sqrt{\mathbf{3}}}$

$\cos A=\dfrac{\mathbf{1}}{\sqrt{\mathbf{3}}}$

177 $\tan A=\dfrac{1}{3}$ のとき，$1+\tan^2 A=\dfrac{1}{\cos^2 A}$ より

$\dfrac{1}{\cos^2 A}=1+\tan^2 A=1+\left(\dfrac{1}{3}\right)^2=\dfrac{10}{9}$

よって　$\cos^2 A=\dfrac{9}{10}$

$0^\circ<A<90^\circ$ のとき，$\cos A>0$ であるから　$\cos A=\sqrt{\dfrac{9}{10}}=\dfrac{\mathbf{3}}{\sqrt{\mathbf{10}}}$

$\tan A=\dfrac{\sin A}{\cos A}$ より　$\sin A=\tan A\times\cos A=\dfrac{1}{3}\times\dfrac{3}{\sqrt{10}}=\dfrac{\mathbf{1}}{\sqrt{\mathbf{10}}}$

別解

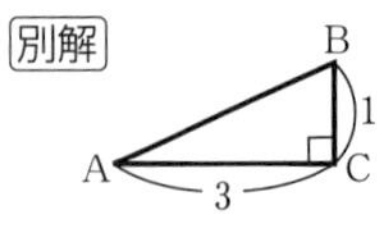

$AB=\sqrt{3^2+1^2}=\sqrt{10}$

$\sin A=\dfrac{\mathbf{1}}{\sqrt{\mathbf{10}}}$

$\cos A=\dfrac{\mathbf{3}}{\sqrt{\mathbf{10}}}$

JUMP 36

考え方　$\sin^2 A+\cos^2 A=1$ を利用する。

(1) $(\sin A+\cos A)^2=\sin^2 A+2\sin A\cos A+\cos^2 A$

$=1+2\sin A\cos A$

⬉$\sin^2 A+\cos^2 A=1$

$(\sin A-\cos A)^2=\sin^2 A-2\sin A\cos A+\cos^2 A$

$=1-2\sin A\cos A$

より　$(\sin A+\cos A)^2+(\sin A-\cos A)^2=\mathbf{2}$

(2) $\sin(90^\circ-A)=\cos A$，$\cos(90^\circ-A)=\sin A$　より

$\sin(90^\circ-A)\cos A+\cos(90^\circ-A)\sin A$

$=\cos A\cos A+\sin A\sin A=\cos^2 A+\sin^2 A=\mathbf{1}$

⬅$\cos^2 A+\sin^2 A=1$

37 三角比の拡張 (p.84)

178

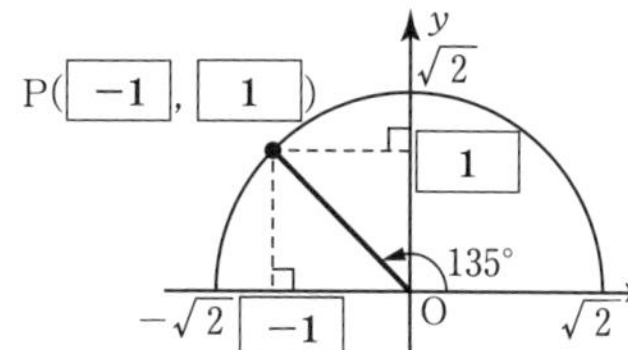

$\sin 135°=\dfrac{1}{\sqrt{2}}$,

$\cos 135°=\dfrac{-1}{\sqrt{2}}=-\dfrac{1}{\sqrt{2}}$,

$\tan 135°=\dfrac{1}{-1}=-1$

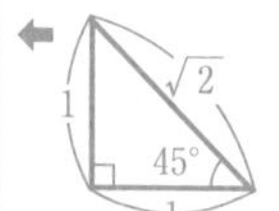

179 (1) 点 P の座標は (1, 0) であるから

$\sin 0°=\dfrac{0}{1}=0$, $\cos 0°=\dfrac{1}{1}=1$, $\tan 0°=\dfrac{0}{1}=0$

(2) 点 P の座標は (−1, 0) であるから

$\sin 180°=\dfrac{0}{1}=0$, $\cos 180°=\dfrac{-1}{1}=-1$, $\tan 180°=\dfrac{0}{-1}=0$

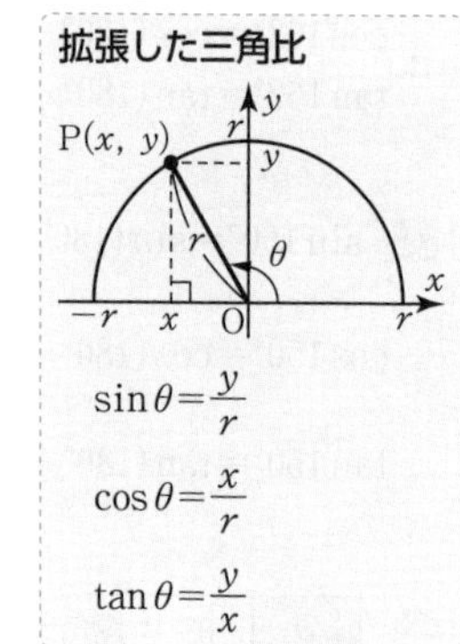

180

θ	0°	90°	120°	135°	150°	180°
$\sin\theta$	0	1	$\dfrac{\sqrt{3}}{2}$	$\dfrac{1}{\sqrt{2}}$	$\dfrac{1}{2}$	0
$\cos\theta$	1	0	$-\dfrac{1}{2}$	$-\dfrac{1}{\sqrt{2}}$	$-\dfrac{\sqrt{3}}{2}$	−1
$\tan\theta$	0	／	$-\sqrt{3}$	−1	$-\dfrac{1}{\sqrt{3}}$	0

181 $r=\sqrt{(-3)^2+4^2}=5$ より

$\sin\theta=\dfrac{4}{5}$, $\cos\theta=\dfrac{-3}{5}=-\dfrac{3}{5}$, $\tan\theta=\dfrac{4}{-3}=-\dfrac{4}{3}$

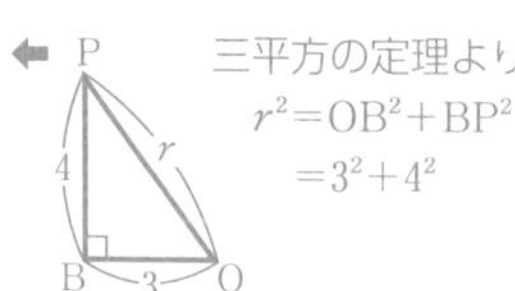

三平方の定理より

$r^2=OB^2+BP^2$

$=3^2+4^2$

182 $OP=\sqrt{\left(-\dfrac{\sqrt{3}}{2}\right)^2+\left(\dfrac{1}{2}\right)^2}=1$ より

$\sin\theta=\dfrac{1}{2}$, $\cos\theta=-\dfrac{\sqrt{3}}{2}$, $\tan\theta=\dfrac{1}{2}\div\left(-\dfrac{\sqrt{3}}{2}\right)=-\dfrac{1}{\sqrt{3}}$

(参考) ∠POH=30° なので $\theta=150°$

183 三平方の定理より $(-1)^2+y^2=4^2$

$y^2=15$

$y>0$ より $y=\sqrt{15}$

$\sin\theta=\dfrac{\sqrt{15}}{4}$, $\cos\theta=\dfrac{-1}{4}=-\dfrac{1}{4}$, $\tan\theta=\dfrac{\sqrt{15}}{-1}=-\sqrt{15}$

JUMP 37

P(x, y) とおくと，$OP^2=x^2+y^2$ より $x^2+y^2=1$ ……①

OP=1 より $\cos\theta=\dfrac{x}{1}=x$

$\cos\theta=-\dfrac{2}{3}$ より $x=-\dfrac{2}{3}$

①より $y^2=1-\left(-\dfrac{2}{3}\right)^2=\dfrac{5}{9}$

$y>0$ より $y=\sqrt{\dfrac{5}{9}}=\dfrac{\sqrt{5}}{3}$

考え方 P(x, y) とおくと，P は単位円上の点であるから OP=1，$\sin\theta=y$，$\cos\theta=x$

4章 図形と計量

よって　$\mathbf{P}\left(-\dfrac{2}{3},\ \dfrac{\sqrt{5}}{3}\right)$

38 三角比の符号，180°－θ の三角比 (p.86)

184　$\sin 162^\circ=\sin(180^\circ-18^\circ)=\sin 18^\circ=\mathbf{0.3090}$
$\cos 162^\circ=\cos(180^\circ-18^\circ)=-\cos 18^\circ=\mathbf{-0.9511}$
$\tan 162^\circ=\tan(180^\circ-18^\circ)=-\tan 18^\circ=\mathbf{-0.3249}$

$\sin(180^\circ-\theta)=\sin\theta$
$\cos(180^\circ-\theta)=-\cos\theta$
$\tan(180^\circ-\theta)=-\tan\theta$

185　$\sin 150^\circ=\sin(180^\circ-30^\circ)=\sin 30^\circ=\mathbf{\dfrac{1}{2}}$

$\cos 150^\circ=\cos(180^\circ-30^\circ)=-\cos 30^\circ=\mathbf{-\dfrac{\sqrt{3}}{2}}$

$\tan 150^\circ=\tan(180^\circ-30^\circ)=-\tan 30^\circ=\mathbf{-\dfrac{1}{\sqrt{3}}}$

⬅ 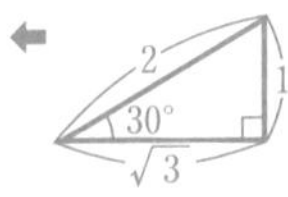

186

θ	0°	鋭角	90°	鈍角	180°
$\sin\theta$	0	＋	1	＋	0
$\cos\theta$	1	＋	0	－	－1
$\tan\theta$	0	＋	／	－	0

θが鋭角のとき
$\sin\theta>0$
$\cos\theta>0$
$\tan\theta>0$
θが鈍角のとき
$\sin\theta>0$
$\cos\theta<0$
$\tan\theta<0$

187　(1)　$\sin 157^\circ=\sin(180^\circ-23^\circ)=\sin 23^\circ=\mathbf{0.3907}$
(2)　$\cos 169^\circ=\cos(180^\circ-11^\circ)=-\cos 11^\circ=\mathbf{-0.9816}$
(3)　$\tan 119^\circ=\tan(180^\circ-61^\circ)=-\tan 61^\circ=\mathbf{-1.8040}$
(4)　$\sin 120^\circ=\sin(180^\circ-60^\circ)=\sin 60^\circ=\mathbf{\dfrac{\sqrt{3}}{2}}$
(5)　$\cos 120^\circ=\cos(180^\circ-60^\circ)=-\cos 60^\circ=\mathbf{-\dfrac{1}{2}}$
(6)　$\tan 120^\circ=\tan(180^\circ-60^\circ)=-\tan 60^\circ=\mathbf{-\sqrt{3}}$

188　(1)　$\mathbf{Q(\cos 33^\circ,\ \sin 33^\circ)}$
(2)　点Pは点Qとy軸に関して対称なので
$\mathbf{P(-\cos 33^\circ,\ \sin 33^\circ)}$
(3)　点Pは$P(\cos 147^\circ,\ \sin 147^\circ)$と表せるので
$\cos 147^\circ=\mathbf{-\cos 33^\circ}$
$\sin 147^\circ=\mathbf{\sin 33^\circ}$

⬅y軸に関して対称な点はx座標の符号が逆

⬅点Pは$(-\cos 33^\circ,\ \sin 33^\circ)$であり，$(\cos 147^\circ,\ \sin 147^\circ)$でもある。

189　点Pは単位円上の点であるから　$P(\cos 160^\circ,\ \sin 160^\circ)$
$\cos 160^\circ=\cos(180^\circ-20^\circ)=-\cos 20^\circ=-0.9397$
$\sin 160^\circ=\sin(180^\circ-20^\circ)=\sin 20^\circ=0.3420$
よって　$\mathbf{P(-0.9397,\ 0.3420)}$

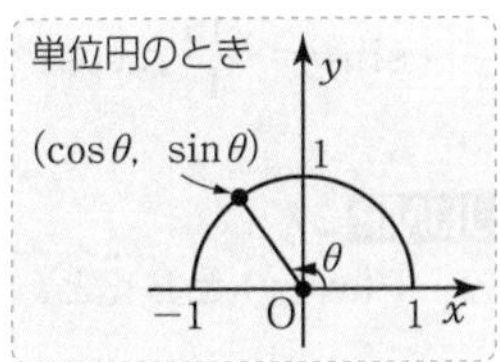

JUMP 38

(1)　$\cos(180^\circ-\theta)=-\cos\theta$
$\sin(90^\circ+\theta)=\sin(180^\circ-(90^\circ-\theta))=\sin(90^\circ-\theta)=\cos\theta$
より　$\cos(180^\circ-\theta)+\sin(90^\circ+\theta)=-\cos\theta+\cos\theta=\mathbf{0}$

(2)　$\sin 150^\circ=\sin(180^\circ-30^\circ)=\sin 30^\circ=\dfrac{1}{2}$

$\sin 120^\circ=\sin(180^\circ-60^\circ)=\sin 60^\circ=\dfrac{\sqrt{3}}{2}$

考え方　(1)　$90^\circ+\theta=180^\circ-(90^\circ-\theta)$と考える。

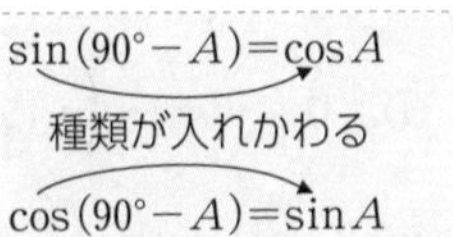

$$\cos 135^\circ=\cos(180^\circ-45^\circ)=-\cos 45^\circ=-\frac{\sqrt{2}}{2}$$

より　$\sin 150^\circ \cos 45^\circ-\sin 120^\circ \cos 135^\circ$

$$=\frac{1}{2}\times\frac{\sqrt{2}}{2}-\frac{\sqrt{3}}{2}\times\left(-\frac{\sqrt{2}}{2}\right)=\frac{\sqrt{2}+\sqrt{6}}{4}$$

39 三角比と角の大きさ (p.88)

190　単位円の x 軸より上側の周上の点で，x 座標が $\frac{1}{\sqrt{2}}$ となるのは，右の図の 1 点 P である。

ここで　$\angle AOP=45^\circ$

であるから，求める θ は　$\boldsymbol{\theta=45^\circ}$

別解　半径 $\sqrt{2}$ の半円で考えると，x 座標が 1 となる円上の点は右の図の 1 点 Q である。

ここで　$\angle AOQ=45^\circ$

であるから，求める θ は　$\boldsymbol{\theta=45^\circ}$

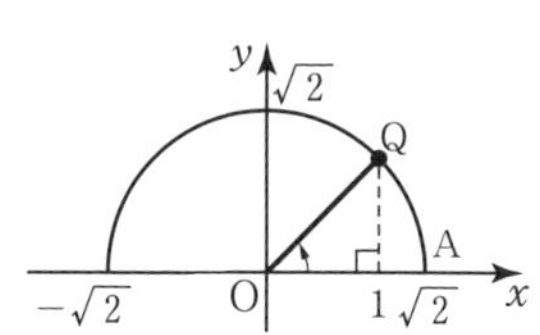

←単位円では半径 1 なので　$\cos\theta=\frac{x}{1}=x$

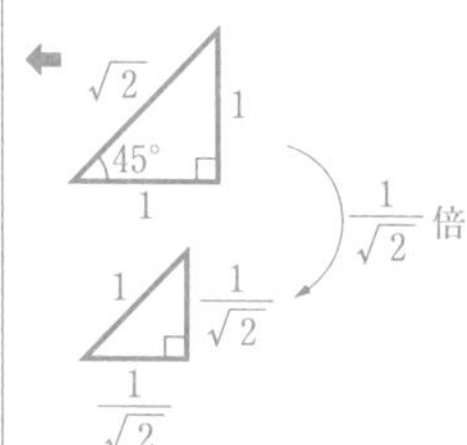

191　(1)　単位円の x 軸より上側の周上の点で，x 座標が $\frac{\sqrt{3}}{2}$ となるのは右の図の 1 点 P である。ここで

$\angle AOP=30^\circ$

であるから，求める θ は　$\boldsymbol{\theta=30^\circ}$

別解　半径 2 の半円で考えると，x 座標が $\sqrt{3}$ となる点は，右の図の 1 点 Q である。ここで

$\angle AOQ=30^\circ$

であるから，求める θ は　$\boldsymbol{\theta=30^\circ}$

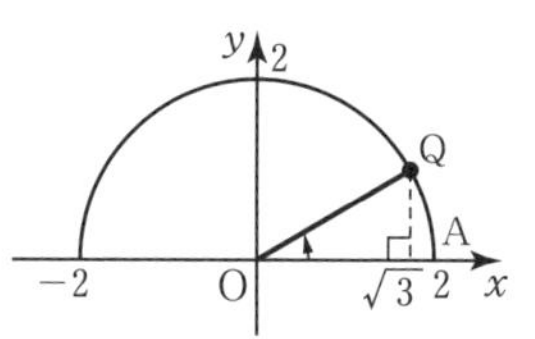

←単位円では　$\cos\theta=x$

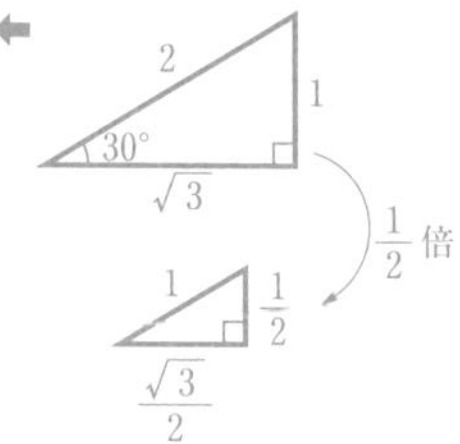

←半径 2 とすれば x 座標が $\sqrt{3}$ となる半円上の点

(2)　単位円の周上において，y 座標が 0 となるのは，右の図の 2 点 P，P′ である。

よって，求める θ は

$\boldsymbol{\theta=0^\circ,\ 180^\circ}$

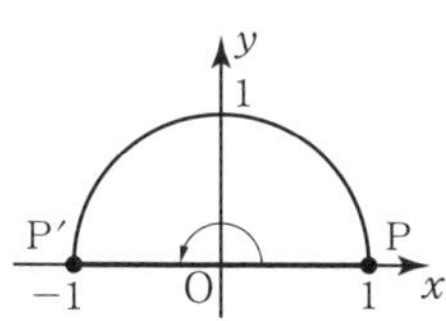

←単位円では　$\sin\theta=y$

192　右の図のように，直線 $x=1$ 上に点 $Q\left(1,\ \frac{1}{\sqrt{3}}\right)$ をとる。

単位円の x 軸より上側の半円と直線 OQ との交点を P とする。

$\angle AOP$ の大きさが求める θ であるから，求める θ は　$\boldsymbol{\theta=30^\circ}$

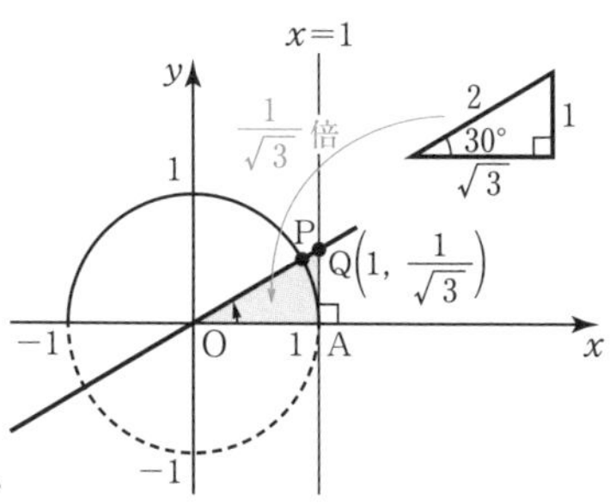

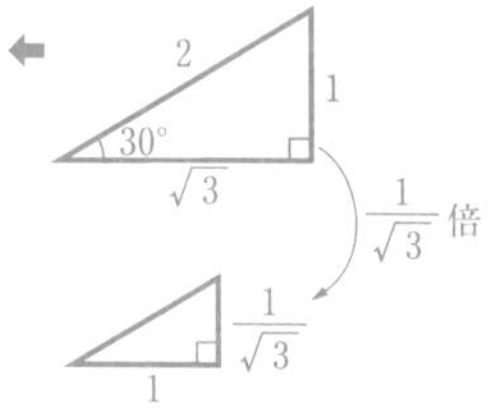

4 章　図形と計量

193 (1) 単位円の x 軸より上側の周上の点で，y 座標が 1 となるのは，右の図の 1 点 P である。
よって，求める θ は
$\boldsymbol{\theta=90^\circ}$

⬅単位円では $\sin\theta=y$

(2) 単位円の x 軸より上側の周上の点で，x 座標が $-\dfrac{1}{2}$ となるのは，右の図の 1 点 P である。
ここで
$\angle\mathrm{AOP}=120^\circ$
であるから，求める θ は
$\boldsymbol{\theta=120^\circ}$

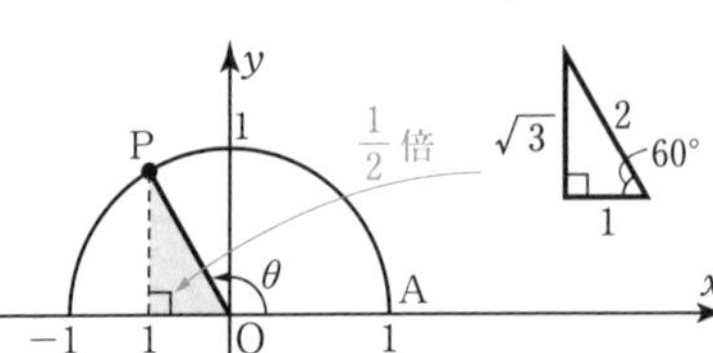

⬅単位円では $\cos\theta=x$

別解 半径 2 の半円で考えると，x 座標が -1 となるのは，右の図の 1 点 Q である。ここで
$\angle\mathrm{AOQ}=120^\circ$
であるから，求める θ は，
$\boldsymbol{\theta=120^\circ}$

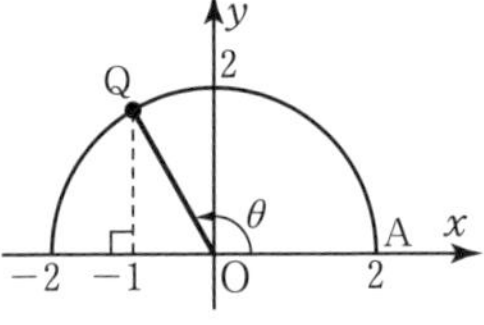

⬅$\cos\theta=\dfrac{x}{r}$

194 右の図のように直線 $x=1$ 上に点 P(1, 0) をとる。
直線 OP と単位円の x 軸より上側の半円との交点のうち，P でない点を P′ とする。このとき，∠AOP，∠AOP′ の大きさが求める θ であるから
$\boldsymbol{\theta=0^\circ,\ 180^\circ}$

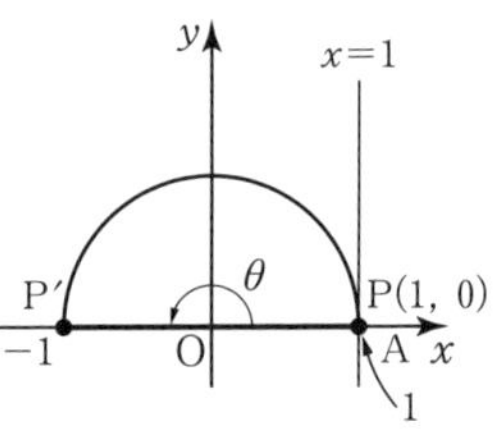

JUMP 39

等式 $4\cos^2\theta-1=0$ から，$\cos\theta=\pm\dfrac{1}{2}$ となるので，$0^\circ\leqq\theta\leqq180^\circ$ のとき，$\cos\theta=\pm\dfrac{1}{2}$ を満たす θ の値を求めればよい。
単位円の x 軸より上側の周上の点で，x 座標が $\dfrac{1}{2}$，$-\dfrac{1}{2}$ となる点は，右の図の 2 点 P，P′ である。
$\angle\mathrm{AOP}=60^\circ$，$\angle\mathrm{AOP'}=120^\circ$
であるから，求める θ は $\boldsymbol{\theta=60^\circ,\ 120^\circ}$

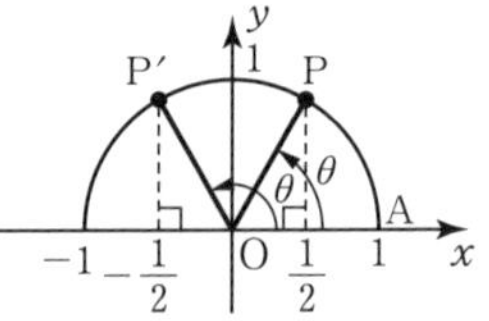

考え方 $4\cos^2\theta-1=0$ から $\cos\theta$ の値を求める。

⬅$\cos^2\theta=\dfrac{1}{4}$ より $\cos\theta=\pm\dfrac{1}{2}$

⬅単位円では $\cos\theta=x$

40 拡張した三角比の相互関係 (p.90)

195 $\sin\theta=\dfrac{4}{5}$ のとき，$\sin^2\theta+\cos^2\theta=1$ より

$$\cos^2\theta=1-\sin^2\theta=1-\left(\frac{4}{5}\right)^2=\frac{9}{25}$$

ここで，$90^\circ<\theta<180^\circ$ のとき，$\cos\theta<0$ であるから

$$\cos\theta=-\sqrt{\frac{9}{25}}=-\frac{3}{5}$$

また

$\sin^2\theta+\cos^2\theta=1$

⬅$90^\circ<\theta<180^\circ$
$\Longrightarrow\cos\theta<0$

$\tan\theta=\dfrac{\sin\theta}{\cos\theta}=\dfrac{4}{5}\div\left(-\dfrac{3}{5}\right)=\dfrac{4}{5}\times\left(-\dfrac{5}{3}\right)=-\boldsymbol{\dfrac{4}{3}}$

⬅$\tan\theta=\dfrac{\sin\theta}{\cos\theta}$
$=\sin\theta\div\cos\theta$

196 $\cos\theta=-\dfrac{12}{13}$ のとき，$\sin^2\theta+\cos^2\theta=1$ より

$\sin^2\theta=1-\cos^2\theta=1-\left(-\dfrac{12}{13}\right)^2=\dfrac{25}{169}$

ここで，$90^\circ<\theta<180^\circ$ のとき，$\sin\theta>0$ であるから

⬅$90^\circ<\theta<180^\circ$
$\Longrightarrow \sin\theta>0$

$\sin\theta=\sqrt{\dfrac{25}{169}}=\boldsymbol{\dfrac{5}{13}}$

また　$\tan\theta=\dfrac{\sin\theta}{\cos\theta}=\dfrac{5}{13}\div\left(-\dfrac{12}{13}\right)=\dfrac{5}{13}\times\left(-\dfrac{13}{12}\right)=-\boldsymbol{\dfrac{5}{12}}$

⬅$\tan\theta=\dfrac{\sin\theta}{\cos\theta}$
$=\sin\theta\div\cos\theta$

197 (1) $\sin\theta=\dfrac{3}{4}$ のとき，$\sin^2\theta+\cos^2\theta=1$ より

$\cos^2\theta=1-\left(\dfrac{3}{4}\right)^2=\dfrac{7}{16}$

ここで，$90^\circ<\theta<180^\circ$ のとき $\cos\theta<0$ であるから

⬅$90^\circ<\theta<180^\circ$
$\Longrightarrow \cos\theta<0$

$\cos\theta=-\sqrt{\dfrac{7}{16}}=-\boldsymbol{\dfrac{\sqrt{7}}{4}}$

また　$\tan\theta=\dfrac{\sin\theta}{\cos\theta}=\dfrac{3}{4}\div\left(-\dfrac{\sqrt{7}}{4}\right)=\dfrac{3}{4}\times\left(-\dfrac{4}{\sqrt{7}}\right)$

$=-\boldsymbol{\dfrac{3}{\sqrt{7}}}$

⬅$\tan\theta=\dfrac{\sin\theta}{\cos\theta}$
$=\sin\theta\div\cos\theta$

(2) $\cos\theta=-\dfrac{8}{17}$ のとき，$\sin^2\theta+\cos^2\theta=1$ より

$\sin^2\theta=1-\cos^2\theta=1-\left(-\dfrac{8}{17}\right)^2=\dfrac{225}{289}$

ここで，$90^\circ<\theta<180^\circ$ のとき，$\sin\theta>0$ であるから

⬅$90^\circ<\theta<180^\circ$
$\Longrightarrow \sin\theta>0$
$\sqrt{225}=15$ $(15^2=225)$
$\sqrt{289}=17$ $(17^2=289)$

$\sin\theta=\sqrt{\dfrac{225}{289}}=\boldsymbol{\dfrac{15}{17}}$

また　$\tan\theta=\dfrac{\sin\theta}{\cos\theta}=\dfrac{15}{17}\div\left(-\dfrac{8}{17}\right)=\dfrac{15}{17}\times\left(-\dfrac{17}{8}\right)=-\boldsymbol{\dfrac{15}{8}}$

198 $\tan\theta=-4$ のとき，$1+\tan^2\theta=\dfrac{1}{\cos^2\theta}$ より

$1+\tan^2\theta=\dfrac{1}{\cos^2\theta}$

$\dfrac{1}{\cos^2\theta}=1+\tan^2\theta=1+(-4)^2=17$

よって　$\cos^2\theta=\dfrac{1}{17}$

ここで，$90^\circ<\theta<180^\circ$ のとき，$\cos\theta<0$ であるから

⬅$90^\circ<\theta<180^\circ$
$\Longrightarrow \cos\theta<0$

$\cos\theta=-\boldsymbol{\dfrac{1}{\sqrt{17}}}$

また，$\tan\theta=\dfrac{\sin\theta}{\cos\theta}$ より

$\sin\theta=\tan\theta\times\cos\theta=-4\times\left(-\dfrac{1}{\sqrt{17}}\right)=\boldsymbol{\dfrac{4}{\sqrt{17}}}$

⬅$\tan\theta=\dfrac{\sin\theta}{\cos\theta}$
両辺に $\cos\theta$ を掛けて
$\sin\theta=\tan\theta\times\cos\theta$

199 $\sin\theta=\dfrac{2}{5}$ のとき，$\sin^2\theta+\cos^2\theta=1$ より

$\cos^2\theta=1-\sin^2\theta=1-\left(\dfrac{2}{5}\right)^2=\dfrac{21}{25}$

θ が $0^\circ\leqq\theta<90^\circ$ のとき，$\cos\theta>0$ であるから

⬅$0^\circ\leqq\theta<90^\circ$ と
$90^\circ<\theta\leqq180^\circ$ で $\cos\theta$ の
値の符号は異なる。

$\cos\theta=\sqrt{\dfrac{21}{25}}=\dfrac{\sqrt{21}}{5}$

このとき

$\tan\theta=\dfrac{\sin\theta}{\cos\theta}=\dfrac{2}{5}\div\dfrac{\sqrt{21}}{5}=\dfrac{2}{5}\times\dfrac{5}{\sqrt{21}}=\dfrac{2}{\sqrt{21}}$

⬅ $\tan\theta=\dfrac{\sin\theta}{\cos\theta}$
$=\sin\theta\div\cos\theta$

θ が $90°\leqq\theta\leqq180°$ のとき，$\cos\theta\leqq0$ であるから

$\cos\theta=-\sqrt{\dfrac{21}{25}}=-\dfrac{\sqrt{21}}{5}$

このとき

$\tan\theta=\dfrac{2}{5}\div\left(-\dfrac{\sqrt{21}}{5}\right)=\dfrac{2}{5}\times\left(-\dfrac{5}{\sqrt{21}}\right)=-\dfrac{2}{\sqrt{21}}$

JUMP 40

考え方　$\sin^2\theta+\cos^2\theta=1$ を利用する。

(1)　$\sin\theta+\cos\theta=\sqrt{2}$ の両辺を 2 乗すると

$\sin^2\theta+2\sin\theta\cos\theta+\cos^2\theta=2$

⬉ $(a+b)^2=a^2+2ab+b^2$

$\sin^2\theta+\cos^2\theta=1$ なので　$2\sin\theta\cos\theta=1$

よって　$\sin\theta\cos\theta=\dfrac{1}{2}$

(2)　$(\sin\theta-\cos\theta)^2=\sin^2\theta-2\sin\theta\cos\theta+\cos^2\theta$
$=1-2\sin\theta\cos\theta$

⬅ $(a-b)^2=a^2-2ab+b^2$

(1)より $\sin\theta\cos\theta=\dfrac{1}{2}$ なので

$(\sin\theta-\cos\theta)^2=1-2\times\dfrac{1}{2}=0$

まとめの問題　図形と計量①（p.92）

1　(1)　三平方の定理より　$BC^2+24^2=25^2$

⬅ $BC^2+AC^2=AB^2$

ゆえに　$BC^2=49$

ここで，$BC>0$ であるから　$BC=\sqrt{49}=7$

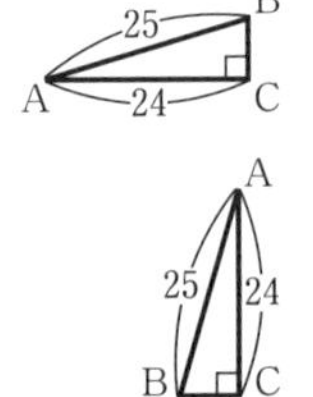

⬅ $\sin A=\dfrac{BC}{AB}$, $\cos A=\dfrac{AC}{AB}$, $\tan A=\dfrac{BC}{AC}$

$\sin A=\dfrac{7}{25}$，$\cos A=\dfrac{24}{25}$，$\tan A=\dfrac{7}{24}$

⬅ $\sin B=\dfrac{AC}{AB}$，$\cos B=\dfrac{BC}{AB}$, $\tan B=\dfrac{AC}{BC}$

$\sin B=\dfrac{24}{25}$，$\cos B=\dfrac{7}{25}$，$\tan B=\dfrac{24}{7}$

(2)　三平方の定理より　$AB^2=5^2+5^2$

⬅ $AB^2=AC^2+BC^2$

ゆえに　$AB^2=50$

ここで，$AB>0$ であるから　$AB=\sqrt{50}=5\sqrt{2}$

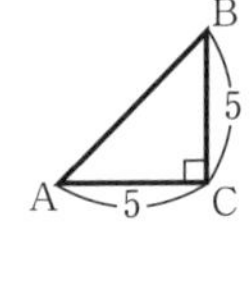

⬅ $\sin A=\dfrac{BC}{AB}$, $\cos A=\dfrac{AC}{AB}$, $\tan A=\dfrac{BC}{AC}$

$\sin A=\dfrac{5}{5\sqrt{2}}=\dfrac{1}{\sqrt{2}}$

$\cos A=\dfrac{5}{5\sqrt{2}}=\dfrac{1}{\sqrt{2}}$

$\tan A=\dfrac{5}{5}=1$

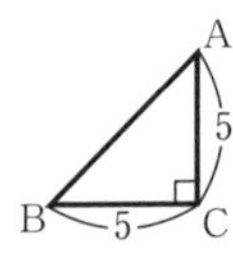

⬅ $\sin B=\dfrac{AC}{AB}$，$\cos B=\dfrac{BC}{AB}$, $\tan B=\dfrac{AC}{BC}$

$\sin B=\dfrac{5}{5\sqrt{2}}=\dfrac{1}{\sqrt{2}}$

$\cos B=\dfrac{5}{5\sqrt{2}}=\dfrac{1}{\sqrt{2}}$

$\tan B=\dfrac{5}{5}=1$

2 (1) $\sin 6° = \mathbf{0.1045}$

(2) $\tan 67° = \mathbf{2.3559}$

(3) $\cos A = 0.5592$ となる A は **56°**

(4) $\tan A = 0.6745$ となる A は **34°**

3 (1) $BC = 10\sin 25° = 10 \times 0.4226 = 4.226 \fallingdotseq 4.2$

よって　$BC = \mathbf{4.2}$

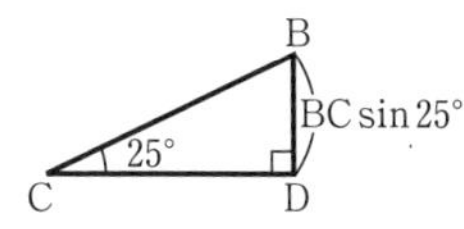

(2) $AC = 10\cos 25° = 10 \times 0.9063 = 9.063 \fallingdotseq 9.1$

よって　$AC = \mathbf{9.1}$

(3) $\angle BCD = 25°$ より

$BD = BC\sin 25° = 4.226\sin 25°$

$= 4.226 \times 0.4226 = 1.78\cdots\cdots \fallingdotseq 1.8$

よって　$BD = \mathbf{1.8}$

⬅△ACB と △CDB は相似なので $\angle BCD = \angle BAC = 25°$

4 (1) $\sin A = \dfrac{8}{17}$ のとき，$\sin^2 A + \cos^2 A = 1$ より

$\sin^2 A + \cos^2 A = 1$

$$\cos^2 A = 1 - \sin^2 A = 1 - \left(\frac{8}{17}\right)^2 = \frac{225}{289}$$

ここで $\cos A > 0$ であるから

⬅$0° < A < 90°$ $\Longrightarrow \cos A > 0$

$$\cos A = \sqrt{\frac{225}{289}} = \mathbf{\frac{15}{17}}$$

$\sqrt{225} = 15$ $(15^2 = 225)$

$\sqrt{289} = 17$ $(17^2 = 289)$

また　$\tan A = \dfrac{\sin A}{\cos A} = \dfrac{8}{17} \div \dfrac{15}{17} = \dfrac{8}{17} \times \dfrac{17}{15} = \mathbf{\dfrac{8}{15}}$

⬅$\tan A = \dfrac{\sin A}{\cos A} = \sin A \div \cos A$

(2) $\cos A = \dfrac{5}{6}$ のとき，$\sin^2 A + \cos^2 A = 1$ より

$$\sin^2 A = 1 - \cos^2 A = 1 - \left(\frac{5}{6}\right)^2 = \frac{11}{36}$$

ここで，$\sin A > 0$ であるから

⬅$0° < A < 90°$ $\Longrightarrow \sin A > 0$

$$\sin A = \sqrt{\frac{11}{36}} = \mathbf{\frac{\sqrt{11}}{6}}$$

また　$\tan A = \dfrac{\sin A}{\cos A} = \dfrac{\sqrt{11}}{6} \div \dfrac{5}{6} = \dfrac{\sqrt{11}}{6} \times \dfrac{6}{5} = \mathbf{\dfrac{\sqrt{11}}{5}}$

(3) $\tan A = 4$ のとき，$1 + \tan^2 A = \dfrac{1}{\cos^2 A}$ より

$1 + \tan^2 A = \dfrac{1}{\cos^2 A}$

$$\frac{1}{\cos^2 A} = 1 + \tan^2 A = 1 + 4^2 = 17$$

よって　$\cos^2 A = \dfrac{1}{17}$

ここで，$\cos A > 0$ であるから

⬅$0° < A < 90°$ $\Longrightarrow \cos A > 0$

$$\cos A = \sqrt{\frac{1}{17}} = \mathbf{\frac{1}{\sqrt{17}}}$$

$\tan A = \dfrac{\sin A}{\cos A}$ より

$$\sin A = \tan A \times \cos A = 4 \times \frac{1}{\sqrt{17}} = \mathbf{\frac{4}{\sqrt{17}}}$$

5 (1) $\sin 52° = \sin(90° - 38°) = \cos \mathbf{38°}$

(2) $\cos 79° = \cos(90° - 11°) = \mathbf{\sin}\ 11°$

(3) $\sin^2 A + \cos^2 A = \mathbf{1}$

(4) $\tan A = \mathbf{\dfrac{\sin A}{\cos A}}$

$\sin(90° - A) = \cos A$
種類が入れかわる
$\cos(90° - A) = \sin A$

6

θ	0°	30°	45°	60°	90°
$\sin\theta$	0	$\dfrac{1}{2}$	$\dfrac{1}{\sqrt{2}}$	$\dfrac{\sqrt{3}}{2}$	1
$\cos\theta$	1	$\dfrac{\sqrt{3}}{2}$	$\dfrac{1}{\sqrt{2}}$	$\dfrac{1}{2}$	0
$\tan\theta$	0	$\dfrac{1}{\sqrt{3}}$	1	$\sqrt{3}$	

θ	120°	135°	150°	180°
$\sin\theta$	$\dfrac{\sqrt{3}}{2}$	$\dfrac{1}{\sqrt{2}}$	$\dfrac{1}{2}$	0
$\cos\theta$	$-\dfrac{1}{2}$	$-\dfrac{1}{\sqrt{2}}$	$-\dfrac{\sqrt{3}}{2}$	-1
$\tan\theta$	$-\sqrt{3}$	-1	$-\dfrac{1}{\sqrt{3}}$	0

⬅ $\sin\theta=\dfrac{y}{r}$

$\cos\theta=\dfrac{x}{r}$

$\tan\theta=\dfrac{y}{x}$

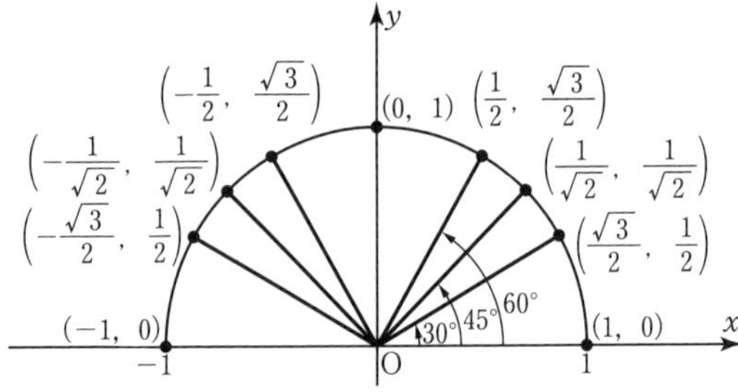

7 (1) $\sin 145°=\sin(180°-35°)=\sin 35°=\mathbf{0.5736}$

(2) $\cos 174°=\cos(180°-6°)=-\cos 6°=\mathbf{-0.9945}$

$\sin(180°-\theta)=\sin\theta$
$\cos(180°-\theta)=-\cos\theta$

8 等式 $2\cos\theta+\sqrt{3}=0$ は，$\cos\theta=-\dfrac{\sqrt{3}}{2}$ となるので，$0°\leqq\theta\leqq 180°$ のとき $\cos\theta=-\dfrac{\sqrt{3}}{2}$ を満たす θ の値を求めればよい。

単位円の x 軸より上側の周上の点で，x 座標が $-\dfrac{\sqrt{3}}{2}$ となるのは，右の図の 1 点 P である。

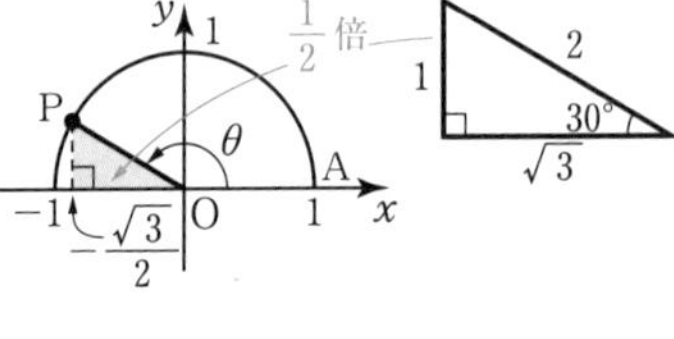

⬅単位円では $\cos\theta=x$

⬅

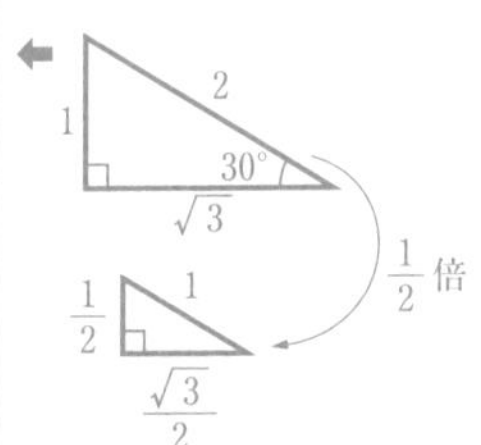

ここで　∠AOP＝150°

であるから，求める θ は

$\theta=\mathbf{150°}$

別解　半径 2 の半円で考えると，x 座標が $-\sqrt{3}$ となる点は，右の図の 1 点 Q である。ここで

∠AOQ＝150°

であるから，求める θ は　$\theta=\mathbf{150°}$

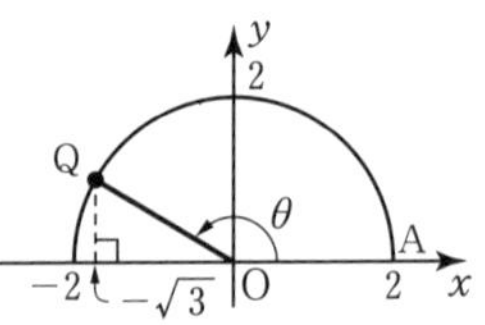

9 (1) $\sin\theta=\dfrac{15}{17}$ のとき，$\sin^2\theta+\cos^2\theta=1$ より

$\cos^2\theta=1-\sin^2\theta=1-\left(\dfrac{15}{17}\right)^2=\dfrac{64}{289}$

ここで，$90°<\theta<180°$ のとき，$\cos\theta<0$ であるから

$\cos\theta=-\sqrt{\dfrac{64}{289}}=\mathbf{-\dfrac{8}{17}}$

$\sin^2\theta+\cos^2\theta=1$

⬅ $90°<\theta<180°$
$\Longrightarrow \cos\theta<0$

また　$\tan\theta=\dfrac{\sin\theta}{\cos\theta}=\dfrac{15}{17}\div\left(-\dfrac{8}{17}\right)=\dfrac{15}{17}\times\left(-\dfrac{17}{8}\right)=\mathbf{-\dfrac{15}{8}}$

(2)　$\tan\theta=-\dfrac{\sqrt{7}}{2}$ のとき，$1+\tan^2\theta=\dfrac{1}{\cos^2\theta}$ より

$\dfrac{1}{\cos^2\theta}=1+\tan^2\theta=1+\left(-\dfrac{\sqrt{7}}{2}\right)^2=\dfrac{11}{4}$

よって　$\cos^2\theta=\dfrac{4}{11}$

ここで，$90°<\theta<180°$ のとき，$\cos\theta<0$ であるから

$\cos\theta=-\sqrt{\dfrac{4}{11}}=\mathbf{-\dfrac{2}{\sqrt{11}}}$

また，$\tan\theta=\dfrac{\sin\theta}{\cos\theta}$ より

$\sin\theta=\tan\theta\times\cos\theta=-\dfrac{\sqrt{7}}{2}\times\left(-\dfrac{2}{\sqrt{11}}\right)=\mathbf{\dfrac{\sqrt{7}}{\sqrt{11}}}$

⬅$\tan\theta=\dfrac{\sin\theta}{\cos\theta}=\sin\theta\div\cos\theta$

$1+\tan^2\theta=\dfrac{1}{\cos^2\theta}$

⬅$90°<\theta<180° \Longrightarrow \cos\theta<0$

⬅$\tan\theta=\dfrac{\sin\theta}{\cos\theta}$ の両辺に $\cos\theta$ を掛けると $\tan\theta\times\cos\theta=\sin\theta$

41 正弦定理 (p.94)

200　正弦定理より　$\dfrac{5}{\sin 45°}=\dfrac{c}{\sin 60°}$

両辺に $\sin 60°$ を掛けて

$c=\dfrac{5}{\sin 45°}\times\sin 60°=5\div\dfrac{1}{\sqrt{2}}\times\dfrac{\sqrt{3}}{2}=5\times\sqrt{2}\times\dfrac{\sqrt{3}}{2}=\mathbf{\dfrac{5\sqrt{6}}{2}}$

⬅2組の向かいあう辺と角については，正弦定理の利用を考えよう。 $\dfrac{b}{\sin B}=\dfrac{c}{\sin C}$

201　正弦定理より　$\dfrac{6\sqrt{2}}{\sin 135°}=\dfrac{b}{\sin 30°}$

両辺に $\sin 30°$ を掛けて

$b=\dfrac{6\sqrt{2}}{\sin 135°}\times\sin 30°=6\sqrt{2}\div\dfrac{1}{\sqrt{2}}\times\dfrac{1}{2}=6\sqrt{2}\times\sqrt{2}\times\dfrac{1}{2}=\mathbf{6}$

また　$\dfrac{6\sqrt{2}}{\sin 135°}=2R$　よって，$R=\dfrac{3\sqrt{2}}{\sin 135°}=3\sqrt{2}\div\dfrac{1}{\sqrt{2}}=\mathbf{6}$

⬅$\dfrac{a}{\sin A}=\dfrac{b}{\sin B}$

⬅$\dfrac{a}{\sin A}=2R$ $\left(\dfrac{b}{\sin B}=2R\right.$ でもよい$\left.\right)$

202　正弦定理より　$\dfrac{8}{\sin 30°}=\dfrac{c}{\sin 45°}$

両辺に $\sin 45°$ を掛けて

$c=\dfrac{8}{\sin 30°}\times\sin 45°=8\div\dfrac{1}{2}\times\dfrac{1}{\sqrt{2}}=8\times2\times\dfrac{1}{\sqrt{2}}=\dfrac{16}{\sqrt{2}}=\mathbf{8\sqrt{2}}$

⬅$\dfrac{a}{\sin A}=\dfrac{c}{\sin C}$

203　正弦定理より　$\dfrac{\sqrt{2}}{\sin A}=\dfrac{\sqrt{3}}{\sin 120°}$

両辺に $\sin A\sin 120°$ を掛けると

$\sqrt{2}\sin 120°=\sqrt{3}\sin A$

よって

$\sin A=\sqrt{2}\sin 120°\div\sqrt{3}$

$=\sqrt{2}\times\dfrac{\sqrt{3}}{2}\times\dfrac{1}{\sqrt{3}}=\dfrac{\sqrt{2}}{2}$

ゆえに　$A=45°,\ 135°$

ここで，$B=120°$ であるから

$0°<A<60°$

したがって　$A=\mathbf{45°}$

⬅$\dfrac{a}{\sin A}=\dfrac{b}{\sin B}$ 両辺に $\sin A\sin B$ を掛けると $a\sin B=b\sin A$

⬅$\sin A=\dfrac{\sqrt{2}}{2}$ となる A は，単位円上で y 座標が $\dfrac{\sqrt{2}}{2}$ となる点P，P′ について ∠POQ と ∠P′OQ

4章　図形と計量

204　$A=180°-(30°+105°)=45°$

正弦定理より　$\dfrac{4}{\sin 45°}=\dfrac{b}{\sin 30°}$

両辺に $\sin 30°$ を掛けて

$b=\dfrac{4}{\sin 45°}\times\sin 30°=4\div\dfrac{1}{\sqrt{2}}\times\dfrac{1}{2}=4\times\sqrt{2}\times\dfrac{1}{2}=\mathbf{2\sqrt{2}}$

また　$\dfrac{4}{\sin 45°}=2R$

よって　$R=\dfrac{2}{\sin 45°}=2\div\dfrac{1}{\sqrt{2}}=2\times\sqrt{2}=\mathbf{2\sqrt{2}}$

⬅ $A+B+C=180°$

⬅ $\dfrac{a}{\sin A}=\dfrac{b}{\sin B}$

⬅ $\dfrac{a}{\sin A}=2R$

205　正弦定理より　$\dfrac{8}{\sin 30°}=\dfrac{8\sqrt{3}}{\sin C}$

両辺に $\sin 30°\sin C$ を掛けると

$8\sin C=8\sqrt{3}\sin 30°$

よって

$\sin C=8\sqrt{3}\sin 30°\div 8$

$=\sqrt{3}\times\dfrac{1}{2}=\dfrac{\sqrt{3}}{2}$

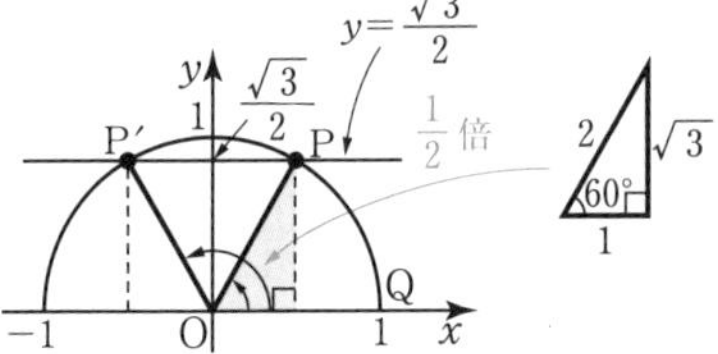

ゆえに　$C=60°,\ 120°$

ここで，$A=30°$ であるから　$0°<C<150°$

したがって　$C=\mathbf{60°,\ 120°}$

また　$\dfrac{8}{\sin 30°}=2R$

よって　$R=\dfrac{4}{\sin 30°}=4\div\dfrac{1}{2}=4\times 2=\mathbf{8}$

⬅ $\dfrac{a}{\sin A}=\dfrac{c}{\sin C}$
両辺に $\sin A\sin C$ を掛けると
$a\sin C=c\sin A$

⬅ $\sin C=\dfrac{\sqrt{3}}{2}$ となる C は，単位円上で y 座標が $\dfrac{\sqrt{3}}{2}$ となる点 P について ∠POQ と ∠P′OQ

⬅ $\dfrac{a}{\sin A}=2R$

JUMP 41

正弦定理 $\dfrac{b}{\sin B}=2R$ より　$\dfrac{3\sqrt{3}}{\sin B}=2\times 3$

両辺に $\sin B$ を掛けると　$3\sqrt{3}=2\times 3\sin B$

$\sin B=\dfrac{3\sqrt{3}}{2\times 3}=\dfrac{\sqrt{3}}{2}$

ゆえに　$B=60°,\ 120°$

ここで，$C=45°$ であるから　$0°<B<135°$

したがって　$B=60°,\ 120°$

$B=60°$ のとき　$A=180°-(60°+45°)=75°$

$B=120°$ のとき　$A=180°-(120°+45°)=15°$

よって　$A=\mathbf{75°,\ 15°}$

考え方　C 以外の角の範囲に注意する。

42 余弦定理(p.96)

206　余弦定理より

$a^2=5^2+4^2-2\times5\times4\times\cos 60°=25+16-40\times\dfrac{1}{2}$

$=25+16-20=21$

$a>0$ より　$a=\mathbf{\sqrt{21}}$

⬅ 2 つの辺とはさむ角がわかっているときは余弦定理を考えよう。
$a^2=b^2+c^2-2bc\cos A$

207　余弦定理より

$\cos A=\dfrac{8^2+3^2-7^2}{2\times8\times3}$

$=\dfrac{1}{2}$

よって，$0^\circ<A<180^\circ$ より

$A=$**60°**

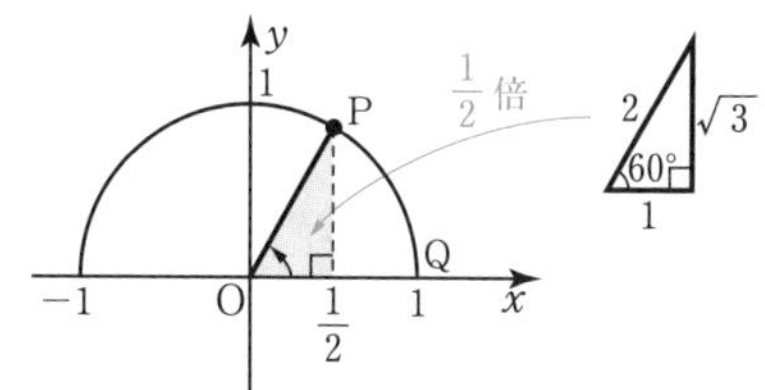

⬅3つの辺の長さがわかっているときは余弦定理を考えよう。

$\cos A=\dfrac{b^2+c^2-a^2}{2bc}$

⬅$\cos A=\dfrac{1}{2}$ となる A は，単位円上で x 座標が $\dfrac{1}{2}$ となる点Pについて

$A=\angle\mathrm{POQ}$

208　(1)　余弦定理より

$b^2=(3\sqrt{3})^2+5^2-2\times3\sqrt{3}\times5\times\cos30^\circ$

$=27+25-30\sqrt{3}\times\dfrac{\sqrt{3}}{2}=27+25-45=7$

$b>0$ より　$b=$**$\sqrt{7}$**

⬅$b^2=c^2+a^2-2ca\cos B$

(2)　余弦定理より

$c^2=3^2+(2\sqrt{2})^2-2\times3\times2\sqrt{2}\times\cos45^\circ$

$=9+8-12\sqrt{2}\times\dfrac{1}{\sqrt{2}}=9+8-12=5$

$c>0$ より　$c=$**$\sqrt{5}$**

⬅$c^2=a^2+b^2-2ab\cos C$

209　(1)　余弦定理より

$\cos B=\dfrac{(\sqrt{2})^2+3^2-(\sqrt{5})^2}{2\times\sqrt{2}\times3}$

$=\dfrac{1}{\sqrt{2}}$

よって，$0^\circ<B<180^\circ$ より

$B=$**45°**

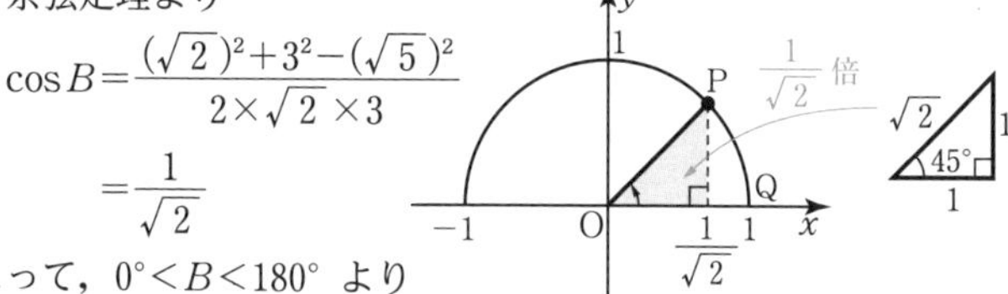

⬅$\cos B=\dfrac{c^2+a^2-b^2}{2ca}$

⬅$\cos B=\dfrac{1}{\sqrt{2}}$ となる B は，単位円上で x 座標が $\dfrac{1}{\sqrt{2}}$ となる点Pについて

$B=\angle\mathrm{POQ}$

(2)　余弦定理より

$\cos C=\dfrac{5^2+12^2-13^2}{2\times5\times12}=0$

よって，$0^\circ<C<180^\circ$ より　**$C=90^\circ$**

⬅$\cos C=\dfrac{a^2+b^2-c^2}{2ab}$

210　余弦定理より

$\cos A=\dfrac{2^2+(1+\sqrt{3})^2-(\sqrt{6})^2}{2\times2\times(1+\sqrt{3})}$

$=\dfrac{2(1+\sqrt{3})}{2\times2\times(1+\sqrt{3})}=\dfrac{1}{2}$

よって，$0^\circ<A<180^\circ$ より

$A=$**60°**

⬅$\cos A=\dfrac{b^2+c^2-a^2}{2bc}$

⬅$\cos A=\dfrac{1}{2}$ となる A は，単位円上で x 座標が $\dfrac{1}{2}$ となる点Pについて

$A=\angle\mathrm{POQ}$

211　余弦定理より

$a^2=(2\sqrt{3}-2)^2+4^2-2\times(2\sqrt{3}-2)\times4\times\cos120^\circ$

$=(12-8\sqrt{3}+4)+16-8(2\sqrt{3}-2)\times\left(-\dfrac{1}{2}\right)$

$=16-8\sqrt{3}+16+8\sqrt{3}-8=24$

$a>0$ より　$a=\sqrt{24}=$**$2\sqrt{6}$**

⬅$a^2=b^2+c^2-2bc\cos A$

また，正弦定理より

$\dfrac{4}{\sin C}=\dfrac{2\sqrt{6}}{\sin120^\circ}$

両辺に $\sin C\sin120^\circ$ を掛けると

$4\sin120^\circ=2\sqrt{6}\sin C$

ゆえに　$\sin C=4\sin 120^\circ\div 2\sqrt{6}=4\times\frac{\sqrt{3}}{2}\times\frac{1}{2\sqrt{6}}=\frac{1}{\sqrt{2}}$

よって，$C=45^\circ$，135°

ここで，$A=120^\circ$ であるから，$0^\circ<C<60^\circ$ より

$C=\mathbf{45^\circ}$

さらに　$B=180^\circ-(120^\circ+45^\circ)=\mathbf{15^\circ}$

別解　$\cos C=\frac{(2\sqrt{6})^2+(2\sqrt{3}-2)^2-4^2}{2\times 2\sqrt{6}\times(2\sqrt{3}-2)}$

$=\frac{24-8\sqrt{3}}{24\sqrt{2}-8\sqrt{6}}$

$=\frac{8(3-\sqrt{3})}{8\sqrt{2}(3-\sqrt{3})}=\frac{1}{\sqrt{2}}$

よって，$0^\circ<C<180^\circ$ より

$C=\mathbf{45^\circ}$

さらに

$B=180^\circ-(120^\circ+45^\circ)=\mathbf{15^\circ}$

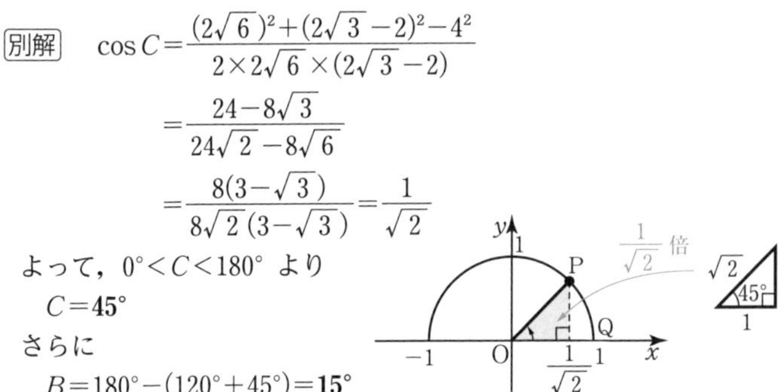

←$\cos C=\frac{a^2+b^2-c^2}{2ab}$

←$\cos C=\frac{1}{\sqrt{2}}$ となる C は単位円上で x 座標が $\frac{1}{\sqrt{2}}$ となる点Pについて $C=\angle\mathrm{POQ}$

JUMP 42

余弦定理より

$(2\sqrt{7})^2=a^2+6^2-2\cdot a\cdot 6\cos 60^\circ$

$a^2-6a+8=0$

$(a-2)(a-4)=0$

よって　$a=\mathbf{2,\ 4}$

考え方　余弦定理を用いて，a の2次方程式をつくる。

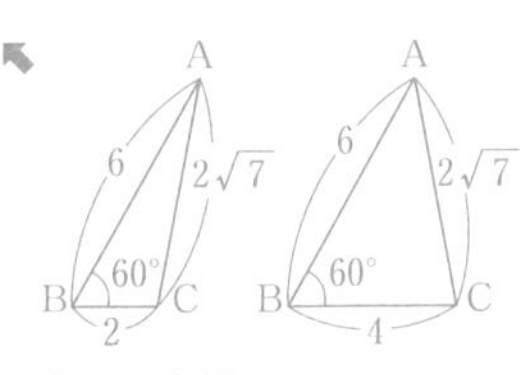

の2つある。

43 三角形の面積(p.98)

三角形の面積
辺 b，c とそのはさむ角 A から
$S=\frac{1}{2}\times b\times c\times\sin A$

212　$S=\frac{1}{2}\times 6\times 4\times\sin 45^\circ=\frac{1}{2}\times 6\times 4\times\frac{1}{\sqrt{2}}=\mathbf{6\sqrt{2}}$

213　余弦定理より　$\cos A=\frac{8^2+7^2-13^2}{2\times 8\times 7}=-\frac{1}{2}$

ゆえに，$\sin^2 A+\cos^2 A=1$ より

$\sin^2 A=1-\cos^2 A=1-\left(-\frac{1}{2}\right)^2=\frac{3}{4}$

ここで，$\sin A>0$ であるから　$\sin A=\frac{\sqrt{3}}{2}$

よって　$S=\frac{1}{2}\times 8\times 7\times\frac{\sqrt{3}}{2}=\mathbf{14\sqrt{3}}$

別解　ヘロンの公式より　$s=\frac{13+8+7}{2}=14$

$S=\sqrt{14(14-13)(14-8)(14-7)}=\sqrt{14\times 42}=\mathbf{14\sqrt{3}}$

←$\cos A=\frac{b^2+c^2-a^2}{2bc}$

←$\cos A=-\frac{1}{2}$ より $A=120^\circ$ よって $\sin A=\frac{\sqrt{3}}{2}$ としてもよい。

←$S=\frac{1}{2}\times b\times c\times\sin A$

←ヘロンの公式 $s=\frac{a+b+c}{2}$ のとき $S=\sqrt{s(s-a)(s-b)(s-c)}$

214 (1)　$S=\frac{1}{2}\times 7\times 4\times\sin 60^\circ=\frac{1}{2}\times 7\times 4\times\frac{\sqrt{3}}{2}=\mathbf{7\sqrt{3}}$

(2)　$S=\frac{1}{2}\times 10\times 8\times\sin 30^\circ=\frac{1}{2}\times 10\times 8\times\frac{1}{2}=\mathbf{20}$

(3)　$S=\frac{1}{2}\times 8\times 7\times\sin 135^\circ=\frac{1}{2}\times 8\times 7\times\frac{1}{\sqrt{2}}=\mathbf{14\sqrt{2}}$

←$S=\frac{1}{2}\times c\times a\times\sin B$

←$S=\frac{1}{2}\times b\times c\times\sin A$

←$S=\frac{1}{2}\times a\times b\times\sin C$

215 余弦定理より　$\cos A=\dfrac{5^2+7^2-9^2}{2\times5\times7}=-\dfrac{1}{10}$

ゆえに，$\sin^2 A+\cos^2 A=1$ より

$$\sin^2 A=1-\cos^2 A=1-\left(-\frac{1}{10}\right)^2=\frac{99}{100}$$

ここで，$\sin A>0$ であるから　$\sin A=\dfrac{3\sqrt{11}}{10}$

よって　$S=\dfrac{1}{2}\times b\times c\times\sin A=\dfrac{1}{2}\times5\times7\times\dfrac{3\sqrt{11}}{10}=\boldsymbol{\dfrac{21\sqrt{11}}{4}}$

別解　ヘロンの公式を用いると

$s=\dfrac{9+5+7}{2}=\dfrac{21}{2}$ より

$$S=\sqrt{\frac{21}{2}\left(\frac{21}{2}-9\right)\left(\frac{21}{2}-5\right)\left(\frac{21}{2}-7\right)}$$

$$=\boldsymbol{\frac{21\sqrt{11}}{4}}$$

⬅$\cos A=\dfrac{b^2+c^2-a^2}{2bc}$

216 (1)　BD＝2 より，△ABD の面積は

$$\frac{1}{2}\times\mathrm{AB}\times\mathrm{BD}=\frac{1}{2}\times2\times2=2$$

△BCD の面積は

$$\frac{1}{2}\times\mathrm{BD}\times\mathrm{BC}\times\sin60^\circ=\frac{1}{2}\times2\times3\times\frac{\sqrt{3}}{2}=\frac{3\sqrt{3}}{2}$$

よって　$S=\boldsymbol{2+\dfrac{3\sqrt{3}}{2}}$

別解　△ABD の面積は次のように求めてもよい。

$\mathrm{AD}=2\sqrt{2}$ より

$$\frac{1}{2}\times\mathrm{AD}\times\mathrm{AB}\times\sin45^\circ=\frac{1}{2}\times2\sqrt{2}\times2\times\frac{\sqrt{2}}{2}=2$$

⬅△ABD は直角二等辺三角形なので
$\mathrm{AD}=\sqrt{2}\times\mathrm{AB}=2\sqrt{2}$，
$\mathrm{BD}=\mathrm{AB}=2$

(2)　$A=180^\circ-(60^\circ+75^\circ)=45^\circ$　より

$$S=\frac{1}{2}\times\mathrm{AB}\times\mathrm{AC}\times\sin45^\circ$$

$$=\frac{1}{2}\times(\sqrt{2}+\sqrt{6})\times2\sqrt{3}\times\frac{1}{\sqrt{2}}=\boldsymbol{\sqrt{3}+3}$$

⬅$A+B+C=180^\circ$

⬅$S=\dfrac{1}{2}\times\mathrm{AB}\times\mathrm{AC}\times\sin A$

217 余弦定理より

$$\cos A=\frac{(\sqrt{5})^2+(\sqrt{2})^2-1^2}{2\times\sqrt{5}\times\sqrt{2}}=\frac{3}{\sqrt{10}}$$

$$\sin^2 A=1-\cos^2 A=1-\left(\frac{3}{\sqrt{10}}\right)^2=\frac{1}{10}$$

ここで，$\sin A>0$ であるから　$\sin A=\dfrac{1}{\sqrt{10}}$

よって　$S=\dfrac{1}{2}\times\sqrt{5}\times\sqrt{2}\times\dfrac{1}{\sqrt{10}}=\boldsymbol{\dfrac{1}{2}}$

⬅$\cos A=\dfrac{b^2+c^2-a^2}{2bc}$

JUMP 43

$AD=x$ とおく。$\angle BAD=\angle CAD=60°$ より

△ABD の面積は　$\frac{1}{2}\times6\times x\times\sin60°=\frac{3}{2}\sqrt{3}x$

△ACD の面積は　$\frac{1}{2}\times4\times x\times\sin60°=\sqrt{3}x$

△ABC の面積は　$\frac{1}{2}\times6\times4\times\sin120°=6\sqrt{3}$

ここで，△ABD＋△ACD＝△ABC より

$\frac{3}{2}\sqrt{3}x+\sqrt{3}x=6\sqrt{3}$

$\frac{5}{2}\sqrt{3}x=6\sqrt{3}$

よって　$x=6\sqrt{3}\times\frac{2}{5\sqrt{3}}=\mathbf{\frac{12}{5}}$

考え方　△ABC の面積は△ABD と△ACD の面積の和であることを利用する。

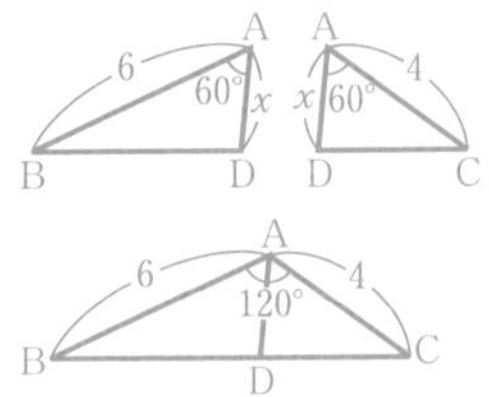

44 三角形の内接円と面積，内接四角形（p.100）

218 (1)　余弦定理より

$a^2=8^2+7^2-2\times8\times7\times\cos120°=64+49-112\times\left(-\frac{1}{2}\right)=169$

$a>0$ より　$a=\mathbf{13}$

⬅ $a^2=b^2+c^2-2bc\cos A$

(2)　$S=\frac{1}{2}\times8\times7\times\sin120°=\frac{1}{2}\times8\times7\times\frac{\sqrt{3}}{2}=\mathbf{14\sqrt{3}}$

ここで，$S=\frac{1}{2}r(a+b+c)$　より　$14\sqrt{3}=\frac{1}{2}r(13+8+7)$

よって　$r=14\sqrt{3}\div\frac{28}{2}=14\sqrt{3}\times\frac{1}{14}=\mathbf{\sqrt{3}}$

三角形の面積
2辺とそのはさむ角から求めるとき
$S=\frac{1}{2}\times b\times c\times\sin A$
3辺と内接円の半径 r から求めるとき
$S=\frac{1}{2}r(a+b+c)$

219 (1)　△ABD において，余弦定理より

$BD^2=(\sqrt{2})^2+2^2-2\times\sqrt{2}\times2\times\cos135°$

$=2+4-4\sqrt{2}\times\left(-\frac{1}{\sqrt{2}}\right)=10$

$BD>0$ より　$BD=\mathbf{\sqrt{10}}$

⬅ $BD^2=AB^2+AD^2-2\times AB\times AD\times\cos\angle BAD$

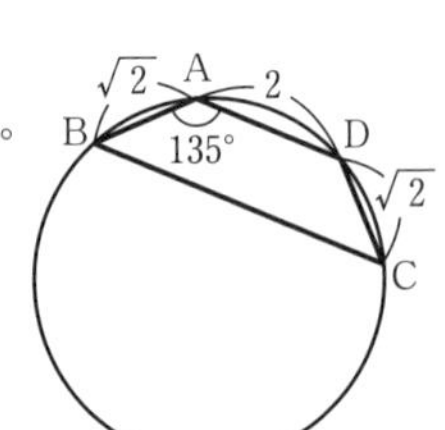

(2)　四角形 ABCD は円に内接するから

$\angle BCD=180°-135°=45°$

⬅ $\angle BCD+\angle BAD=180°$

$BC=x$ とすると，△BCD において，余弦定理より

$(\sqrt{10})^2=(\sqrt{2})^2+x^2-2\times\sqrt{2}\times x\times\cos45°$

⬅ $BD^2=CD^2+BC^2-2\times CD\times BC\times\cos\angle BCD$

ゆえに　$x^2-2x-8=0$　より

$(x-4)(x+2)=0$

⬅ たすき掛け：1, 1 / −4 → −4, 2 → 2 / 1, −8, −2

よって，$x>0$ より　$x=4$

すなわち　$BC=\mathbf{4}$

(3)　$S=△BAD+△BCD$

$=\frac{1}{2}\times\sqrt{2}\times2\times\sin135°+\frac{1}{2}\times4\times\sqrt{2}\times\sin45°=\mathbf{3}$

220 (1)　余弦定理より　$\cos A=\frac{5^2+4^2-6^2}{2\times5\times4}=\frac{1}{8}$

⬅ $\cos A=\frac{b^2+c^2-a^2}{2bc}$

$\sin^2A=1-\cos^2A=1-\left(\frac{1}{8}\right)^2=\frac{63}{64}$

⬅ $\sin^2A+\cos^2A=1$

ここで，$\sin A>0$ より　$\sin A=\sqrt{\frac{63}{64}}=\frac{3\sqrt{7}}{8}$

ゆえに　$S=\frac{1}{2}\times5\times4\times\frac{3\sqrt{7}}{8}=\mathbf{\frac{15\sqrt{7}}{4}}$

(2)　$S=\frac{1}{2}r(a+b+c)$　より　$\frac{15\sqrt{7}}{4}=\frac{1}{2}r(6+5+4)$

よって　$r=\frac{15\sqrt{7}}{4}\div\frac{15}{2}=\frac{15\sqrt{7}}{4}\times\frac{2}{15}=\mathbf{\frac{\sqrt{7}}{2}}$

JUMP 44

考え方　△ABD と △BCD に余弦定理を用いて，BD^2 を $\cos\angle BAD$ と $\cos\angle BCD$ で表す。

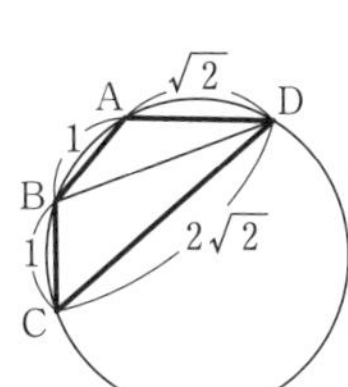

△ABD において，余弦定理より

$BD^2=1^2+(\sqrt{2})^2-2\times1\times\sqrt{2}\times\cos\angle BAD$

$=3-2\sqrt{2}\cos\angle BAD$

△BCD において，余弦定理より

$BD^2=1^2+(2\sqrt{2})^2-2\times1\times2\sqrt{2}\times\cos\angle BCD$

$=9-4\sqrt{2}\cos\angle BCD$

$\angle BCD=180^\circ-\angle BAD$ より

$\cos\angle BCD=-\cos\angle BAD$

←円に内接する四角形の向かい合う内角の和は 180°

よって

$3-2\sqrt{2}\cos\angle BAD=9+4\sqrt{2}\cos\angle BAD$

←$\cos(180^\circ-\theta)=-\cos\theta$

$-6\sqrt{2}\cos\angle BAD=6$

$\cos\angle BAD=\mathbf{-\frac{1}{\sqrt{2}}}$

$\cos\angle BAD=-\frac{1}{\sqrt{2}}$ より $\angle BAD=135^\circ$,

$\angle BCD=180^\circ-135^\circ=45^\circ$

四角形 ABCD の面積は

△ABD＋△BCD

$=\frac{1}{2}\times1\times\sqrt{2}\times\sin135^\circ+\frac{1}{2}\times1\times2\sqrt{2}\times\sin45^\circ$

←$\sin135^\circ=\sin45^\circ=\frac{1}{\sqrt{2}}$

$=\frac{1}{2}+1=\mathbf{\frac{3}{2}}$

45 空間図形への応用 (p.102)

221 (1)　△ABC において

$\angle BAC=180^\circ-(30^\circ+105^\circ)=\mathbf{45^\circ}$

←$\angle BAC=180^\circ-(\angle BCA+\angle CBA)$

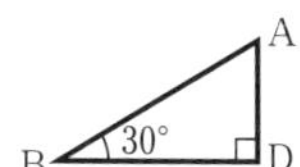

(2)　△ABC において，正弦定理より

$\frac{AB}{\sin30^\circ}=\frac{5}{\sin45^\circ}$

←$\frac{AB}{\sin\angle BCA}=\frac{BC}{\sin\angle BAC}$

$AB=\frac{5}{\sin45^\circ}\times\sin30^\circ=5\div\frac{1}{\sqrt{2}}\times\frac{1}{2}=\mathbf{\frac{5\sqrt{2}}{2}}$

(3)　△ABD において

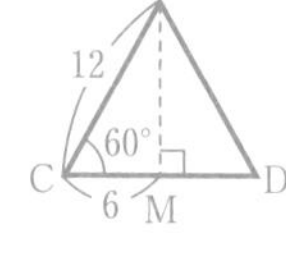

$AD=AB\sin30^\circ=\frac{5\sqrt{2}}{2}\times\frac{1}{2}=\mathbf{\frac{5\sqrt{2}}{4}}$

←$AD=AB\sin\angle ABD$

222 (1)　△ACM，△BDM は直角三角形だから，三平方の定理より

$AM=\sqrt{8^2-6^2}=2\sqrt{7}$，$BM=\sqrt{12^2-6^2}=6\sqrt{3}$

←$AM^2+MC^2=AC^2$　$AC=8$，$MC=6$

←BM は次のように求めてもよい。
△BCD において
$BM=BC\sin60^\circ=6\sqrt{3}$

B
12
60°
C
6
M
D

△AMB において，余弦定理より

$\cos\theta=\frac{AB^2+BM^2-AM^2}{2AB\times BM}$

$=\frac{8^2+(6\sqrt{3})^2-(2\sqrt{7})^2}{2\times8\times6\sqrt{3}}=\mathbf{\frac{\sqrt{3}}{2}}$

(2) $BH=AB\cos\theta=8\times\frac{\sqrt{3}}{2}=\mathbf{4\sqrt{3}}$

$\sin^2\theta=1-\cos^2\theta$

$=1-\left(\frac{\sqrt{3}}{2}\right)^2=\frac{1}{4}$

ここで，$\sin\theta>0$ であるから　$\sin\theta=\frac{1}{2}$

$AH=AB\sin\theta=8\times\frac{1}{2}=\mathbf{4}$

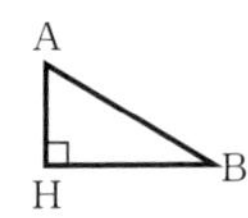
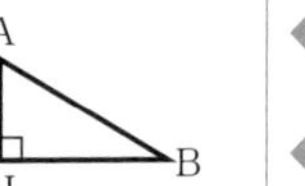

⬅$BH=AB\cos\angle ABH$
$AH=AB\sin\angle ABH$

⬅$\sin^2\theta+\cos^2\theta=1$

⬅(1)で　$\cos\theta=\frac{\sqrt{3}}{2}$
より　$\theta=30°$
よって，
$\sin\theta=\sin 30°=\frac{1}{2}$
と求めてもよい。

223　三平方の定理より

$AC=\sqrt{3^2+3^2}=3\sqrt{2}$，$AD=\sqrt{3^2+4^2}=5$

△ACD において，余弦定理より

$\cos\angle CAD=\frac{AC^2+AD^2-CD^2}{2\times AC\times AD}$

$=\frac{(3\sqrt{2})^2+5^2-(\sqrt{13})^2}{2\times 3\sqrt{2}\times 5}$

$=\frac{30}{2\times 3\sqrt{2}\times 5}$

$=\frac{1}{\sqrt{2}}$

よって　$\angle CAD=\mathbf{45°}$

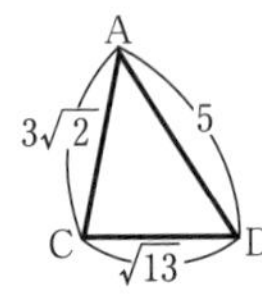

⬅△ABC について
$AC^2=AB^2+BC^2$
△ABD について
$AD^2=AB^2+BD^2$

⬅単位円上で x 座標が $\frac{1}{\sqrt{2}}$ の点Pについて∠POQ が求める角

224 (1)　三平方の定理より

$AF=\sqrt{AE^2+EF^2}$

$=\sqrt{3^2+(3\sqrt{3})^2}=6$

$FC=\sqrt{BC^2+BF^2}$

$=\sqrt{4^2+3^2}=5$

$AC=\sqrt{AB^2+BC^2}$

$=\sqrt{(3\sqrt{3})^2+4^2}=\sqrt{43}$

△AFC において，余弦定理より

$\cos\angle AFC=\frac{AF^2+FC^2-AC^2}{2\times AF\times FC}=\frac{6^2+5^2-(\sqrt{43})^2}{2\times 6\times 5}=\mathbf{\frac{3}{10}}$

(2)　$\sin^2\angle AFC+\cos^2\angle AFC=1$　であるから

(1)より　$\sin^2\angle AFC=1-\cos^2\angle AFC=1-\left(\frac{3}{10}\right)^2=\frac{91}{100}$

$\sin\angle AFC>0$ より $\sin\angle AFC=\frac{\sqrt{91}}{10}$

よって　$S=\frac{1}{2}\times AF\times FC\times\sin\angle AFC$

$=\frac{1}{2}\times 6\times 5\times\frac{\sqrt{91}}{10}=\mathbf{\frac{3\sqrt{91}}{2}}$

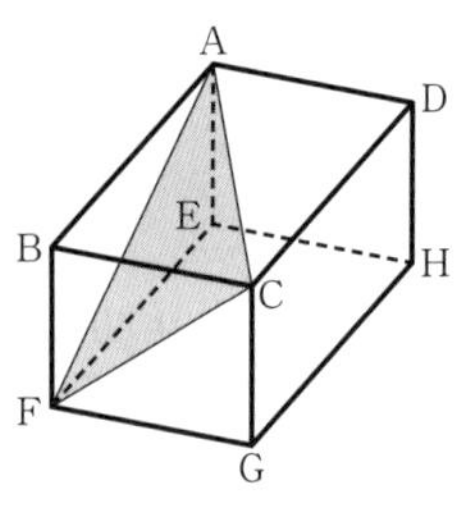

⬅△AEF において
$AF^2=AE^2+EF^2$
△BCF において
$FC^2=BC^2+BF^2$
$=AD^2+AE^2$
△ABC において
$AC^2=AB^2+BC^2$
$=EF^2+AD^2$

JUMP 45

△AEF において，三平方の定理より

$AF=\sqrt{AE^2+EF^2}=\sqrt{3^2+3^2}=3\sqrt{2}$

△ABC において，三平方の定理より

$AC=\sqrt{AB^2+BC^2}=3\sqrt{2}$

△AFP において，

考え方　△AFC は正三角形であることを利用して，△AFP に余弦定理を用いる。

$AF=3\sqrt{2}$，$AP=\frac{1}{3}AC=\sqrt{2}$，$\angle FAC=60^\circ$

←△AFC は正三角形

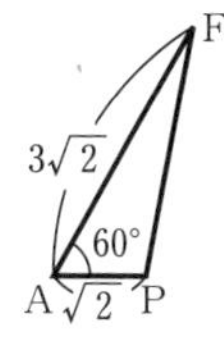

であるから，余弦定理より

$$FP^2=AF^2+AP^2-2\times AF\times AP\times\cos 60^\circ$$
$$=(3\sqrt{2})^2+(\sqrt{2})^2-2\times 3\sqrt{2}\times\sqrt{2}\times\frac{1}{2}$$
$$=14$$

$FP>0$ より　$FP=\boldsymbol{\sqrt{14}}$

まとめの問題　図形と計量②(p.104)

1 (1) $A=180^\circ-(B+C)=180^\circ-(15^\circ+15^\circ)=150^\circ$

正弦定理 $\frac{a}{\sin A}=2R$ より　$\frac{6}{\sin 150^\circ}=2R$

であるから

$$R=\frac{3}{\sin 150^\circ}=3\div\sin 150^\circ=3\div\frac{1}{2}=\boldsymbol{6}$$

正弦定理
$\frac{a}{\sin A}=\frac{b}{\sin B}=\frac{c}{\sin C}$
$=2R$

(2) $C=180^\circ-(A+B)=180^\circ-(75^\circ+45^\circ)=60^\circ$

正弦定理より　$\frac{8}{\sin 45^\circ}=\frac{c}{\sin 60^\circ}$

←$\frac{b}{\sin B}=\frac{c}{\sin C}$

両辺に $\sin 60^\circ$ を掛けて

$$c=\frac{8}{\sin 45^\circ}\times\sin 60^\circ=8\div\sin 45^\circ\times\sin 60^\circ$$
$$=8\div\frac{1}{\sqrt{2}}\times\frac{\sqrt{3}}{2}=8\times\sqrt{2}\times\frac{\sqrt{3}}{2}=\boldsymbol{4\sqrt{6}}$$

(3) 余弦定理より

$$c^2=6^2+5^2-2\times 6\times 5\times\cos 60^\circ$$
$$=36+25-60\times\frac{1}{2}=31$$

←$c^2=a^2+b^2-2ab\cos C$

よって，$c>0$ より　$c=\boldsymbol{\sqrt{31}}$

(4) 余弦定理より

←$\cos B=\frac{c^2+a^2-b^2}{2ca}$

$$\cos B=\frac{3^2+4^2-(\sqrt{13})^2}{2\times 3\times 4}$$
$$=\frac{12}{24}=\frac{1}{2}$$

よって，$0^\circ<B<180^\circ$ より

$B=\boldsymbol{60^\circ}$

←$\cos B=\frac{1}{2}$ だから，B は単位円上で x 座標が $\frac{1}{2}$ の点 P について ∠POQ に等しい。

2 余弦定理より

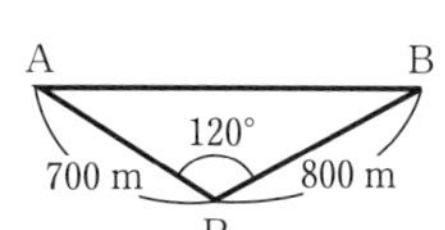

$$AB^2=AP^2+BP^2-2AP\times BP\cos 120^\circ$$
$$=700^2+800^2-2\times 700\times 800\times\left(-\frac{1}{2}\right)$$
$$=490000+640000+560000$$
$$=1690000$$

←2 つの辺とはさむ角がわかっているときは余弦定理を考えよう。

←$1690000=1300^2$ $(169=13^2)$

よって，$AB>0$ より　AB=**1300 (m)**

3 余弦定理より

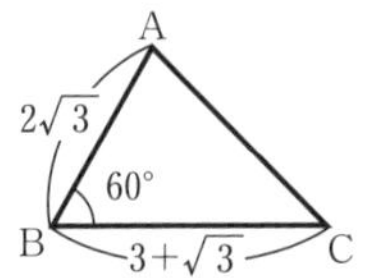
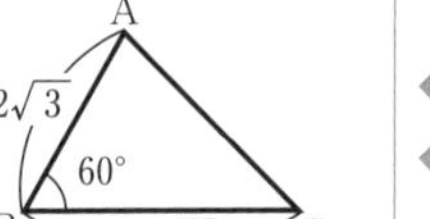

$$b^2=(2\sqrt{3})^2+(3+\sqrt{3})^2-2\times(2\sqrt{3})\times(3+\sqrt{3})\times\cos 60^\circ$$

$$=12+9+6\sqrt{3}+3-4\sqrt{3}\times(3+\sqrt{3})\times\frac{1}{2}$$

$$=24+6\sqrt{3}-6\sqrt{3}-6=18$$

⬅ $b^2=c^2+a^2-2ca\cos B$

⬅ A から BC に垂線 AH をひくと次のようになっている。

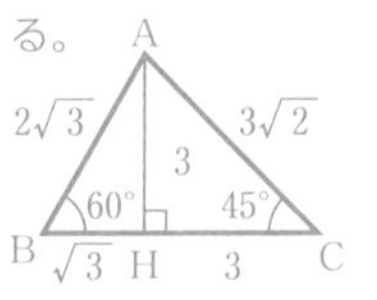

よって，$b>0$ より　$b=\mathbf{3\sqrt{2}}$

正弦定理より

$$\frac{3\sqrt{2}}{\sin 60^\circ}=\frac{2\sqrt{3}}{\sin C}$$

⬅ $\dfrac{b}{\sin B}=\dfrac{c}{\sin C}$

両辺に $\sin 60^\circ \sin C$ を掛けると

$$3\sqrt{2}\sin C=2\sqrt{3}\sin 60^\circ$$

よって

$$\sin C=2\sqrt{3}\sin 60^\circ\div 3\sqrt{2}$$

$$=2\sqrt{3}\times\frac{\sqrt{3}}{2}\times\frac{1}{3\sqrt{2}}=\frac{1}{\sqrt{2}}$$

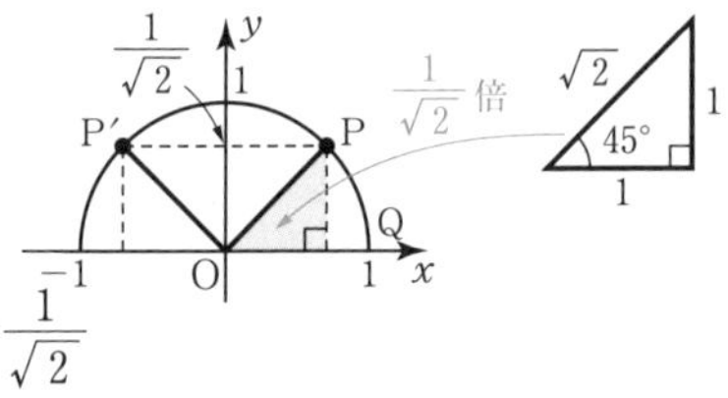

⬅ C は単位円上で y 座標が $\dfrac{1}{\sqrt{2}}$ の点 P，P′ について ∠POQ と ∠P′OQ に等しい。

したがって，$0^\circ<C<180^\circ$ より

$C=45^\circ$，135°

ここで $B=60^\circ$ であるから　$0^\circ<C<120^\circ$

よって　$C=\mathbf{45^\circ}$

さらに，$A=180^\circ-(60^\circ+45^\circ)=\mathbf{75^\circ}$

4 (1) 余弦定理より

$$\cos C=\frac{4^2+5^2-7^2}{2\times4\times5}=-\frac{\mathbf{1}}{\mathbf{5}}$$

⬅ $\cos C=\dfrac{a^2+b^2-c^2}{2ab}$

(2) $\sin^2 C+\cos^2 C=1$ より

$$\sin^2 C=1-\cos^2 C=1-\left(-\frac{1}{5}\right)^2=\frac{24}{25}$$

$\sin C>0$ より　$\sin C=\dfrac{\mathbf{2\sqrt{6}}}{\mathbf{5}}$

ゆえに　$S=\dfrac{1}{2}\times4\times5\times\dfrac{2\sqrt{6}}{5}=\mathbf{4\sqrt{6}}$

⬅ $S=\dfrac{1}{2}\times a\times b\times\sin C$

> **△ABC の面積**
>
> $\dfrac{1}{2}bc\sin A=\dfrac{1}{2}ac\sin B=\dfrac{1}{2}ab\sin C$
>
> $\dfrac{1}{2}\times$(はさむ辺の積)$\times\sin$(はさむ角)

(3) $S=\dfrac{1}{2}r(a+b+c)$　より　$4\sqrt{6}=\dfrac{1}{2}r(4+5+7)$

よって　$r=4\sqrt{6}\times\dfrac{2}{16}=\dfrac{\mathbf{\sqrt{6}}}{\mathbf{2}}$

5 $\triangle BCD=\dfrac{1}{2}\times BC\times DC\times\sin 60^\circ$

$$=\frac{1}{2}\times5\times4\times\frac{\sqrt{3}}{2}=5\sqrt{3}$$

また，△BCD において，余弦定理より

⬅ △ABD を求めるには BD の長さが必要。そのため △BCD に余弦定理を使う。

$$BD^2=BC^2+DC^2-2\times BC\times DC\times\cos C$$

$$=5^2+4^2-2\times5\times4\times\cos 60^\circ$$

$$=25+16-2\times5\times4\times\frac{1}{2}=21$$

よって，$BD>0$ より　$BD=\sqrt{21}$

$$\triangle ABD=\frac{1}{2}\times BD\times BA\times\sin 30^\circ$$

$$=\frac{1}{2}\times\sqrt{21}\times5\times\frac{1}{2}=\frac{5\sqrt{21}}{4}$$

したがって　$S=\triangle BCD+\triangle ABD$

$=5\sqrt{3}+\dfrac{5\sqrt{21}}{4}$

6　まず，AP の長さを求める。
$\triangle PAB$ において，$\angle APB=180°-(75°+45°)=60°$
であるから，正弦定理より

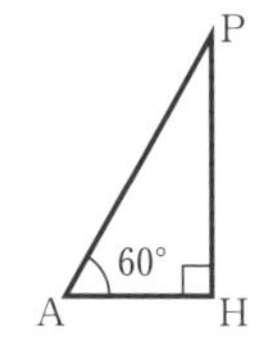

← $\angle APB$
$=180°-(\angle PAB+\angle PBA)$
← $\dfrac{AP}{\sin\angle PBA}=\dfrac{AB}{\sin\angle APB}$

$$\frac{AP}{\sin 45°}=\frac{1000}{\sin 60°}$$

よって

$$AP=\frac{1000}{\sin 60°}\times\sin 45°$$
$$=1000\div\sin 60°\times\sin 45°$$
$$=1000\div\frac{\sqrt{3}}{2}\times\frac{\sqrt{2}}{2}=1000\times\frac{2}{\sqrt{3}}\times\frac{\sqrt{2}}{2}$$
$$=1000\times\frac{\sqrt{2}}{\sqrt{3}}=\frac{1000\sqrt{6}}{3}$$

よって，$\triangle APH$ において

$$PH=AP\sin 60°=\frac{1000\sqrt{6}}{3}\times\frac{\sqrt{3}}{2}$$
$$=\mathbf{500\sqrt{2}}\ \textbf{(m)}$$

← $PH=AP\times\sin\angle PAH$

▶第5章◀　データの分析

46 データの整理，代表値（p.106）

225

階級（分）以上～未満	階級値（分）	度数（人）	相対度数
10～20	15	2	0.1
20～30	25	3	0.15
30～40	35	5	0.25
40～50	45	7	0.35
50～60	55	3	0.15

← 相対度数 $=\dfrac{\text{度数}}{\text{度数の合計}}=\dfrac{\text{度数}}{20}$

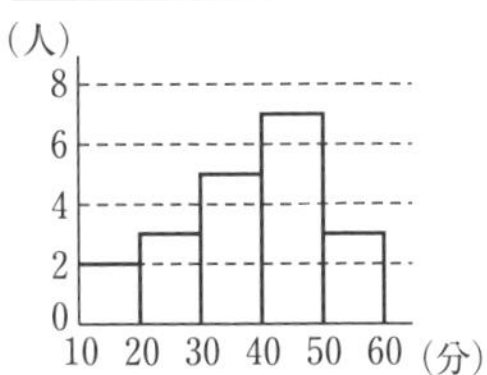

最頻値は 40 分以上 50 分未満の階級値だから

$$\frac{40+50}{2}=\mathbf{45}\ \textbf{(分)}$$

226　求める平均値を $\bar{x}$ とすると

$$\bar{x}=\frac{1}{7}(14+20+20+31+36+40+49)$$
$$=\frac{1}{7}\times 210=\mathbf{30}$$

中央値は 4 番目の値であるから **31**

平均値
$\bar{x}=\dfrac{1}{n}(x_1+x_2+\cdots+x_n)$

中央値（メジアン）
データを大きさの順に並べたとき，その中央の値

5章　データの分析

227 求める平均値を $\overline{x}$ とすると

$$\overline{x}=\frac{1}{9}(4+5+5+6+7+8+9+9+10)$$

$$=\frac{1}{9}\times63=\mathbf{7}$$

228 (1) データを小さい順に並べると

17, 26, 34, 46, 51, 52, 58

中央値は 4 番目の値であるから **46**

←データの数が奇数のときは中央値は中央の値

(2) データを小さい順に並べると

15, 20, 21, 25, 27, 31

←データの数が偶数のときは中央値は中央の 2 つの値の平均値

中央値は 3 番目と 4 番目の値の平均値であるから

$$\frac{21+25}{2}=\mathbf{23}$$

229 データの大きさが 100 であるから，中央値は 50 番目と 51 番目の値の平均値。

←データの数が偶数

ここで，50 番目のサイズは 26.0,

51 番目のサイズは 26.5

←$2+9+15+24=50$

であるから

$$\frac{26.0+26.5}{2}=26.25$$

よって，中央値は **26.25 cm**

また，最も人数の多いのは 26.0 cm であるから，

←最も人数が多いのは 24 人

最頻値は，**26.0 cm**

230 求める平均値を $\overline{x}$ とすると

←度数分布表を利用して計算してもよい。

回数 x_k	人数 f_k	x_kf_k
2	2	4
3	3	9
4	9	36
5	21	105
6	7	42
7	4	28
8	1	8
9	2	18
10	1	10
合計	50	260

$$\overline{x}=\frac{2\times2+3\times3+4\times9+5\times21+6\times7+7\times4+8\times1+9\times2+10\times1}{50}$$

$$=\frac{260}{50}$$

$$=5.2$$

よって，**5.2 回**

JUMP 46

考え方 (1)人数と平均点について x と y を用いて式をつくる。

(1) 人数の合計が 15 人であるから

$1+1+3+x+y+2+1=15$

よって　$x+y=7$ ……①

←人数についての式と，平均点についての式を連立方程式として解く。

平均点が 6 点であるから

$$\frac{3\times1+4\times1+5\times3+6\times x+7\times y+8\times2+9\times1}{15}=6$$

←$\frac{6x+7y+47}{15}=6$

よって　$6x+7y=43$ ……②

①，②を解くと　$x=6$，$y=1$

(2)　データの大きさが 15 であるから，中央値は大きさの順に並べた 8 番目の得点である。

中央値が 6 点のとき，8 番目が 6 点であるから

$1+1+3+x \geqq 8$

より　$x \geqq 3$

これと(1)の①から　$y=7-x \geqq 0$

より　$x \leqq 7$

ゆえに　$3 \leqq x \leqq 7$

よって，x のとりうる値は　**3，4，5，6，7**

⬅中央値は $\frac{1+15}{2}=8$（番目）

⬅$1+1+3+x \leqq 7$ のとき，中央値は 7 点以上

⬅$y \geqq 0$

⬅$x=3$ のとき $y=4$
$x=4$ のとき $y=3$
$x=5$ のとき $y=2$
$x=6$ のとき $y=1$
$x=7$ のとき $y=0$

47 四分位数と四分位範囲 (p.108)

231　範囲は $90-35=$**55**

平均値は

$$\frac{35+39+45+55+60+65+75+85+90}{9}=\frac{549}{9}=\mathbf{61}$$

データの大きさが 9 で奇数であるから，中央値は 5 番目の値

ゆえに **60**

第 1 四分位数は前半の 4 個の値の中央値であるから

$$\frac{39+45}{2}=\mathbf{42}$$

第 3 四分位数は後半の 4 個の値の中央値であるから

$$\frac{75+85}{2}=\mathbf{80}$$

四分位範囲は　$80-42=$**38**

⬅$35+65=100$
$45+55=100$
$75+85=160$
$60+90=150$
のように計算の順序を工夫するとよい。

⬉データの大きさが偶数のとき，中央値は，中央に並ぶ 2 つの値の平均値

⬅(第 3 四分位数)－(第 1 四分位数) が，四分位範囲

232　データの大きさが 10 で偶数であるから，中央値は左から 5 番目と 6 番目のデータの平均値

ゆえに　$\frac{b+63}{2}=60$　より　$b=$**57**

第 1 四分位数は，前半の 5 個のデータの中央値，すなわち左から 3 番目のデータである。

よって　$a=$**48**

また，平均値が 59 であるから

$$\frac{25+31+48+52+57+63+c+69+88+92}{10}=59$$

より　$\frac{525+c}{10}=59$

よって　$c=$**65**

また，範囲は $92-25=$**67**

⬅中央に並ぶ 2 つの値の平均値

⬅$31+69=100$，$48+52=100$
$57+63=120$，$88+92=180$
より
$\frac{25+100+100+120+c+180}{10}$
$=\frac{525+c}{10}$

233　最大値は　**30**，最小値は　**6**

データの大きさが 10 で偶数であるから，第 2 四分位数（中央値）は 5 番目と 6 番目のデータの値の平均値

ゆえに　$\frac{15+17}{2}=$**16**

第 1 四分位数は，前半の 5 個の値の中央値であるから　**10**

第 3 四分位数は，後半の 5 個の値の中央値であるから　**20**

よって，箱ひげ図は次のようになる。

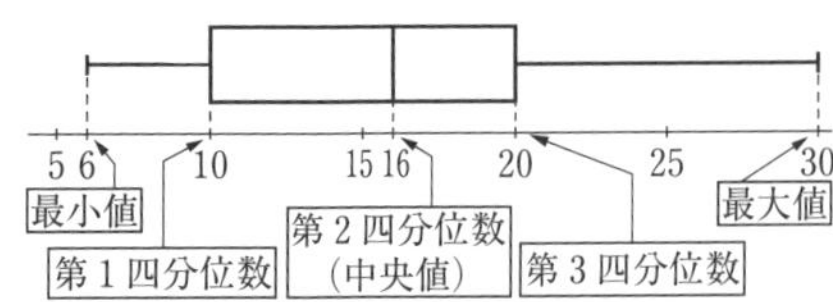

234 ① 中学生の四分位範囲は 2 時間以上だが，高校生の四分位範囲は 2 時間未満なので正しくない。

② 中学生の最小値は 5 時間以上なので正しい。

③ 高校生の中央値が 6 時間未満なので少なくとも 25 人は睡眠時間が 6 時間以下である。したがって正しい。

④ 中学生の中央値の方が高校生の第 3 四分位数より大きいので正しくない。

⑤ 高校生では Q_3（38 番目の値）が 7 時間未満なので，睡眠時間が 7 時間以上は 12 人以下である。したがって正しくない。

正しいのは，②，③。

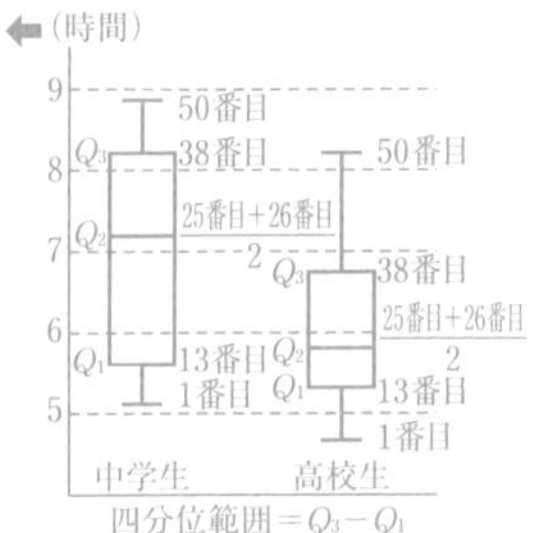

235 生徒が 35 人であるから，Q_1 は 9 番目，Q_2 は18 番目，Q_3 は 27 番目の値である。したがって，Q_1 は 13.5 秒以上 14.0 秒未満の階級に属し，Q_2 は 14.0 秒以上 14.5 秒未満の階級に属し，Q_3 は 14.5 秒以上 15.0 秒未満の階級に属する。よって，ヒストグラムと矛盾しない箱ひげ図はⓤである。

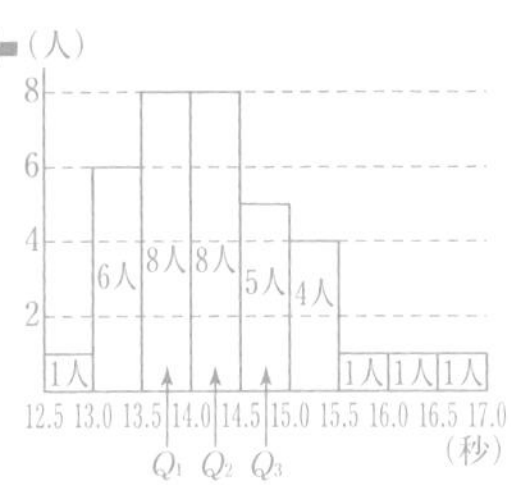

JUMP 47

考え方 中央値，第 1，3 四分位数を a_k（$k=1, 2, \cdots, 9$）を用いて表す。

(1) a_1 は最小値であるから $a_1=\mathbf{3}$

a_5 は中央値（第 2 四分位数）であるから $a_5=\mathbf{10}$

a_9 は最大値であるから $a_9=\mathbf{19}$

← データの大きさは 9 であるから中央値は 5 番目の値

(2) 第 1 四分位数は $\dfrac{a_2+a_3}{2}=7$ より $a_2<7$，$7<a_3$

← 第 1 四分位数は，前半の 4 個の値の中央値

また，$a_3<a_4$，$a_4<a_5=10$ より $a_3=\mathbf{8}$，$a_4=\mathbf{9}$

← $a_3 \geqq 8$，$a_4 \leqq 9$

(3) (2)より $\dfrac{a_2+a_3}{2}=7$，$a_3=8$ であるから $a_2=6$

第 3 四分位数が 14 であるから $\dfrac{a_7+a_8}{2}=14$，$a_7+a_8=28$

← 第 3 四分位数は 14

よって平均値 $\overline{a}$ は

$$\overline{a}=\frac{3+6+8+9+10+a_6+a_7+a_8+19}{9}$$

$$=\frac{55+a_6+28}{9}=\frac{a_6+83}{9}$$

ここで $10<a_6<a_7<14$ より $a_6=11$ または 12

← $a_7 \leqq 13$

$a_6=11$ のとき，平均値は $\overline{a}=\dfrac{11+83}{9}=\dfrac{94}{9}>10$

$a_6=12$ のとき $\overline{a}>10$ は明らか

よって平均値は中央値より大きい。すなわち正しいものは②

48 分散と標準偏差（p.110）

236 (1) 5 個のデータの平均値は

$$\overline{x}=\frac{20+21+17+19+23}{5}=\frac{100}{5}=\mathbf{20}$$

(2) 平均値は 20 であるから，分散 s^2 は

$$s^2=\frac{(20-20)^2+(21-20)^2+(17-20)^2+(19-20)^2+(23-20)^2}{5}$$

$$=\frac{0+1+9+1+9}{5}=\frac{20}{5}=\mathbf{4}$$

(3) 標準偏差 s は

$$s=\sqrt{4}=\mathbf{2}$$

←次のような表にすると計算しやすい。

x_k	$x_k-\overline{x}$	$(x_k-\overline{x})^2$
20	0	0
21	1	1
17	−3	9
19	−1	1
23	3	9
合計	0	20

237 $s^2=\frac{20^2+21^2+17^2+19^2+23^2}{5}-\left(\frac{20+21+17+19+23}{5}\right)^2$

$$=\frac{400+441+289+361+529}{5}-20^2=404-400=\mathbf{4}$$

←$\frac{2020}{5}-400$

標準偏差 s は

$$s=\sqrt{4}=\mathbf{2}$$

238 x，y の平均値をそれぞれ $\overline{x}$，$\overline{y}$，分散を $s_x{}^2$，$s_y{}^2$ とすると

$$\overline{x}=\frac{1+4+7+10+13}{5}=7$$

$$\overline{y}=\frac{3+5+7+9+11}{5}=7$$

$$s_x{}^2=\frac{(1-7)^2+(4-7)^2+(7-7)^2+(10-7)^2+(13-7)^2}{5}=18$$

$$s_y{}^2=\frac{(3-7)^2+(5-7)^2+(7-7)^2+(9-7)^2+(11-7)^2}{5}=8$$

ゆえに　$s_x=\sqrt{18}=3\sqrt{2}$，$s_y=\sqrt{8}=2\sqrt{2}$

よって　$s_x>s_y$

したがって，**x の方が散らばりの度合いが大きい。**

239 (1) 平均値は

$$\overline{x}=\frac{1\times2+2\times4+3\times3+4\times1}{10}=\frac{23}{10}=2.3$$

であるから，分散 s^2 は

$$s^2=\frac{(1-2.3)^2\times2+(2-2.3)^2\times4+(3-2.3)^2\times3+(4-2.3)^2\times1}{10}$$

$$=\frac{8.1}{10}=\mathbf{0.81}$$

←次のような表にすると計算しやすい。

x_k	f_k	$x_k-\overline{x}$	$(x_k-\overline{x})^2$	$(x_k-\overline{x})^2f_k$
1	2	−1.3	1.69	3.38
2	4	−0.3	0.09	0.36
3	3	0.7	0.49	1.47
4	1	1.7	2.89	2.89
計	10			8.10

$\overline{x}$ が整数でない場合は別解の方が計算しやすい。

別解　分散 s^2 は

$$s^2=\frac{1^2\times2+2^2\times4+3^2\times3+4^2\times1}{10}-\left(\frac{1\times2+2\times4+3\times3+4\times1}{10}\right)^2$$

$$=\frac{2+16+27+16}{10}-\left(\frac{23}{10}\right)^2$$

$$=\frac{61}{10}-\frac{529}{100}=\frac{610-529}{100}=\frac{81}{100}=\mathbf{0.81}$$

←次のような表にすると計算しやすい。

x_k	f_k	x_kf_k	$x_k{}^2f_k$
1	2	2	2
2	4	8	16
3	3	9	27
4	1	4	16
計	10	23	61

(2) 標準偏差 s は

$$s=\sqrt{0.81}=\mathbf{0.9}$$

↖$\sqrt{0.81}=\sqrt{\frac{81}{100}}=\frac{9}{10}$

JUMP 48

考え方　度数，平均値をそれぞれ a と b を用いて表す。

度数について

$a+a+b+b=8$　より

$a+b=4$ ……①

↖$2a+2b=8$

5章　データの分析

平均値が 2 であるから

$$\frac{1\times a+2\times a+3\times b+4\times b}{8}=2$$

← $\frac{a+2a+3b+4b}{8}=2$

よって

$3a+7b=16$ ……②

①，②より　$a=\mathbf{3}$，$b=\mathbf{1}$

このとき，分散 s^2 は

$$s^2=\frac{(1-2)^2\times3+(2-2)^2\times3+(3-2)^2\times1+(4-2)^2\times1}{8}=\frac{8}{8}=\mathbf{1}$$

標準偏差 s は

$s=\sqrt{1}=\mathbf{1}$

49 データの相関(p.112)

240 (1) 「一方が増加すると他方が減少する」傾向が，はっきりと読みとれるので，強い負の相関がある。
よって，⑤

← 右下がりの直線の近くにデータが集まっている。

(2) 「一方が増加すると他方も増加する」傾向が，ゆるやかに読みとれるので，弱い正の相関がある。
よって，②

← データは全体として，右上がりの関係になっている。

(3) 「一方が増加すると他方が減少する」傾向が，ゆるやかに読みとれるので，弱い負の相関がある。
よって，④

← データは全体として，右下がりの関係になっている。

(4) 「一方が増加すると他方も増加する」傾向がはっきりと読みとれるので，強い正の相関がある。
よって，①

← 右上がりの直線の近くにデータが集まっている。

(5) 「一方が増加するとき他方が増加する傾向も，減少する傾向もない」ので，相関はない。
よって，③

← データは，ばらばらに散らばっている。

241 (1) $\overline{x}=\frac{1}{4}(4+7+3+6)=\frac{20}{4}=\mathbf{5}$

$\overline{y}=\frac{1}{4}(4+8+6+10)=\frac{28}{4}=\mathbf{7}$

(2) 下の表より，共分散 s_{xy} は

$$s_{xy}=\frac{1}{4}\{(-1)\times(-3)+2\times1+(-2)\times(-1)+1\times3\}$$
$$=\frac{1}{4}\times10=\mathbf{2.5}$$

生徒	x	y	$x-\overline{x}$	$y-\overline{y}$	$(x-\overline{x})(y-\overline{y})$
①	4	4	−1	−3	3
②	7	8	2	1	2
③	3	6	−2	−1	2
④	6	10	1	3	3
計	20	28	0	0	10

共分散 s_{xy}

$$s_{xy}=\frac{1}{n}\{(x_1-\overline{x})(y_1-\overline{y})+(x_2-\overline{x})(y_2-\overline{y})+\cdots\cdots+(x_n-\overline{x})(y_n-\overline{y})\}$$

242 x，y の平均値 $\overline{x}$，$\overline{y}$ は

$$\overline{x}=\frac{25+33+13+7+15+27}{6}=\frac{120}{6}=20$$

$$\bar{y}=\frac{46+50+22+34+26+38}{6}=\frac{216}{6}=36$$

より，次の表ができる。

地域	x_k	y_k	$x_k-\bar{x}$	$y_k-\bar{y}$	$(x_k-\bar{x})^2$	$(y_k-\bar{y})^2$	$(x_k-\bar{x})\times(y_k-\bar{y})$
A	25	46	5	10	25	100	50
B	33	50	13	14	169	196	182
C	13	22	−7	−14	49	196	98
D	7	34	−13	−2	169	4	26
E	15	26	−5	−10	25	100	50
F	27	38	7	2	49	4	14
合計	120	216	0	0	486	600	420

x，y の標準偏差 s_x，s_y は

$$s_x=\sqrt{\frac{486}{6}}=\sqrt{81}=9,\quad s_y=\sqrt{\frac{600}{6}}=\sqrt{100}=10$$

共分散は

$$s_{xy}=\frac{420}{6}=70$$

したがって，相関係数 r は

$$r=\frac{s_{xy}}{s_xs_y}=\frac{70}{9\times10}=0.777\cdots$$
$$\fallingdotseq\mathbf{0.78}$$

標準偏差 s_x，s_y

$$s_x=\sqrt{\frac{1}{n}\{(x_1-\bar{x})^2+(x_2-\bar{x})^2+\cdots\cdots+(x_n-\bar{x})^2\}}$$
$$s_y=\sqrt{\frac{1}{n}\{(y_1-\bar{y})^2+(y_2-\bar{y})^2+\cdots\cdots+(y_n-\bar{y})^2\}}$$

共分散 s_{xy}

$$s_{xy}=\frac{1}{n}\{(x_1-\bar{x})(y_1-\bar{y})+(x_2-\bar{x})(y_2-\bar{y})+\cdots\cdots+(x_n-\bar{x})(y_n-\bar{y})\}$$

50 データの外れ値，仮説検定の考え方(p.114)

243 $Q_1=22$，$Q_3=30$ より

$Q_3+1.5(Q_3-Q_1)=30+1.5(30-22)=42$

$Q_1-1.5(Q_3-Q_1)=22-1.5(30-22)=10$

よって，外れ値は，10 以下または 42 以上の値である。
したがって，外れ値である値は①，④である。

244 $Q_1=32$，$Q_3=44$ より

$Q_3+1.5(Q_3-Q_1)=44+1.5(44-32)=62$

$Q_1-1.5(Q_3-Q_1)=32-1.5(44-32)=14$

よって，外れ値は，14 以下または 62 以上の値である。
したがって，外れ値である値は①，②，④である。

245 (1) 回数のデータを小さい順に並べると

0，3，6，6，6，7，8，8，9，12

よって　$Q_1=\mathbf{6}$，$Q_3=\mathbf{8}$

(2) $Q_3+1.5(Q_3-Q_1)=8+1.5\times(8-6)=11$

$Q_1-1.5(Q_3-Q_1)=6-1.5\times(8-6)=3$

よって，外れ値は　3 以下　または　11 以上の値である。
したがって，外れ値の生徒は

①，③，⑤

外れ値

データの第 1 四分位数を Q_1，第 3 四分位数を Q_3 とするとき，
$Q_1-1.5(Q_3-Q_1)$ 以下
または
$Q_3+1.5(Q_3-Q_1)$ 以上
の値を外れ値とする。

246 度数分布表より，コインを6回投げたとき，表が6回出る相対度数は

$$\frac{13}{1000}=0.013$$

よって，Aが6勝する確率は1.3％と考えられ，基準となる確率の5％より小さい。したがって，**「A，Bの実力が同じ」という仮説が誤り**と判断する。すなわち，Aの方が強いといえる。

仮説検定
実際に起こったことがらについて，ある仮説のもとで起こる確率が
(i) 5％以下であれば，仮説が誤りと判断する。
(ii) 5％より大きければ，仮説が誤りとはいえないと判断する。

JUMP 50

「A，Bの実力が同じ」という仮説のもとでAが5勝する確率は，コインを6回投げたとき，5回以上表が出ることに対応する。
度数分布表より，6回中5回以上表が出る相対度数は

$$\frac{13}{1000}+\frac{91}{1000}=\frac{104}{1000}=0.104$$

ゆえに，Aが5勝する確率は10.4％と考えられ，基準となる確率の5％より大きい。よって，**「A，Bの実力が同じ」という仮説は誤りとはいえない**と判断する。すなわち，Aの方が強いとはいえない。

考え方 Aが5勝する確率は，コインを6回投げたとき，5回以上表が出ることに対応する。

51 変量の変換 (p.116)

247 (1) $\overline{u}=10\overline{x}+20=10\times7+20=\mathbf{90}$

$s_u{}^2=10^2s_x{}^2=100\times3=\mathbf{300}$

(2) $s_{xy}=\frac{1}{4}\{(6-7)(7-6)+(6-7)(5-6)+(10-7)(5-6)+(6-7)(7-6)\}$

$=\frac{1}{4}(-1+1-3-1)=-\frac{4}{4}=\mathbf{-1}$

$s_{uy}=\frac{1}{4}\{(80-90)(7-6)+(80-90)(5-6)+(120-90)(5-6)+(80-90)(7-6)\}$

$=\frac{1}{4}(-10+10-30-10)=-\frac{40}{4}=\mathbf{-10}$

次に相関係数は

$r_{xy}=\frac{s_{xy}}{s_xs_y}=\frac{-1}{\sqrt{3}\times\sqrt{1}}=\mathbf{-\frac{1}{\sqrt{3}}}$

$r_{uy}=\frac{s_{uy}}{s_us_y}=\frac{-10}{\sqrt{300}\times\sqrt{1}}=-\frac{10}{10\sqrt{3}}=\mathbf{-\frac{1}{\sqrt{3}}}$

となり，**共分散 s_{uy} は s_{xy} の10倍になるが，相関係数 r_{uy} は r_{xy} と変わらない。**

248 (1) $\overline{u}=3\overline{x}+2=3\times5+2=\mathbf{17}$

$s_u=3s_x=3\times2=\mathbf{6}$

(2) $s_{uy}=3s_{xy}=3\times1.8=\mathbf{5.4}$

$r_{uy}=r_{xy}=\mathbf{0.3}$

⬅ $u=ax+b$ のとき
$s_u{}^2=a^2s_x{}^2$ 　$s_u=|a|s_x$

⬅ $r_{uy}=\frac{s_{uy}}{s_us_y}=\frac{3s_{xy}}{3s_xs_y}=r_{xy}$

JUMP 51

u，v の平均値 $\overline{u}$，$\overline{v}$ は x，y の平均値 $\overline{x}$，$\overline{y}$ を用いて $\overline{u}=3\overline{x}+1$，$\overline{v}=5\overline{y}+2$ と表される。 $u_1-\overline{u}=3(x_1-\overline{x})$，$v_1-\overline{v}=5(y_1-\overline{y})$ などを用いると

$$s_{uv}=\frac{1}{3}\{(u_1-\overline{u})(v_1-\overline{v})+(u_2-\overline{u})(v_2-\overline{v})+(u_3-\overline{u})(v_3-\overline{v})\}$$

考え方 u，v の平均 $\overline{u}$，$\overline{v}$ を，x，y の平均 $\overline{x}$，$\overline{y}$ を用いて表す。

$=\frac{1}{3}\{3(x_1-\overline{x})\times 5(y_1-\overline{y})+3(x_2-\overline{x})\times 5(y_2-\overline{y})$

$+3(x_3-\overline{x})\times 5(y_3-\overline{y})\}$

$=15\times\frac{1}{3}\{(x_1-\overline{x})(y_1-\overline{y})+(x_2-\overline{x})(y_2-\overline{y})+(x_3-\overline{x})(y_3-\overline{y})\}$

$=15s_{xy}$

よって　$\boldsymbol{s_{uv}=15s_{xy}}$

まとめの問題　データの分析(p.118)

1 (1)　データを小さい順に並べると

483, 492, 495, 497, 497, 498, 498, 501, 503, 503, 504, 505, 506, 508, 510, 510, 514, 516, 516, 517

中央値は 10 番目と 11 番目の値の平均値であるから

$\frac{503+504}{2}=$ **503.5（回）**

(2)　階級値は

$\frac{483+490}{2}=486.5$

$\frac{490+497}{2}=493.5$

$\frac{497+504}{2}=500.5$

$\frac{504+511}{2}=507.5$

$\frac{511+518}{2}=514.5$

であるから，度数分布表は右のようになる。

階級(回) 以上～未満	階級値 (回)	度数 (個)	相対度数
483～490	**486.5**	1	0.05
490～497	**493.5**	2	0.10
497～504	**500.5**	7	0.35
504～511	**507.5**	6	0.30
511～518	**514.5**	4	0.20
合　計		20	1.00

⬅20 個のデータをそれぞれの階級の欄にあてはめていき，個数を数える。

(3)　最頻値は，度数が最も大きい階級の階級値であるから，(2)の度数分布表より **500.5（回）**

⬅度数が 7（最も大きい）の階級値

(4)　最大値は　**517**

最小値は　**483**

第 2 四分位数（中央値）は，(1)より　**503.5**

第 1 四分位数は，

前半の 10 個の値（483～503）の中央値であるから

$\frac{497+498}{2}=$ **497.5**

⬅5 番目のデータは 497
6 番目のデータは 498

第 3 四分位数は，

後半の 10 個の値（504～517）の中央値であるから

$\frac{510+510}{2}=$ **510**

⬅5 番目のデータ，6 番目のデータともに 510

(5)　範囲は 517−483=**34**

四分位範囲は　510−497.5=**12.5**

⬅(第 3 四分位数)−(第 1 四分位数) が四分位範囲

(6)　箱ひげ図は，右の図のようになる。

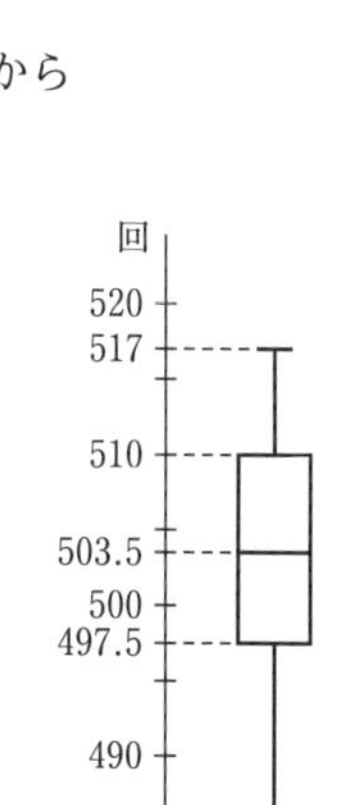

2 5個のデータの平均値は

$$\bar{x}=\frac{76+68+80+72+74}{5}=74$$

よって，分散 s^2 は

$$s^2=\frac{(76-74)^2+(68-74)^2+(80-74)^2+(72-74)^2+(74-74)^2}{5}$$

$$=\frac{80}{5}=\mathbf{16}$$

標準偏差 s は

$s=\sqrt{16}=\mathbf{4}$（百時間）

分散 s^2
$$s^2=\frac{1}{n}\{(x_1-\bar{x})^2+(x_2-\bar{x})^2+\cdots\cdots+(x_n-\bar{x})^2\}$$

3 8個のデータの平均値は

$$\bar{x}=\frac{3+6+2+7+3+8+6+5}{8}=\frac{40}{8}=5$$

よって，分散 s^2 は与えられた公式より

$$s^2=\frac{1}{8}(3^2+6^2+2^2+7^2+3^2+8^2+6^2+5^2)-5^2$$

$$=29-25=\mathbf{4}$$

⬅(分散)＝(2乗の平均)－(平均の2乗)

4 第1四分位数を Q_1，第3四分位数を Q_3 とすると

$Q_1=23$，$Q_3=29$ より

$Q_3+1.5(Q_3-Q_1)=29+1.5(29-23)=38$

$Q_1-1.5(Q_3-Q_1)=23-1.5(29-23)=14$

よって，外れ値は，14以下，または38以上の値である。

したがって，外れ値である値は**14，40，51**である。

5 $\bar{x}=\frac{10+15+20+25+30}{5}=\frac{100}{5}=20$

$\bar{y}=\frac{34+36+30+52+48}{5}=\frac{200}{5}=40$

より，次の表ができる。

⬅まず，x の平均 $\bar{x}$ と y の平均 $\bar{y}$ を求める。

	x_k	y_k	$x_k-\bar{x}$	$y_k-\bar{y}$	$(x_k-\bar{x})^2$	$(y_k-\bar{y})^2$	$(x_k-\bar{x})(y_k-\bar{y})$
1	10	34	−10	−6	100	36	60
2	15	36	−5	−4	25	16	20
3	20	30	0	−10	0	100	0
4	25	52	5	12	25	144	60
5	30	48	10	8	100	64	80
合計	100	200	0	0	250	360	220

x と y の標準偏差は，それぞれ

$$s_x=\sqrt{\frac{250}{5}}=\sqrt{50}=5\sqrt{2}$$

$$s_y=\sqrt{\frac{360}{5}}=\sqrt{72}=6\sqrt{2}$$

⬅上の表の計算より
$(x_k-\bar{x})^2$ の合計は250
$(y_k-\bar{y})^2$ の合計は360
$(x_k-\bar{x})(y_k-\bar{y})$ の合計は220

共分散は

$$s_{xy}=\frac{220}{5}=44$$

したがって，相関係数 r は

$$r=\frac{s_{xy}}{s_x s_y}=\frac{44}{5\sqrt{2}\times6\sqrt{2}}=\frac{11}{15}$$

$$=0.733\cdots\fallingdotseq\mathbf{0.73}$$